（修订本）

大众传播心理学

刘京林 著

Psychology for mass Communication

中国传媒大学出版社

目　　录

修订本前言

借修订再版之机，校正第一版中的错误，修改过时的内容，增补一些阐释性的例证，并将第一版的第九章《传播策略的心理分析》改为《网民的心理和行为》。

大众传播心理学至今仍是一门很不成熟的学科。其与传播学（含大众传播学）的关系，其研究范围的界定，其学科框架的构建等基础理论性的问题尚待解决。衷心期望能与学界同仁、朋友们加强联系，沟通信息，相互支持，共同切磋，为这门学科的最终独立和不断发展而携手共进！

最后要提及的是，我的博士生倪桓为本书的修订和校对做了许多工作，在此对她、同时也对那些为这本书的修正再版付出辛勤劳动的同志们表示深深的谢意！

作者

2004 年 10 月于金台路

第一章　大众传播心理学的对象和现状

第一节　大众传播心理学的对象

一、大众传播心理学的学科定位

大众传播心理学是由大众传播学和心理学构成的多级交叉学科，它既可以属于应用心理学的一个分支，又可以归入传播学中的大众传播理论的一个次级学科。

（一）关于多级交叉学科

之所以称大众传播心理学为多级交叉学科是因为构成它的母体学科——大众传播学和心理学各自本身就是交叉学科。像心理学，它是“在哲学、社会科学同自然科学、人文科学、技术科学和数学交合点上形成和发展起来的综合科学，……”① 它“是一门既有社会科学性质又具有自然科学性质的中介科学或边缘科学”。② 而“大众传播学自诞生起，就同许多相关学科关系紧密，它不仅涉及新闻学、社会学、政治学、心理学、历史学、国际关系理论，还涉及语言学、人类学、哲学、经济学、文学批评以及相关的技术学科”。③ 因而被定义为“是一门对人类传播现象及

---

① 赵璧如《如何理解心理学和哲学的关系——论用“认知”取代“认识”的问题》，哲学研究（京）第65—72页，1996年第2期。

② 车文博《心理学原理》第30页，黑龙江出版社，1986年5月。

③ 刘昶《西方大众传播学》第8页，三联书店（香港）有限公司，1990年10月。

其规律进行综合性与深层化研究的新兴的交叉学科”。[①] 大众传播学和心理学这两门交叉学科的再交叉就构成了“大众传播心理学”这门新的多级交叉学科。

(二) 关于应用心理学的一个分支

在心理学界对类似传播心理学（含大众传播心理学，下同）这种与心理学交叉的学科的归类有两种方法：其一，是从大心理学的视角出发，将传播心理学归入心理学的一个分支；其二，是从应用心理学视域出发，将传播心理学归入应用心理学范畴。所谓大心理学视角，是指把新闻心理学、广告心理学、传播心理学等类的应用心理学与基础心理学，如普通心理学、心理学史、实验心理学相提并论、并列排序，并统统称之为心理学的分支学科。中国社会心理学会编纂的《中国心理学》一书的前言里有这样一段话：“本书从我国心理学的实际情况出发，按一些心理学分支学科设置专题来撰写文章。所涉及的心理学分支学科有普通心理学和实验心理学、理论心理学和心理学史、生物心理学、发展心理学、教育心理学、社会心理学、医学心理学、工作心理学和体育运动心理学等”。所谓应用心理学是指将心理学的原理和法则，应用于各种实践领域的学科的总称。按这个原则，各种与心理学相交叉的学科，包括新闻心理学和传播心理学均可以纳入这个范围。总之，无论是大心理学视角还是应用心理学视域，将新闻心理学、传播心理学归入心理学或应用心理学的一个分支是合乎逻辑的。[②]

(三) 关于大众传播理论的一个次级学科

大众传播心理学虽然归属于应用心理学范围，但是它研究的（或曰服务的）领域是大众传播，所以又可将之归入大众传播理

---

① 李彬《传播学引论》第 41 页，新华出版社，1993 年 10 月。

② 刘京林《对传播心理学研究的两点思考》第 39 页，《现代传播》，2003 年第 3 期。

论的一个次级学科。虽然，目前官方还没有正式文件做这种归类，但可以从有关部门对新闻心理学的归类中推导出这个结论。

“由国家技术监督局 1992 年 11 月 1 日发布的《学科分类与代码（中华人民共和国国家标准)》中，将‘新闻学与传播学’列为一级学科（学科代码 860），其下有新闻理论、新闻史、新闻业务、新闻事业经营管理、广播与电视等七个二级学科，新闻心理学（学科代码 8601045）属于新闻理论（86010）这个二级学科下面的一个三级学科”。[①] 据此，大众传播心理学可归入大众传播理论这个二级学科下面的一个三级学科。

一个应用心理学，一个大众传播理论的次级学科，就是大众传播心理学这门学科的学科定位。

二、大众传播心理学的对象

任何一门学科都有其特定的研究对象和探索的领域。正确了解每门学科的对象，是各门学科发展的实际需要，也是学习每门学科的首要要求。

大众传播心理学的研究对象有两种视域：一是传播渠道；二是认知主体。

（一）“内向传播”是大众传播心理学的一个重要的研究领域

1. 关于内向传播。

内向传播即自我传播，是人类传播的一种渠道（或类型、形式)，其它传播渠道还有大众传播、人际传播和组织传播。从传播学角度看，内向传播就是指传媒信息借助符号系统在人脑的输入、加工、编解码、贮存、输出的全过程，也可以理解为人脑对媒介信息（刺激）的认识过程。而大众传播心理学把研究传受者（这个概念见下一个问题的解释）在内向传播过程中心理活动的

① 周庆元《略论新闻与传播心理学研究对象的认知历程与科学诠释》(第四届全国新闻与传播心理研讨会的交流论文)。

特点和规律作为本学科的一个重要的研究对象。

大众传播学和大众传播心理学在研究对象上的区别，很大程度反映在它们是否把“内向传播”归入自己的研究领域。像大众传播学侧重以“大众传播”（同时也重视人际传播和组织传播）为主要的研究对象，而忽略内向传播。

以上分析可以看出，虽然大众传播学和大众传播心理学在“研究人”这个问题上有相通之处，但是它们对人的研究的着力点不同，研究的不是同一个层面的问题。前者更侧重于从宏观角度研究人类通过大众传播媒介进行的信息传播活动，在传者与受者之间传递的是信息流，属于社会层面的活动；而后者则更多地从微观视角研究在传播活动中人们的心理和行为的规律，在传者和受者之间沟通的是心理流，属于心理层面的活动。如果说大众传播学研究的目的是为了减少或消除受者对事物的不确定因素，使传者与受者共享信息，那么大众传播心理学就需要解释这种“减少”或“消除”及“共享”的心理原因。

2．各种传播渠道的总体效应。

虽然“内向传播”是大众传播心理学的一个重要研究对象，但并不等于说在研究传受者的内向传播时可以抛开其它几种传播形式；反之，尽管“内向传播”不归入大众传播学的主要研究对象，但实际上在研究大众传播效果时，绝对不能对内向传播抱置之不理的态度，因为内向传播是其它三种传播形式的基础，也是其它传播效果的中介。人们为了分析它们，才把人类传播形式作了细致的划分，而在实践活动中，它们都是无法分割的。四种传播渠道构成了相互交织在一起的庞大的传播网络。传受者可以在这个传播网络中进行信息的传递和心灵的沟通。正如麦奎尔和温德尔在《大众传播模式论》里所讲的：“为了集中讨论大众传播问题，我们不得不略去在研究人际和人的内向传播（或称人的体内传播）中，以及在研究团体和组织内部的传播结构与信息流动中出现的有趣进展。然而，我们自己是将大众传播视为一种同其它各种传播网络及传播过程共长并相互作用的过程。尽管传播研究领域中出现了各种看来在理论、方法与目标上互不相同的学派，我们还是不在各种‘传播系统’的实体之间划分截然明确的界线”。①

研究“内向传播”要将之置于其它传播所构筑的网络中，对其效果做整体分析，才符合客观实际。图 1－1 表示内向传播与其它传播形式的关系：

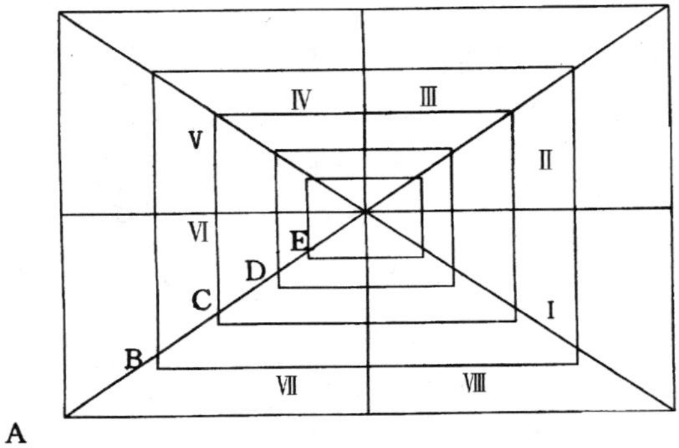

图 1－1　四种传播形式的关系

A. 社会大系统　　Ⅰ：衣
B. 大众传播系统　　Ⅱ：食
C. 组织传播系统　　Ⅲ：住
D. 人际传播系统　　Ⅳ：行
E. 内向传播系统　　Ⅴ：教育活动
Ⅵ：文娱活动
Ⅶ：工作
Ⅷ：其它

（1）上图表示：

四种传播形式处于大系统的内部，并在社会大系统中各占据

---

① 丹尼斯·麦奎尔和斯文·温德尔著《大众传播模式论》，导言第 2 页，上海译文出版社，1987 年 2 月。

自己的位置；

（2）人际传播系统位于各种传播系统的中心位置，属于个体范畴；

（3）各种传播系统既有依照从“内向传播”向“大众传播”系统的顺序在传播的范围（参加者的多少）、规模（空间的大小）呈现由小到大的趋势的一面，又有相互交叉的另一面。

下面用两个例子加以说明：

例 1：一家人正在吃饭（Ⅱ），同时收看电视（B），屏幕上出现了一则广告，内容是：肛门用药。该广告通过视听渠道进入人脑并引起联想（E），其中一人不悦，说：“吃饭时间播这种广告，真让人恶心。”家人共识，七嘴八舌的议论（D），可能有两种结局：换台（B’）或关机（A）。把这几项活动联系起来则是：Ⅱ BEDB’（或 A），表明这活动虽属不同的传播渠道，但它们是同时进行的。

例 2：一失学少年收听广播（B），正好听到某单位准备开办面向 21 世纪的学校（Ⅴ），每年收学费一万八千元。失学少年伤心，哭（E），并对妈妈说：“我要上学。”（D），妈妈很难过（E’），建议儿子给电台写信，表达想上学的愿望（D’）。电台将此信播出（B’），有团体（C）、个人收听到（E”），捐钱给这个少年，他又复了学（Ⅴ’），这些活动联系起来是：BⅤEDE’D’B’CE”Ⅴ’，这些活动有同时性也有继时性。

这两例表明：传播活动是一个非常复杂的、由各种传播形式共同发挥作用的一个系统活动，其中 E 项即内向传播，是不可或缺的，这进一步说明内向传播的中介功能和基础性作用。

（二）研究传受者心理和行为的特点及规律

大众传播心理学的对象概括讲是研究大众传播活动中传受者的心理及其行为规律的科学。具体讲，是研究因大众传播诸因素引起的传受者显在或潜在的心理和行为的形成、发展、互动等的特点和规律及传受者的生理和心理机制的科学。

1. 传受者的心理实质。

人的心理现象是客观现实在人脑中的主观映象。在大众传播活动中传者和受者因社会角色不同，他们所接受的客观刺激有质的区别。传者接受的刺激主要是来自物质世界——信息源，而受者所接受的主要是媒体刺激。由于传者或受者有个体差异，所以当他们接受同一刺激时有不同的主观反映。

2. 传受者的心理、行为规律。

传者和受者的心理、行为规律很丰富，包括二者各自独有的和二者共同的规律。大众传播活动的实践表明传受者的心理互动是一个中心课题。因为大众传播活动是传播和接受信息的过程，而传受者的心理互动正是信息沟通的内在依据，研究传受者心理互动的特点和规律并掌握、运用它，则会提高大众传播的社会效益。

3. 借鉴现代心理学理论分析传受者。

运用心理学理论于大众传播活动中，是大众传播心理学的重要课题。借鉴现代心理学理论分析传受者心理和行为的规律可以提高研究的效率和质量。因为建立有中国特色的大众传播心理学需要汲取国内外心理学的精华。西方现代心理学主要有五种理论：生物论、行为论、精神分析论、现象论和认知论。这五大学派的理论为研究传受者的认知结构、认知过程、社会化的形成；潜意识、显意识、集体无意识；价值观、尊严、创造力等方面提供了理论依据。

（三）新闻心理是主要研究对象

在大众传播的众多内容里，有新闻性的、教育性的、娱乐性的、政治性的、经济性的等等，其中“新闻”以其真实和快捷对人们适应社会生活的指导意义最大，并在诸多传播信息中占据着主导地位。因而专家学者不厌其烦地重复着同类观点。“人们一般观念中的‘传播’侧重点都是新闻性传播”[①]；“传播研究的中心战场还是在新闻学领域内”；“新闻事业已无可争议地成为信息交流中的主要网络，在传播活动中起着举足轻重的作用”[②]；“大众传播研究以新闻学作为其重要基础之一”[③]；“大众传播媒介中最活跃的是称为新闻媒介的报纸、刊物、无线电广播和电视”[④]。既然大众传播学以新闻传播为骨干，那么以此类推，在大众传播心理学的研究中新闻传播心理现象为其主要内容则也是顺理成章的事。

（四）“传受者”是大众传播心理学的一个新概念

“传受者”是本书作者引入大众传播心理学的一个新概念，这个新概念主要是对传者和受者作心理层面的界定，同时也是对在某些情况下的传者和受者作合二而一的理解。

在大众传播心理学中引入“传受者”这个概念的理由有以下几点：

第一，从传者和受者是“人”的角度来理解。

在社会学、社会心理学、大众传播学里，传者和受者属于社会角色，特别是职业角色的概念。人们的思维定势是：传者是指传播信息的人，而受者则指接受信息的人，二者内涵泾渭分明。

而大众传播心理学主要是从心理层面探讨在大众传播活动中传者和受者的心理和行为活动的特点及规律。作为“人”，二者在心理和行为上有着许多共同点。例如：传者和受者的心理实质都遵循着“S⇌O⇌R”，即“刺激⇌中枢⇌反应”这个公式。尽管从具体刺激物的影响上看二者有区别，但是从“刺激物”的这

---

① 张国良《传播学导论》第15页，复旦大出版社，1995年12月。

② 李彬《传播学引论》第122页，新华出版社，1993年10月。

③ 刘昶《西方大众传播学》第105页，三联书店（香港）有限公司，1990年10月。

④ 李启《试论传播学与新闻学关系的定位》第27页，《现代传播——北京广播学院学报·人文社会科学版》，1996年第2期。

个抽象的层次上看，二者就没有区别。再比如有学者在分析受众心理时认为：“实际上，受众在大众传播活动中的参与程度和感知程度是大不一样的，大部分受众属于民众中能够接收传媒‘供应’的内容之层次；另一个层次是正在接收‘供应’的内容者；再一个层次是将接收的内容记录下来的受众；还有一个层次的受众则是将接收的内容内在化（interiorization）者，换言之，上述四个层次分别对应于：潜在的、有效的、特殊的和受影响的受众类型。”① 这种分析在大众传播学中一般到此（受众）为止，然而若从认知心理学的视角看，这种对受者接受媒介信息的四种类型完全可以迁移到不同的传者对同一客观刺激的接受差异上。传者对某一新的素材（像环保问题）的态度和行为同样存在着潜在的、有效的、特殊的、受影响的这四种情况，也会相应地出现：没有重视、开始注意、作为素材记下来和内化为自己的认识并考虑写成报道这四种行为。

第二，从传者和受者角色互换的角度来理解。

传者和受者在大众传播活动中的角色是经常发生变化的。

表 1—1　传者和受者的角色互换

项目 / 变化 / 角色	职业(社会)角色	相对于其它媒体	参与媒体	网上成员
传者	传者	受者	传者	传者或受者
受者	受者	受者	传者	受者或传者

表中，“职业（社会）角色”是指在大众传播媒介中两类地位不同的主要认识主体——传者与受者。传统意义上它们有较明确的内涵。

① 刘昶《西方大众传播学》第 131 页，三联书店（香港）有限公司，1990 年 10 月。

“相对于其它媒体”，主要针对传者。传者的职业角色主要是就其作为那个他所供职的传媒机构的成员而言的。但是，在大众传播活动的广大空间内，面对众多媒体和如潮般的信息，特别是面对非传者所供职的其它媒体，应当说他也是受者。而且这里的“受者”，并不是角色的暂时互换，而是传统意义上的受者概念里的“受者”。当记者晚上回家看电视时，当他翻看各种报刊时，当他收听广播节目时，谁能说他是以传者角色在进行这些典型的受者的活动？其实，每一个传者，确切地说既是传者也是受者。

“参与媒体”主要是对受众而言。改革开放前，传者习惯于发号施令，老百姓与媒体之间的心理距离比较远。因缺少反馈手段，受者直接参与媒体活动十分困难。如今，受者被视为“上帝”，媒体生存已经同受者的喜爱度和收视（听）及订购率发生了直接的联系。为此，各种媒体千方百计费尽心思地吸引受众参与传播活动。近些年来，传媒的数量和质量都有了较大幅度的提高，加之电话的普及等方面的原因，为受众的参与提供了一定的物质基础。更重要的是，受者生活水平的改善和休闲时间的增多，他们也有了分出部分精力关注自身精神要求的愿望，于是受众参与传媒活动的人数越 来越多，参与的方式也不断翻新：有去现场直接参与播出的；有经常拨打热线电话的；有积极参加媒体组织的联谊活动的；有拍摄照片或制作录像节目或提供新闻线索为媒体使用的；有发手机短信的，等等。在以上各类情况中，受者在一定程度上也起到了传者的作用。虽然从总体比例看，这类受者仍属少数，但是毋庸置疑，在当今中国的传播界里，“受众参与”已经成为一道亮丽的风景线。

“网上成员”，从发展的观点看，人人都有可能成为信息网络上的一员。在“网上”进行信息沟通时，传者和受者的概念就很模糊了（有学者曾预言的，传者或者说新闻工作者终将“化为泡沫”），他们之间的沟通既有大众沟通（如传播、接受新闻信息），又有人际沟通（如网上交友）。双方既是传者，同是也是受者。

总之，在以上所列举的许多情况下，对传者和受者的界定仅解释为“角色互换”已显得勉为其难了。

第三，从发展的角度来理解。

上个世纪90年代，源于美国的横扫世界的信息高速公路的冲击波早已波及到了中国。1994年9月，标志着我国“国民经济信息化”的跨世纪的巨型系统工程——金桥工程启动了，这条准高速国道的开通已经使我国国民经济各部门和国民生活在信息交换、信息共享等方面发生了革命性的变化。

大众传播业的飞速发展，要求大众传播学的相应跟进。不仅在学科的基本建设上（从某种意义上，也可以把大众传播心理学视为大众传播学的一个分支，一种向纵深领域的发展），而且还应在新的符号资源的开发和原有的符号系统的更新上适应传播业的发展，而扬弃传统的专业术语和概念的内涵当属此列。

可喜的是，有不少有识之士已认识到这一点，两年前就有研究者对大众传播学的基础概念——“传者和受者”，提出了更新的意见。在《受众：一个过时的概念》[①] 一文中，作者认为，大众传播时代在技术上进入了电子传播时代，在内涵上则进入了“主体传播时代”，所以“受众的概念已经过时”，并建议用“接收主体”和“传播主体”，取代“受众”和“传者”，把传播活动视为两种主体之间的关系。这种观点是很有见地的。

传播活动中的认识主体的几种表述的相互关系如下图：

“传受者”与“传播主体”和“接收主体”都是对传统概念“传者”与“受者”的继承、补充和发展，二者的区别是：“传播主体”和“接收主体”主要是从“主体”这个具有哲学意义的层面进行界定，而“传受者”则更多的是从社会角色这个心理学视角下的定义。其实，这两种提法在继承、补充和发展原有概念的

① 李盛之《受众：一个过时的概念》，《现代传播——北京广播学院学报，人文社会科学版》，1995年第2期，第12页。

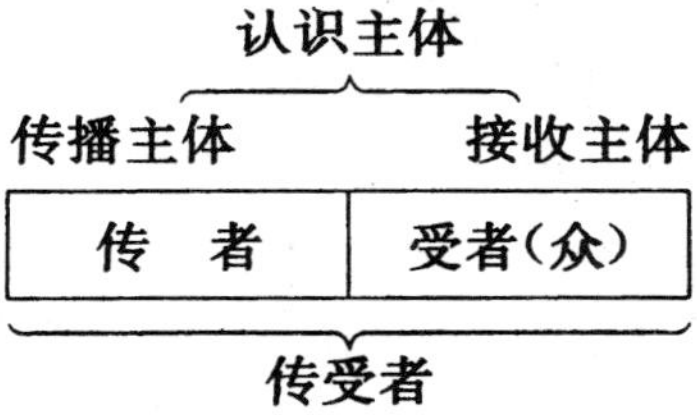

图 1—2　有关传者、受者概念相互关系示意图

意义上可以说是殊途同归。

不过，“传受者”的提法似乎比“传播主体”和“接收主体”所涵盖的内容更丰富。因为“传受者”这一概念不是对传者和受者这两个概念的简单相加，而是对这两种角色在各种情况下所发生的角色变化的总称。再者“传受者”的提法在表达上更言简意赅，操作更便利。它能分能合，使用灵活。例如本书第七章阐述“心理互动”时，使用传受者的心理互动比采用传者和受者（或者传播主体与接收主体）的心理互动在其内容涵盖上要丰富得多。后者仅仅指作为传者（或传播主体）和受者（或接收主体）这两类人之间的心理互动，而“传受者”虽仅三个字，却可以除了以上意义外，还包括传者与传者、传者与采访对象、受者与受者等之间的心理互动。另外，在大众传播活动中并非传者和受者在任何情况下都可以合二而一。如在采访活动中，传者就是传者，绝无直接充当受者（内心代表受者亦可）的意义，同时，在当前受我国媒介总体条件的限制，受者中的绝大多数人仍少有充当传者角色的可能，在这种情况下，可以把“传受者”的概念还原为传者和受者。就是说，“传受者”与“传者”和“受者”，可以视不同情况灵活运用，分合自如，一目了然。“传受者”这一概念，在表征大众传播认识主体上有其独特的作用。

第二节　大众传播心理学的现状

简言之，当前，我国大众传播心理学的研究刚刚起步，构建具有科学体系的大众传播心理学的条件还不成熟。目前国内同类研究仅属于“该学科范围内的统称”这个层次。

本节将从学科发展的渊源分析构建大众传播心理学的可能性；从“学科”判定标准来衡量我国大众传播心理学研究的现状；从应当继续运用心理学理论阐释大众传播实践活动，作为构建这门学科的一个主要途径。

一、构建大众传播心理学的可能性

大众传播学和心理学的学科联系是构建大众传播心理学的内在原因。经研究，这两门学科的内在联系主要表现在以下三个方面。

首先，在“研究人”的问题上，大众传播学和心理学有相交之处。

一般对大众传播学研究的范围都统一在美国著名的政治家拉斯韦尔（Harrol Lasswell）在其《传播社会中的结构和功能》一文中提出的5个W模式上，即：谁、说了什么、通过什么渠道、对谁和取得了什么效果。相应的研究内容包括：控制分析、内容分析、媒介分析、受众分析和效果分析。其中认识主体即传播主体和接受对象应当是大众传播学研究的核心因素。因为离开了人，大众传播也就失去了意义。美国著名的传播学者韦伯·施拉姆（Wilbur Schramm）曾在《传媒·信息与人——传播学概论》一书中指出：“研究传播学就是研究人：研究人与人、人与他的团体、组织和社会的关系；研究人怎样受影响，怎样互相影响；研究人怎样报道消息，接受新闻与知识，怎样受教与教人，怎样消遣与娱人。要懂得传播学，应先了解人与人怎样建立关系。”①而心理学也属于“研究人”的科学，它是研究人的心理和行为的科学。

其次，从心理学家在传播学先驱者中的构成比例看，这两门学科的学缘源远流长。传播学的“四大先驱”之中就有两位是心理学家：德裔美国心理学家勒温（lewin，K.）和美国社会心理学家霍夫兰（Hovland，C.L.）。尤其是霍夫兰的态度研究被称为传播学中的经典性研究。美国传播学者赛弗林（Syverlin）和坦卡德（Tancad）在评价由霍夫兰领导的研究小组时提出：“这个集中了（美国）心理学界最出色人选的班子所从事的大型研究项目被认为是现代态度改变研究的开端，而且是大众传播理论若干重大贡献的渊源”。

再者，马莱茨克的大众传播过程模式是这两门学科彼此渗透的明证。德国学者马莱茨克（Maletzke）于 1963 年提出的“大众传播过程模式”是传播学和心理学相结合的典范。这是一个“有条理地、经过周密考虑建立起来的模式，显示出大众传播是一个心理上非常复杂的社会过程，其中解释可能多属于多因素类型而不是单因素类型”。②

当代传播学“新流派”、“使用与满足”理论的倡导人丹尼斯·麦奎尔和他的助手斯文·温德尔曾指出：德国学者马莱茨克的这个大众传播过程是“数十年来从社会心理学角度研究大众传播之总结”，“该模式如此详尽，可以作为从社会心理学角度研究大众传播过程和相关因素的一份清单，因此，如果人们希望对这些过

---

① W·施拉姆著，余也鲁译，《传媒·信息与人——传播学概论》，中国展望出版社，1985 年版，第 4 页。

② 丹尼斯·麦奎尔和斯文·温德尔著，《大众传播模式论》第 51 页，上海译文出版社，1987 年 2 月。

程的描述作分析的话，可以使用这个模式”。[①]

该模式对传者和受者的各种心理活动进行了归纳并作出了详尽的分析。从传者看包括：传播者的自我形象、个性结构、工作组（小群体）、社会环境、工作环境及媒介对传者的影响。

从受者看包括：接收者的自我形象、个性结构、作为社会成员的接收者、社会环境及所归属的群体对接收者的影响。尽管马莱茨克的大众传播模式还有许多不足，但是可以说这个模式反映了大众传播学和心理学特别是社会心理学的内在联系，它为大众传播心理学这门新学科的诞生提供了一定的理论根据。

二、构建大众传播心理学的现实性

尽管大众传播学和心理学这两门学科之间有着多方面的内在联系，为构建大众传播心理学提供了可能性；尽管在信息时代，大众传播业的发展亟需大众传播学在更深层次，如心理层面上给予指导，这又为大众传播心理学的建立提供了必要性；但是遗憾的是，时至今日，大众传播心理学的科学体系远未形成，可能性、必要性还不足以促使这门学科的构建变为现实。

任何一门学科能否独立存在，判断标准在于它是否具有特定的研究对象、研究方法和研究任务。中国社会科学院新闻研究所的刘晓红曾就传播心理学（主要是大众传播心理学）这一交叉学科是否具有独立存在的“资格”进行了考察。为了寻找在传播活动中所特有的心理现象以及它们的系统化程度，她进行了长期的艰苦的努力。她的研究从三个方面入手：[②]

---

① 丹尼斯·麦奎尔和斯文·温德尔著，《大众传播模式论》第 57 页，上海译文出版社，1987 年 2 月。

② 本部分所引用的资料和观点均出自刘晓红的《试论传播心理学的研究内容》，《新闻心理学论文集》第 23—57 页，北京广播学院出版社，1990 年 2 月，以及她的论文《试论心理学在传播研究中的作用》，该论文见本书附录 1。

1. 有关以“传播心理学”命名的研究；

2. 以“××心理学”命名的与传播研究有关的研究；

3. 传播学研究中与心理学有关的研究。

为了说明她的这种研究的权威性和可信性，在此，仅以她的第一项研究为例，对她所搜集到的该项内容中的六个范围的专著或教科书的文献列举如下：

1. 北图外文新书（1991 年以来）中的心理学和社会学书籍。

2. 北图西文目录索引中的心理学和社会学书籍。

3. 北图计算机数据库社会学分支库。(SOCIFILE)，包括 1974 年 1 月至 1992 年 8 月的世界范围的 1800 种期刊、社会学文摘的目录和摘要。

4. 北图计算机数据库心理学分支库（PSYCLIT)，包括 1987 年 1 月至 1993 年 3 月的 45 个目录的 1300 种杂志及连续出版物。

5. 中国社会科学院新闻研究所资料室所藏全部英文书目。

6. 厦门大学传播学研究所及新闻传播系资料室所藏有关传播学的中英文书籍目录，1978 年至 1992 年国内传播学论文目录。

通过研究，她得出这样的结论，即：“传播心理学尚未发展成为一门具有明确的研究对象、研究任务的相对独立、完整的学科”。

之所以至今这门学科仍未能“独撑门户”，至少可能有以下两个原因：

1. 大众传播心理学的母体学科——大众传播学和心理学均属不成熟的学科。它们的历史都还比较短暂。大众传播学形成于上世纪 40 年代前后，到现在仅几十年。心理学虽然自 1879 年从哲学中“脱胎”出来，到现在已有一个多世纪，但是“不论用库恩的范式理论还是用波普尔的证伪法来衡量，它都算不上一门成熟的科学”。又因为心理学“此学论重要则几百学术统在其后”[①]，意思是它的发展须在其它学科发展之后，这样就限制了它自身的发展。

2. 研究大众传播心理学的队伍还很弱小。大众传播学在西方虽然已有五六十年的历史，但传入中国是在20世纪80年代初期，对传播心理学的研究就更晚。虽然经过二十多年的努力，在我国，传播学和心理学的教学及科研队伍已形成规模，但是研究新闻心理学和传播心理学这类交叉学科的人员还很少，且大多为散兵游勇。缺少专门研究人才，必然会阻碍这门学科的建立。

可喜的是，近些年，有的高校和科研机构的领导非常重视新闻与传播心理的教学和科研工作，从组织上、人员上、物质上、精神上都给予了具体的指导和大力的扶植，使新闻与传播心理学的教学、科研逐步走向正轨。2004年，中国传媒大学新闻传播学院传播心理研究所对全国128所高等院校进行了调查。其中已有38所院校开设了48门有关传播心理的课程，包括新闻心理学、广告心理学、影视心理学等，授课教师有46人。与2000年前相比，开设传播心理学的院系及授课教师都增加了3倍。在这方面做得比较突出的是北京广播学院（现改名为中国传媒大学）。该院做了如下几方面的工作：

第一，建立相应的组织机构。

2000年11月，北京广播学院批准在其二级学院新闻传播学院成立传播心理研究所。该所负责与国内类似的机构或研究人员沟通，并定期组织全国新闻与传播心理研讨会。到2004年6月止，该研究所已向全国新闻院校（系）、部分传媒及新闻、传播或心理方面的研究机构邮寄了内部通讯《新闻与传播心理研究动态》共9期，还主办了四届全国新闻与传播心理研讨会。

第二，开设有关课程。

---

① 梁漱溟《人心与人生》第4页，学林出版社，1987年。

自 1991 年起，北京广播学院新闻传播学院已开设新闻心理学、广告心理学、传播心理学和心理学基础课程，今后还准备开设传播心理测量与分析。

第三，设置传播心理学的硕士点和博士点。

北京广播学院自 1995 年始设置了新闻心理学“硕士点”（后于 2000 年改为传播心理学硕士点）；2003 年始设置传播心理学博士点。目前，该研究所的硕士生已毕业 11 名，在读硕士生 30 名，博士生 5 名。

第四，中国社会心理学会于 2001 年 10 月在中国社会心理学会第五届会员代表大会上宣布成立新闻与传播心理（后更改为传播心理）专业委员会。该专业委员会的办公地点设在北京广播学院新闻传播学院内。

虽然目前我国新闻与传播心理研究队伍的力量还不太大，但毕竟已经有了一支专门进行这方面的教学和科研的队伍。

随着我国教育战线改革开放的深入发展，这支队伍将会由弱变强，由小到大，从而为构建我国大众传播心理学打下比较坚实的基础。

三、构建大众传播心理学的途径

构建大众传播心理学应遵照循序渐进、由低水平向高水平发展的途径。所谓“低水平”和“高水平”是从对“学科”一词的两个层面界定的。有学者认为，“学科”一词有两个含义，一是完整、独立、系统的学科名称；另一是具有某种特征的诸多研究的统称。前者如物理学、化学、历史学等，后者如新闻心理学、电视心理学等。按照“学科”的第一个含义，大众传播心理学还不能被称为一门“学科”；但若按照“学科”的第二个含义，目前出现的以“××心理学”命名的，像大众传播心理学之类的则可以归入“学科”的范畴，其主要的研究方法是运用心理学的基本理论探讨和解释在大众传播活动中传受者心理活动的特点和规律。如可读性研究、图式研究，又如传者的动机、成就感、人格等对受者的影响，以及受者在使用媒体时在认知、情感、态度等方面的特点。与此同时，研究者应当努力寻找在传播活动中独有的心理现象，例如在电视现场采访中，记者与观众的心理感应，又如被采访者的“晕”话筒（镜头）现象等等。

等到这种研究初具规模和达到一定深度时，大众传播心理学才可能跻身于真正的学科之林。

不单是大众传播心理学，任何一门学科的发展都要经过由准学科到真正学科这两个步骤。从科学发展史上看，新学科的产生和发展不可能一蹴而就。由浅入深、由少积多、由量变到质变、由借他山之石到独立、由应用到理论化、由局部的子学科日渐深入到整体的系统科学，这是学科构建的必由之路。

其实，不仅是本身就不成熟的学科，即使是已经被公认为具有独立体系的“老”学科，其科学性也还需要不断地经受实践的考验。比如社会心理学，自1908年建立至今已近百年，并且已被专家认定，这是一门“已经发展成一整套独立的概念体系、研究方法和理论框架”的科学，但是直到现在，在其“研究对象”这个学科的最最基本的问题上仍存在分歧。对此，人们“还在继续探讨”，这就更进一步证明，任何一门学科的构建和发展都需要许多人做长期的、艰苦的、持之以恒的努力。

第三节　大众传播心理学的理论问题

大众传播心理学的一个重要问题，就是怎样构建该学科的理论框架。恩格斯曾指出：“一个民族要想站在科学的最高峰，就一刻也不能没有理论思维。”① 对于一门学科或者一本书来说，

---

① 恩格斯《〈反杜林论〉旧序》，《马克思恩格斯选集》第3卷第497页。

也是同样的道理。没有理论思维，学科就建立不起来；没有理论思维，专著就缺少了“脊梁骨”，无法挺立。为此，本书借鉴了美国心理学家阿特金森（R.L.Atkinson）等人写的《心理学导论》（这是美国大学使用最广的教科书之一，也是当代世界最著名的心理学教科书之一）中关于现代心理学研究的五种主要理论，即生物论、行为论、精神分析论、现象论（人本主义）和认知论。本书坚持以辩证唯物主义和历史唯物主义为理论武器，对这几种现代心理学理论进行扬弃。在此基础上，以这五种理论作为本书的基本构架。除在第二章“传受者心理的实质”里把生物论的基本观点贯穿之中外，本书从第三章到第六章，将依次运用现代心理学的几派主要理论：行为主义、精神分析、人本主义和认知心理学，探讨在大众传播活动中传受者的心理和行为规律。借鉴现代心理学理论有两方面的意义：

一、提高理论思维，增强分析能力

在大众传播活动中，传受者的心理现象和行为表现纷繁复杂，而且涉及面很广：有传者的、受者的和二者互动的；有个体的、群体的和二者相互影响的；有静态的、动态的和动态平衡的；有显在的、潜在的和显潜过渡的。传受者心理和行为产生的原因有主观的、客观的、生理的、心理的、社会的，除外还有传者的职业对其心理素质的要求；传者的人格特征在媒介内容中的体现以及不同的媒体、不同的媒介符号及媒介信息对受者的心理和行为的制约及影响。面对这林林总总、网络勾合的研究对象，缺少理论思维是绝难胜任的。

源于并发展于西方的现代心理学，经过几代研究者近百年的苦心探索，已硕果累累。尽管他们在哲学基础和方法论上有偏颇性甚至谬误，但是，它们毕竟是人类精神世界的一笔财富。为了建立我国科学的大众传播心理学的体系，向西方学习是重要的途径。列宁说过：“马克思主义这一革命无产阶级的必然体系赢得了世界历史性的意义，是因为它并没有抛弃资产阶级时代最宝贵的成就，相反地却吸收和改造了两千多年来人类思想和文化发展中一切有价值的东西。”[①] 目前，西方心理学各学派之间虽然仍“彼此对抗”，但有时也能“和谐共存”。从总体上看，经过西方心理学家的共同努力，心理学已逐步由狭义的个体研究范围扩展到比较广阔的社会心理的研究领域；由传统的追求心理适应的低层次的研究上升到提高人的精神境界和心理生活质量的较高层次的研究。批判地吸收西方心理学理论的精华，对于提高我们的理论思维和分析问题的能力，对于我们科学地把握在大众传播活动中传受者的心理和行为规律是很有益处的。

二、开阔学术视野，提高全面认识问题的能力

大众传播学和新闻学都有自己的研究领域。在认识主体问题上，大众传播学叫控制研究（谁——传者）和受众分析（给谁——受众），新闻学叫新闻从业人员研究和新闻接受者（或新闻受众）研究。而大众传播心理学则称之为对传受者心理的研究。从学科的角度看，大众传播心理学比大众传播学和新闻学的视野更大并深入了一些，这是一层意义上的开阔学术视野。但就大众传播心理学这门学科本身看，也还有另一层面的含义。比如对“电视中的暴力节目会使青少年形成攻击性行为”这一课题，在研究方法上可以有实证方法，即通过心理实验了解电视中的暴力节目对青少年攻击性行为的产生所应承担的责任，也可以运用不同学派的心理学理论给予解释。根据美国著名教科书《心理学导论》的主要作者阿特金森（R.L.Atkinson，1990 年）的观点，目前因“心理学尚无统一的理论模式”，所以他主张从各种研究取向（图 1—3）来分析人的心理及其行为形成的机制。这五种

① 《列宁选集》第 31 卷第 283 页，人民出版社，1958 年版。

研究取向是：神经生物学、行为主义、精神分析、人本主义和认知心理学。仍以电视中暴力节目使青少年产生攻击性行为为例，这五种视角的阐述是这样的：1. 从神经生物学取向（如以电或化学方法刺激人脑深部特定区域加以控制）来揭示攻击性行为的人脑机制；2. 从行为主义取向探讨怎样改变外界环境，提供新的学习经验，才能使青少年减少攻击性行为；3. 从精神分析取向来论述潜意识的内驱力和童年经验对个体形成攻击性行为的影响；4. 从人本主义取向来探索如何改进社会和人际关系，消除攻击性行为的根源，促进自我实现进程；5. 从认知心理学取向来分析青少年的认知方式，及不同的认知方式对青少年产生或控制攻击性行为之间的内在联系。以上这五种心理学理论对同一问题的阐释，显然比单一研究方法更全面、更充实，也更科学。

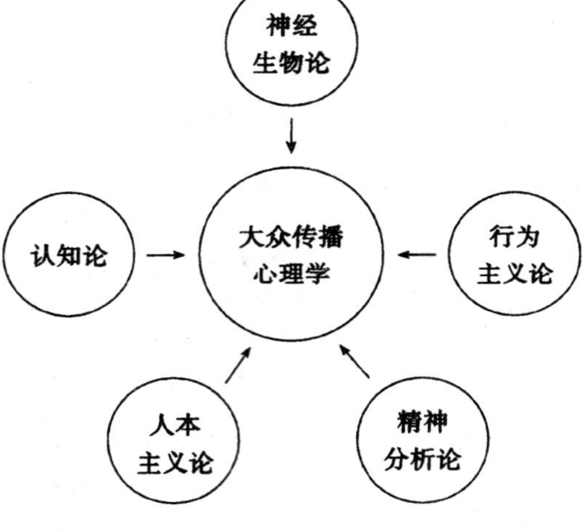

图 1—3　大众传播心理学的五种研究取向①

① 参看阿特金森等著，车文博审订的《心理学导论》（上册）第 9 页，台湾晓园出版社，1994 年 6 月。

西方心理学理论很庞杂，仅这五种理论本身的著作、论文就称得上卷帙浩繁，本章不可能也不必要对它们一一做详细的介绍和全面的运用，仅就其中与大众传播实践活动联系得比较紧密的部分进行尝试性的阐述。要说明的是由于神经生物论的观点在第二章里已经涉及到，故不再对此另辟章节进行分析。

思考题：

1．你认为大众传播心理学的学科定位是什么？

2．怎样理解“内向传播”是大众传播心理学的一个重要的研究对象？

3．什么叫内向传播？试举例说明其在大众传播活动中的功能。

4．你认为构建大众传播心理学有哪些途径？

5．现代心理学理论有哪些？你认为借鉴西方现代心理学理论于大众传播学的意义是什么？

第二章　传受者心理的实质

第一节　研究传受者心理实质的意义

一、什么是传受者心理的实质

传受者心理的实质是探讨在大众传播活动中，传受者的心理现象（或心理活动）的本质是什么？传受者心理产生于人体的哪个器官？其源泉在哪里？传受者心理有什么特点？等等。在心理学史上，对于人的心理实质的认识，历来存在着唯心主义和唯物主义、形而上学和辩证法的斗争。实践证明，只有辩证唯物主义哲学才能对此给予科学的回答。辩证唯物主义认为：心理是脑的机能，脑是心理的器官。人的心理是人脑对客观现实的主观反映。在大众传播活动中，传受者的心理是人的心理在特殊领域里的表现，因而人的心理的实质涵盖了大众传播中传受者的心理实质。据此，我们对传受者的心理作如下界定：传受者的心理是客观现实在其头脑中的主观、能动的反映。

二、研究传受者心理实质的意义

任何一门学科的创立者、继承者、发展者，不论主观上是否意识到，他们都是在一定的哲学思想的指导下从事研究的。大众传播心理学也是如此。在大众传播心理学中有许多理论，但是其中最重要的贯穿了整个学科的主要理论就是这门学科的哲学基础，而这个哲学基础又最集中地反映在关于传受者心理实质的这个问题上。换句话说，就是本章所探讨的问题是贯穿于全书的一条红线，一条思想路线。它对于全书其它章节起到了提纲挈领、纲举目张的作用。

大众传播活动是传受者在心理互动的基础上进行信息传播的过程。那么传受者的心理活动产生于何种器官？传受者个体的脑和神经系统的质量对于传播效果有何影响？在大众传播活动中，传播者靠什么来制作媒体内容（像新闻、广告、文艺节目、小说等）？是靠闭门造车，合理想象？还是深入实际从生活中寻求素材？是全面反映生活实际还是以点带面，以偏概全？是从现实生活中寻找热点、焦点问题，还是人为地“炒”新闻？广告宣传是夸大其辞，甚至有意欺骗消费者，还是实事求是为消费者着想？文艺作品是源于生活、高于生活还是脱离生活、令百姓反感？这一系列问题，寻根究底，都可归入这样一个命题，即媒介内容是源于客观现实，还是源于传播者的主观臆想？这显然是个原则性问题。

从新闻理论或从政治思想角度分析，这些问题大多属于职业道德、思想修养或思想方法等方面的问题。而从大众传播心理学的角度看，这就属于心理实质的问题。同类现象，学科不同，视角不同，研究的角度及侧重点也不同。但是从本质上看，它们之间有着一定的内在的联系。比如，优秀的新闻工作者、作家、艺术家、广告制作者所具备的良好的思想修养、道德品质和较强的业务能力，与他们的神经系统、脑的质量，与他们的各种心理素质是直接相关的。谁也不会否认，一个人在能力、气质、性格、智力、非智力（情商）等方面都出类拔萃者，他们成才的机率会更高。遗憾的是，对这个问题至今还没有引起人们足够的重视。同时又因条件，如专门人才、资金等局限，即使有人意识到了，目前也很难实施。

不过，这是早晚要触及到的问题。因为人的生理、心理素质制约着人的综合素质。有研究者专门就人的各种素质的关系进行了论证，认为：“所谓素质是指由先天的遗传条件及后天的经验所决定和产生的身心倾向的总称，是个人一系列基本特征和品质的综合。人的素质内涵丰富，是个有层次的系统结构，包括身体素质、心理素质、科学文化素质、思想道德素质等。其中身体素质和心理素质是人的素质的基本层次，而科学文化素质和思想道德素质都是心理素质的外化和对象化。因为人的素质高低取决于科学的思维能力、客观的自我评价、健康的情绪特征、顽强的意志品质，体现在有没有远大的理想和坚定的信念”。①

当然，研究心理实质问题，不仅对传者，而且对受者也很重要。受者的生理、心理素质对于他们认知、欣赏媒介内容直接相关。缺少理论思维的人看不懂哲理性较强的书刊，没有音乐感的“耳朵”欣赏不了高雅音乐，这是常识。另外，在不少受者头脑里，有一种思维定势，即只要是上了报（电视、广播）的东西就一定是对的，是具有真实性的。于是个体行为的决策便“唯媒体是从”。一般而言，这也没什么不对，引导受众既是传者的意图，又是媒体的重要功能。尤其社会主义国家的媒体，传者与受者的根本利益是一致的。但是，任何事情不能绝对化。有人听信假广告服药致死，有人信了假新闻吃尽苦头，不谙世事的孩子仿照电视里“小龙人”的样子，张开双臂从窗户朝楼下“飞”去，做白日梦的痴情者在电视剧里寻找自己的白马王子，他们把媒介世界同现实世界混淆了。且不说文学作品本身就是虚构的，就连“对新近发生的事实的报道”也不全是真的。所以受者还需要把从大众传播中获得的媒体信息与在人际沟通中获得的实际感受结合起来，从思想上明确一个观点：虚拟的媒介世界来源于实际的客观世界，要不唯上，不唯书，也不唯媒体，而以实践为检验媒介内容的唯一标准。

净化媒体，监督媒体，使其能真实地反映客观实际，是传受

① 樊富珉《青少年心理健康教育与社会主义精神文明建设》，第 21 页，清华大学出版社，1997 年。

者共同的任务。传者为获取真实的素材，须深入实际，受者对于传者的失误也应及时反馈。总之，研究传受者的心理实质，不是一个可有可无的问题，而是一个与大众传播的效果、与传受者的素质紧密相关的问题。

第二节　脑是传受者心理的器官

一、脑是人的体内传播的中枢

人的体内传播又叫自我传播或内向传播。在人类的传播活动中，它是同人际传播、组织传播、大众传播相互作用、互相影响的。体内传播表现在个体身上，它是实现大众传播（包括组织传播和人际传播）的基础。脑在体内传播中处于中枢地位，离开了脑，任何传播都不复存在。

体内传播是一个过程，是神经系统的反射活动的过程。反射弧（最基本的反射结构）由五部分组成，它们之间的关系是：感受器→传入神经→中枢（脑和脊髓）→传出神经→效应器。效应器的活动作为新的刺激不断地反馈给感受器，从而形成循环往复的反射环，进而完成了体内传播。在这个过程中，脑居于接收、处理信息，并指挥主体去行动的中枢地位。举一简单例子加以说明：某受众看到（视感受器——眼睛视网膜部位）报上刊登了一篇文章，题目是《也许你需要“心理咨询”》（文章——刺激物）。有关信息通过传入神经到达相关的大脑皮层，经过大脑对自己的日常行为和文章所提供的心理障碍的表现进行对比、分析，该受者判断：自己也有心理障碍（这是脑中枢的作用），于是前去咨询（传出神经、效应器官的活动）。这就是人的自我传播的一个完整的过程（当然还应包括反馈系统）。在大众传播活动中，传受者所有的心理和行为无不经过这样的生理过程。虽然人们对于客观刺激的反应过程有大体相似的生理机制，但是个体脑千差万别，比如在脑皮层沟回的深浅程度、脑血管丰富程度、神经元突触的数量、神经纤维的长短和直径的差别、左右脑半球发育的状况和大脑两半球连通的质量等方面的不同，都会影响人们对事物的认知水平，这又进一步说明脑的中枢地位的重要。对于个体脑的鉴别不能靠直观，甚至连脑电图也无能为力。1997 年上旬，中央电视台《东方时空》中的《东方之子》节目中播出一条令人鼓舞的消息：山西医学科学院王德堃教授研究出的“脑像图仪”可以测出人的脑像图，它比一般脑电图能更进一步揭示出大脑的质量。从 6 岁正常男孩和 22 岁不正常女青年的脑像图上可以对比出二者脑在结构、纹理、规则性、平衡性等方面的显著差别。脑像图在一定程度上可以反映出人脑的发育状况，还可以从中识别出一个人的思维、记忆水平以及左右脑发育的水平。如果能利用脑像图仪测试新闻从业人员的脑像图，对于发现和培养人才可能会起到一定的作用。

体内传播的生理机制十分复杂，目前对这个问题的研究仍旧处于“黑箱或灰箱”阶段。对生理机制的研究一般有三种水平：1. 生理的；2. 生化的；3. 心理的。1 和 2 合称为神经生理水平。关于传受者心理机制问题，将在以后的章节里介绍，本章仅从生理机制方面作一简单介绍。

研究内向传播的神经生理机制，离不开对脑的生化反应的探索。有研究者认为：“人脑中发生的电和化学变化的特殊模式，是复杂精细的思维过程的最重要的基础。”① 还有心理学家从生化水平解释人的智力，认为“智力的差异就是对信息进行表征和加工方式上的差异。具有代表性的理论有：1.JenSon 提出把智力理解为神经冲动的传导速度，并用选择反应时对其进行间接的测量；2.Humt 提出智力是特殊的心理速度（主要是词汇信息检

① ［美］阿特金森等著，车文博审订《心理学导论》，台湾晓园出版社，1994 年 6 月。

索速度）的观点……。”[1] 另外还有研究者就观众收看电视的神经生理机制进行了具体的实验研究。

（一）从研究脑电波入手探讨收看电视是主动认知还是被动认知

对这个问题单从经验上推断不易说明问题。有心理学家通过实验，观察人脑的电活动与看电视之间的关系。方法是把脑电波 α 波的减少和 β 波的增加作为认知加工活动增多的标志。以此对比阅读和收看电视时人脑 α 波和 β 波变化的幅度。心理学家华尔克曾以大学生为被试，记录了这些学生进行阅读及观看电视时的脑电波 α 波和 β 波的活动水平。“他发现，不论是阅读还是观看电视，β 波的活动水平均达到最大值，而 α 波的活动水平均达到最低值。阅读和观看电视的对比表明，与观看电视相比，阅读时的 β 波活动水平略高，α 波的活动水平偏低，但二者的差异均未达到统计学上所要求的显著性水平。”这个实验表明：“看电视也是一种积极的认知过程，从而改变了以往有人认为看电视是消极认知的观点”。[2]

（二）当电视广告呈现 300 毫秒时，受者的反应达到最大值

电视广告在呈现多长时间时，最易引起受者的注意，这是一个关系到提高广告效益的问题。时间短了，受者来不及注意；时间长了，受者的注意维持不住，这中间就有一个量化的指标。罗斯切尔德等人专门就这个问题进行了实验研究，发现：“大约在刺激呈现之后 300 毫秒时反应达到最大值。因此，罗斯切尔德等人（1986）决定考察 α 波的‘过渡期’和同时性广告活动之间的

---

① 余欣欣《智力研究的历史、现状、未来》，《广西师范大学学报·哲社版（桂林）》，1996 年第 4 期，第 53 页。

② 参看张令振《看电视的认知卷入程度低吗?》，《北京广播学院学报》，1991 年第 6 期，第 39 页。

关系。‘过渡期’是广告中的一段时间，它是从 α 波的显著降低（表明电视注意增加了）开始到 α 波下一次显著降低结束的这一段时间。在累积水平上进行这种‘过渡期’分析，罗斯切尔德等人（1986）在 9 个广告中找出了 57 个这样的‘过渡期’。他们发现的 69％的‘过渡期’是在广告刺激中某一容易识别的视觉线索出现不超过 300 毫秒时开始的”。①

二、脑是传受者主体与客体相联系的中介

（一）脑的中介作用模式

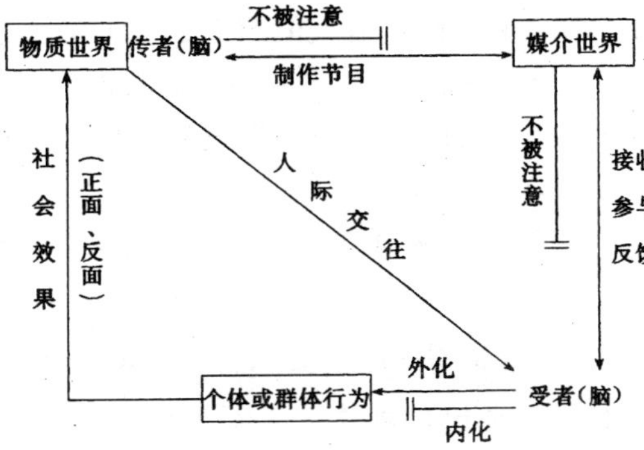

图 2—1　传受者脑的中介作用模式

该模式图表示：

1. 在大众传播活动中的认识主体是传者和受者。他们的活动均以脑为中介，脑的活动联系着主体与客体；
2. 传者与受者都处于物质世界和媒体世界并驾齐驱的环境

① 参看张令振《看电视的认知卷入程度低吗?》，《北京广播学院学报》，1991 年第 4 期，第 39 页。

中。但传者以接受物质世界为主，受者则以接受媒介世界为主；

3. 当传者对来自客观物质世界的信息未加注意时，相关的心理活动被阻断；反之，则心理活动活跃，写作（或制作）媒介内容，使之构成媒介世界；
4. 当受者对来自媒介世界的信息未加注意时，相关心理活动被阻断；反之，则心理活动活跃，或接收媒介信息，或参与媒介传播，或将自己的感受反馈给媒介；
5. 受者（主要是指群体）的心理和行为的集合便形成了或正或负的社会效果。

（二）传播效果与脑的中介作用

在传播学里“效果分析”占据极重要的地位，正如有学者指出的：“在传播学的所有研究方面，以研究如何取得最佳效果为核心的效果分析一向最受重视，它几乎可以说是传播学作为一门学科赖以安身立命的根基，正如D·麦奎尔所言：‘大众传播理论之大部分（或许甚至是绝大部分）研究的是效果问题。’……如果不是为了取得某种效果，那么传播活动就失去意义……”①

然而，大众传播的效果又是怎样得以实现的呢？这可以从多方面去考虑。如媒体的科技含量；媒介的信息量；受众的需求、文化素养等。其中有物也有人的因素。但是反映了客观现实的媒介信息（如失学儿童的情况）是怎样转变为受众精神的东西（同情失学儿童），又怎样转化为人们的行为（捐款捐物）？换句话说，媒介信息怎样变成了强烈的社会反响及良好（或不好）的社会效果？这一切都要靠受者脑的中介作用。正因为受者通过脑对媒介信息的分析、理解，并内化为受者主体的认识和行为；正因为有无数个体的行为积累为群体的行为，所以当这种行为的量达

---

① 李彬《传播学引论》第186页，新华出版社，1993年10月。

到足够时，就会显示出某种社会影响，而这种社会影响或社会效果，如果离开了人脑的中介作用，就会化为乌有。有人说，“信息即力量”，“传播即力量”。这“力量”并非单指“信息”本身，而是指信息与人的结合。正如沙莲香教授所言：“但这个决定作用不在于物质现象本身，而在于‘物’背后的人的关系。”① 只有当信息经过受者的头脑转化为巨大的精神和物质力量时，“信息”才具有了生命力，才真正是有力量的。

第三节 客观现实对传受者心理的影响

一、“物质状态的世界”是传受者心理的终极源泉

（一）理论上对客观世界的划分

客观现实是指与有机体发生联系的外部世界。从不同的角度对客观世界进行划分，可以分为：自然的和社会的世界；物质的和精神的世界；感性的和媒体（拷贝）的世界。从理论上看又有三分法和二分法之说。

1. 波普尔的三分法。

科学哲学家卡尔·波普尔（Kail Popper）创立了“世界 3”理论。他把我们日常的世界划分三个领域，即物质状态的“世界 1”，精神心理状态的“世界 2”，以及由人类精神产物构成的“世界 3”，其中“世界 3”即“媒体世界”。

2. 我国的两分法。

我国社会学教授沙莲香把客观世界分为两部分，即感性世界和拷贝世界。她认为：“人们通过感官直接接触的是实实在在的

---

① 沙莲香《社会心理学》第 57—58 页，中国人民大学出版社，1987 年 11 月第 1 版。

感性世界”；而“拷贝世界是由大众传播媒体对感性世界的模写和抽象”。

现在一般采用第二种分法的比较多。因为波普尔的第2、第3世界很难分化，人们头脑中的精神世界无法感知，而一旦外化为可感知的东西（如小说、电影、诗歌等），就进入了世界3。

（二）媒介世界是人们直接接触的世界

美国新闻工作者和社会评论家李普曼（Walter Lippmann）认为：“我们的身外世界（实即实性世界）越来越变得广阔而纷杂，如今人们已很难直接去感知它、把握它、理解它，诸如关税、贸易、财政预算、战争与和平等众多人们必须面对的问题，都远远超出人们直接接触、亲身感受的范围。因此，对绝大多数人来说，身外世界实际上已是‘不可触、不可见、不可思议’的（out of reach，out of sight，out of mind）”①。然而，人们毕竟得面对这个世界，并与之保持联系，这就需要有一支职业队伍专门来为人们构建一个可供感受、能够体验的间接环境，即所谓的媒介环境、拷贝环境。

这一观点在20世纪90年代又被斯坦福大学传播学学者巴伦·李维斯和克利夫·纳斯的研究进一步的证实。他们经过十年的共计35项实验研究表明，媒体＝真实的生活（Media＝real life）。②即“人们是像对待真人真事一样对待电脑、电视和新媒体的”。③

媒体世界成为人们直接接触的世界，这里的“人们”泛指一切人，当然也应包括传者和受者。媒介世界之于受者是不言而喻的，受者的心理大多来自媒介世界，或者说媒介世界是受者心理的直接源泉，而媒介世界之于传者就需作具体分析。

---

① 李彬《传播学引论》第149页，新华出版社，1993年10月。

② ［美国］巴伦·李维斯和克利夫·纳斯著，卢大川等译：《媒体等同》“译者的话”第1页，复旦大学出版社，2001年。

③ 同②，见《媒体等同》的封底。

传者，尤其是新闻工作者，当他工作的时候，职业角色要求他必须深入到可触、可见、可闻的感性世界，代表受者的愿望去采制真实世界的消息，这个时候传者（主要指新闻工作者）的心理活动的源泉来自感性世界。在这点上，与受者有根本的区别。但是传者同时也是其它媒体的受者，和自己媒介的审视者，所以，从非职业角度来看，当传者也是受者时，他的心理活动的源泉也主要来自于媒体世界。更何况即使在采访中，传者也并非百分之百地从感性世界中获取素材，各种媒体信息同样也是他获取素材的重要来源。综上所述，传者的心理的源泉主要来自物质世界，受者的心理源泉主要来源于媒介世界，传受者又都同时生活在感性世界与媒介世界并驾齐驱的环境里。所以说客观现实（包括感性和媒体世界）是传受者心理的源泉。但是必须十分清醒地认识到，从终极意义上看，传受者心理的源泉是客观感性世界，因为媒介世界仅仅是它的模写和拷贝。

二、媒介世界对传受者心理的影响

媒介世界或媒介客体是由三个要素构成的：媒介实体（以物质形态出现的媒介工具，属于硬件）、媒介符号（以符号形态出现，是信息的载体）、媒介信息（以媒介内容或媒介节目的形式出现，属于软件）。这三者既相互联系、相互依赖，以不可分割的整体去影响受者，同时它们又相对独立，对传受者心理施以不同程度或不同方面的影响。下边就媒介实体、媒介符号、媒介信息对传受者心理的影响进行分析。

（一）媒介的发展与对信息时代的感受

媒介是凭借符号来传播信息的工具。作为物质实体的媒介如报刊、收音机、电视机、电子计算机以及多媒体① 的产生，无一不是社会生产力、科学技术发展到一定阶段的产物；反之，媒体的每一发展阶段又都标志着时代的变迁。每一种媒介都向我们"隐喻"着"世界的存在方式"，都向人类发出一种新的"讯息"，或代表其中规模或是速度，或代表某种新类型或某种深刻性的变化。这些变化都会迅速介入到人类的生活之中，并影响或改变着人们的基本生存环境。以信息高速公路（即数字化大容量光纤电子电缆通信网络）的发展为例：

从世界范围看，自 1993 年 11 月美国克林顿政府推出兴建"信息高速公路"的计划并得到参众两院的支持始，随后欧洲联盟、加拿大、日本、韩国、越南等涉及到三个世界的几十个国家都在紧锣密鼓地准备进行一场有关信息高速公路的世界大战。

我国也不甘落后，在党中央直接关怀下，国家级"863"计划已经实施了一大批与信息高速公路密切相关的重要科研项目。我国实施信息高速公路的计划已经具备了一定的物质和技术基础。从 1994 年到 2004 年，中国互联网已经走过了 10 个年头。据中国互联网信息中心统计，截至 2004 年 6 月底，中国互联网用户数为 8700 万，稳居世界第二位。互联网，这个 10 年前还是"时尚先锋"的代名词，今天已经渗透到了人们日常生活的各个方面。据报道，目前，中国各大城市基本上实现了信息化工程，绝大多数城市的市政府，已经把公文管理系统纳入了计算机通信网。必要时，只须"鼠标一点"，文件就可在几秒钟内下达到已与市政府办公信息处理中心联网的市级机关、区、县（市）的各

---

① 多媒体：一种类似电子计算机的东西。它能融大众传媒（报刊、广播、电视、图书……）和通讯（电话、传真、ISDN、光纤通信）于一体，用数字方式交互处理、传输、管理和交流文本、图形、图像、声音等信息。邱景东，《世纪之交：中国现代化进程中传播与教育的处境及选择》，《现代传播——北京广播学院学报·人文社会科学版》，1995 年第 2 期，第 39 页。

个单位。不仅政府部门，就连普通百姓也有人使用国际互联网索取资料或者借此来维护自己的合法权益。据电台报道，在 1997 年 3 月 14 日，厦门市的一位个体商就曾通过国际互联网络，状告肯德基（该分店内的游艺场因管理不善致使其女儿的腿摔断），这件事迅速得到了世界一些国家人士的同情和支持，而且还迫使美国肯德基（集团总部）派人到中国来看望受伤的孩子并表示了慰问，这件事造成了一定的国际影响。

凡此种种证明，“信息高速公路”实实在在地介入了人们的生活。而且它的高效率服务在传受者的头脑中留下了关于“信息时代”的感受。这种感受较之一般媒体（报刊、广播、电视）更加强烈和深刻。从这个意义上不能不说麦克鲁汉关于“媒介即讯息”的结论是很有些道理的。

（二）媒介符号对传受者心理的影响

符号是大众传播活动的要素，是“传播过程中为传达讯息而用以指代某种意义的中介。”① 媒介符号是媒介信息的载体，它具有脱离传播信息的独立性，又贯穿于传播活动的全过程。不同的媒介有不同的或部分共同的符号系统。如报纸媒介的符号主要是文字和图片；广播媒介的符号是声音；而电视媒体的符号主要是画面、声音及少量文字。多媒体的符号与电视一样，只是文字量大大增加。

不同的媒介符号作为客观刺激物长期作用于传受者的感觉器官，不仅对感官的发展而且对人们的认知活动都会产生影响。

1. 报刊文字对传受者心理的影响。

报刊文字具有滞留性，白纸黑字，历历在目，可反复阅读、思考，不受时空的限制，又可以长期保存，随时复查，相互比较，具有表达上的准确性和较严密的逻辑性。

---

① 张国良主编《传播学原理》第 92 页，复旦大学出版社，1995 年 12 月。

新闻纸属于印刷文化，这种文化“有一种趋于（详细）说明的强烈倾向；一种概念的、推理的、连续的思考的复杂能力；一种对理性、秩序的高度评价；一种对（逻辑上的）矛盾的憎恶；一种达到分析与客观（境界）的强大能力；以及对迟缓反应的宽容。”① 因而经常大量地阅读报纸，有助于培养读者逻辑思维能力，反过来也可以理解为，读者为了满足对客观事物的理性分析，追求逻辑的严密性和思维深邃感，须求助于印刷文化。正因为如此，所以报刊常为文化水平较高的读者所偏爱。

如果从人类发展的历史长河中去追溯、考察文字的功能，我们可以更进一步反观、反思报刊文字对读者提高逻辑思维能力及解放思想的巨大作用。“在西方，从发明最初的象形文字或表意文字到用语音符号完整地记录言语，文字演变的这个漫长历程是与逻辑、分析精神的发展相平行的，逻辑、分析精神超越口头文字稍纵即逝的特点，优先给予书面文本以稳定的甚至是永久的含义。因此在成为行使权力工具的同时，文字工具有了思想解放的力量，思想则运用这同一种符号使之成为从权威中解放出来的工具”。②

2. 广播声音对传受者心理的影响。

广播声音稍纵即逝、不能重复（指当时而非录音）。但经专业人员播讲，声情并茂，较之个人阅读报纸感染力强；再者声音富于弹性、易于联想；声音的可感性能给听众提供真实的感受，像试管婴儿的哭啼声，利用人工喉讲话的声音等；又由于人们在活动时，使用听觉通道不如视觉通道的比例大（后者约占80%），所以听广播有“一心二用”之效。

广播新闻属于广播文化。这种文化凭借声音的魅力趋向于激

---

① 孙振斌《大众媒介：人的比喻》，《北京广播学院学报》，1991年第3期，第32页。

② 《媒介的变迁》第88页，中国对外翻译出版公司，2002年。

起听众强烈的情绪情感的效果。又因为声音本身所表达的意义对不同的认识主体而言有较大的弹性（即主观性），所以广播文化为人们想像力的发挥提供了广阔的天地。虽然广播新闻稍纵即逝，难于捕捉，但是光速可为人们便捷地提供同时性的报道，所以，那些性急者，那些追求生活高效率的人们可能更偏爱广播。

3．电视图像对传受者心理的影响。

电视新闻属于电视文化。这种文化以图像的生动具体、现场感强取胜。观众在观看电视时其视觉和听觉通道被同时激活，据研究，多种感觉道比单一感觉道对信息的接收更轻松，对信息的认知更全面。电视手段所造成的色彩纷呈的屏幕形象更容易使人兴趣盎然。从心理机制上分析，电视信息的多维性，或曰电视传输的综合信息，可以同时刺激人的视觉和听觉，并使人产生“触觉感受”，即所谓身临其境之感。而文字信息却是依据先后次序和思想反刍，才能被大脑接受。所以电视画面有利于提高观众的感受性和形象思维能力。

但是，“电视人的观念是，保持每一个报道的简朴，既不使任何人的注意力太紧张，也不提供持久性的东西。观众可以在观看时不必花哪怕几秒钟的时间去注意概念、特性的问题。”① 譬如有理论说，伴随电视成长起来的孩子注意力集中的时间越来越短，他们更具备图像处理的能力而缺乏文字欣赏和创作的能力，他们更加追求快速的变化和行动而不再有意于沉静的思考。② 这样虽然节约了观众的神经能，但同时又容易培养人们的惰性（对此观点，心理学界有争议，如有的美国心理学家认为看电视的认知卷入程度并不低）。经受众调查发现：知识层次越高的人看电视的次数就越少。他们“抵制”看电视而拿出更多的时间去读

① 孙振斌《大众媒介：人的比喻》，《北京广播学院学报》，1991 年第 3 期，第 32 页。

② 卜卫《关于青少年网络管理的理论和实践探讨》，《现代传播——北京广播学院学报·人文社会科学版》，1996 年第 5 期，第 42 页。

报。大概在他们看来，一瞬而过的电视图像很难训练人们的思维能力，同时也难以满足他们对较深层次的文化的追求。电视工作者为解决这个问题已经并仍在进行不懈的探索。

4. 多媒体对传受者心理的影响。

多媒体传播可通过有线或无线的电视、电话、文传、收音机、计算机等提取信息。信息可以文字、图像、音响的单一或综合方式显示。由于多媒体是以计算机为终端的，所以在使用时不仅需要视觉、听觉，还要触觉参与，比如用手指敲击键盘或移动鼠标并与视听觉协同配合进行操作。实践表明，每一种新媒体的出现，都会改变各种感官使用的比例，并使它们趋向新的平衡。印刷文字只需要眼睛去看，广播声音只需耳朵收听，这些都是感觉的单一通道。发展到电视则需眼耳并用方可接收，而多媒体的使用就得眼、耳、手三者协调合作，这就对于使用者的注意力、耐力、智力提出了更高的要求。不同感官之间新的平衡的建立，会促使人的心理素质及其各种能力的新的发展和变化。除此之外，对人们的文化知识和各种技能也提出了更高的要求。正如美国的传播学者梅尔文·德弗勒（Melvin L. De Fleur）和桑德拉·鲍尔——洛基奇（Sandra Ball—Rokeach）在《大众传播学诸论》中指出的："人类传播是一种生物社会过程，它不仅依赖于人类记忆，而且依赖于认识，象征性相互作用以及特定语言的文化规范等这样一些因素。"人们使用多媒体时就是一种"人——机"关系。先进的科技只有与高质量的使用者相结合，媒介信息才能转化为社会生产力。所谓高质量的使用者主要指其心理素质（如较高的认知力、思维力、操作能力）和相应的科学文化知识（如计算机知识、英语、母语、一般文字表达能力等），缺失其中的项目将会直接影响使用效果，甚至望"机"兴叹，无法操作。

5. 手机对传受者心理的影响。

有传播学者认为，手机已经在一定程度上演化成为一种媒体，还有人将手机称为"第五媒体"。与任何一种新媒体刚问世时一样，手机的出现从一开始就带来了一场通讯方式的革新。以前，我们使用有线电话，总要考虑对方在什么地方，该拨哪个号码，而手机，只要对方不刻意改变号码，不管他走到哪里，我们都总能找到他本人。一人一号的联络方式给传受者带来了从未有过的方便、快捷。

“发展到今天，手机已不再只是通讯工具，MP3、数码拍摄、游戏性功能的出现，都使手机成为与电脑、汽车等并列的成人玩具。”“一部手机，就把人们的各种需要整合起来，所有的功能都集中于一台小小的机器，而且可以让人一边工作，一边玩……”① 在信息时代，在充满竞争的社会里，手机给人们带来了高效率的工作、高质量的生活和欢愉的心情。与此同时，手机对人们心理所产生的负面影响也是不容忽视的。有一些人由于过份依赖手机，患上了“手机成瘾症”，成为手机的奴隶。手机给他们带来方便、快捷的同时，也给他们带来了痛苦。有专家总结了手机成瘾者的种种不健康的心理表现：②

判断手机依赖症的10条标准：

（1）手机没有信号或信号减弱便开始烦躁；

（2）手机不在服务区内坐立不安；

（3）睡觉也要开着手机；

（4）上厕所也要带着手机；

（5）老去看手机是否自动关机；

（6）发现手机不见了，就到处翻找，找不到就烦躁难安；

（7）把手机放在随时都能拿到的地方；

（8）手机电池还未用完就着急充电；

（9）没有来电铃声，也常常要翻看手机；

---

① 徐眉《手机的未来可能》，《经济观察报》，2003年11月10日。

② 《判断手机依赖症的10条标准》，《环球健康周刊》，2004年4月12日。

（10）看到别人换手机自己也想换。

上面这些手机依赖病症只要对上5个，你就已经对手机有了依赖。

不过，眼下，中国老百姓使用手机主要是为了通过发手机短信来传递信息、联络感情。手机短信因其迅捷、便宜、简单、有趣为百姓青睐，并造成短信业务爆炸式增长。据统计，仅2003年中国手机短信的发送量就达750亿条。[①] 与手机一样，发手机短信有其负面影响，也会给人们的心理生理带来伤害。发手机短信成为“拇指一族”重要的生活方式。他们会稍有空就不停地发短信。由于键盘太小，以致于有些人手指抽搐，两眼昏花。另外手机热也容易激化夫妻或恋人之间的紧张关系。尤其是当对方无故关机或联络不上时，就更容易造成“心理恐慌”，甚至导致婚姻危机。[②]

手机和手机短信对人们的心身所造成的压力充分说明，媒体变革会对传受者的心理结构、心理状态产生巨大的影响。

（三）媒介信息对传受者心理的影响

媒介信息是被媒介符号所负载的意义，是媒介所要传播的内容。虽然媒介客体、媒介符号、媒介信息都有各自相对的独立性，但是从传媒功能上看，媒介信息是前两者的基础。失去了媒介信息，就失去了传播的意义。

媒介信息对传受者心理和行为的影响涉及面相当广泛。在现代社会，媒介信息无处不在，无时不有，它们会或多或少、或显或潜地影响着每一个人。一部《邓小平》大型电视纪录片可以引起全世界人民的瞩目；一部《渴望》电视剧，呼唤出多少人间真

---

① 参看《中国媒体走向跨界融合》，《北京青年报》，2003年8月18日。

② 参看杨新《白领要提防信息产品依赖症》，《环球健康周刊》，2004年4月12日。

情；一部好书可以拯救一个灵魂；一篇失实报道可能会把被报道者推上法庭；一则广告可以救活一个厂子……甚至有人研究不同的报刊能导致不同的消费行为。据调查，在法国《回声报》的精英阶层读者，大都拥有标致（Peugeot）604型轿车；而《法国生活杂志》的精英阶层读者则多拥有雷诺（Renault）20型轿车。[①]媒介信息对于人的心理的影响是多方面的，不仅影响人们的认知活动，而且也会影响人们的性格和情绪等。有研究者认为，青少年使用计算机互联网络，如不加以引导容易出现“交互网瘾”，致使“儿童沉湎于网络，逐渐脱离现实世界，形成人格障碍。”[②]反之，性格差异也会影响人们使用媒体的种类。比如，性格内向、不合群、与家长关系紧张、缺乏自信的儿童对视听传播的消费越多，则对印刷传媒的利用就越少。

再有，除了媒介信息内容会影响传受者的心理，媒介信息量也会给人们的精神带来巨大的压力。信息时代，各种媒体每日每时携带着数以千万计的信息，如拍天巨浪向人们涌来。据调查，世界情报的尖端文献资料每2—3年翻一番，平均每1分钟就能出版一种书籍。媒介信息的超载既使人们亢奋、激动，产生竞争力，同时也使人们心情压抑、焦虑、困惑不安，产生心理障碍。因而有人认为，当今时代是“信息超载、情感负重”的时代。

三、媒介世界对传受者社会化的影响

媒介世界对传受者社会化的影响属于媒介世界对传受者心理影响的一个重要组成部分。这个问题还可以理解为传媒具有影响传受者（因现代社会传媒高度发达，尤其电视观众已占我国总人口的90%以上，所以此处的传受者也可以泛指一般民众，用人

---

① 参看刘昶《西方大众传播学》136页，三联书店（香港）有限公司，1990年10月。

② 参看卜卫《关于青少年网络管理的理论和实践探讨》第42页，《现代传播——北京广播学院报·人文社会科学版》1996年第5期。

们或人替代，下同）社会化的教育功能。

有心理学家认为社会化（也可称之为人格的形成）分为基本社会化和二次社会化。“基本社会化有年龄界限，不同的文化对基本社会化的完成有不同的年龄规定。在我国到达 18 岁即进入成人期的始年，标志着基本社会化的完成。”“二次社会化是指儿童进入成人以后继续进行的社会化的过程，又叫继续社会化。继续社会化是在社区和大社会中进行的”。①

（一）学校教育与人的基本社会化

20 世纪初期，有心理学家将人的社会化主要局限在童年期。如精神分析学派创始人弗洛伊德认为，成人的人格特征是由 5 岁前婴幼期经验决定的。即人在 5 岁前的经验会直接影响其今后的社会化进程。后来，教育工作者大多根据人的生理和心理发展的一般规律，将 18 岁定为人成熟的始年。

从对正规的学校教育产生的过程分析，教育一词一般指学校教育。它是为适应传授生产劳动和社会生活经验的需要而产生，并随着社会的进步而发展的。其目的是为了向青少年传授知识、文化遗产和提高其智力水平及社会活动能力。于是 18 岁之前的青少年便主要靠学校教育（当然还有家庭教育、同辈群体、社区等）完成自身的社会化。他们在某个教育机构内，按照一定的教学目的和教学计划，在教师的指导下，集中在一起，以较快的速度，积累人生最基础的文化知识和人生经验。在信息时代出现前，社会的更迭、演化相对比较缓慢，学校教育大体上可以满足青少年的社会化需要。

（二）传媒的教育功能与人的继续社会化

随着新精神分析学派的产生，心理学家对人的社会化进程提出了新的观点，其代表人物之一是美国精神分析医生、人格发展

① 夏学銮《整合社会心理学》第 128 页，河南人民出版社，1998 年。

阶段论的创始人埃里克森（Erikson）。他将弗洛伊德的人格发展内涵扩大，提出了“人格发展八个阶段的观点（又称为心理社会发展阶段）”[①]。主张人从出生到死亡始终存在着人格发展。此外，美国教育心理学家赫威斯也曾于1972年制定了个体各年龄阶段的发展任务。事实证明，无论在哪种社会环境中，人的一生都存在着人格发展的任务，也即人的社会化是终生存在的。按照这种理论，显然学校教育不能满足人的继续社会化。又由于学校的教育教学内容往往带有很强的基础性和明显的滞后性，使其与人的继续社会化的矛盾显得更加突出。例如，政治社会化是社会化的一个主要内容。当人类社会进入20世纪中后期时，世界形势发生了剧烈的变化。像中国人经历了十年“文革”、改革开放、东欧剧变、苏联解体等重大事件。如何认识当今世界？如何认识中国的走向？作为个体应怎样给自己在政治上定位？这是摆在每一个中国成年人面前的大事。对这些问题的认识仅仅靠学校教育是远远不够的。因为许多问题对教师来说也是陌生的。要想使亿万人民尽快地解放思想、转变观念、统一步调，除了依靠学校和各级党组织教育外，还要凭借大众传媒宣传党的方针政策，坚持“以科学的理论武装人，以正确的舆论引导人，以高尚的精神塑造人，以优秀的作品鼓舞人”。在改革开放的几十年里，大众媒体对世界形势的变化、对有中国特色的社会主义、对社会主义市场经济、对“三个代表”重要思想等重大政治问题持续不断地进行了理论阐释和实践总结，使亿万中国人民得以从历史唯物主义视域全面、正确地认识社会主义国家的诞生和发展是历史的必然。明确这个重大问题对于人们的政治社会化是非常有益的。

大众传媒对于人的社会化的影响对那些没有条件或较少有机会接受学校教育的人而言显得格外突出。举一个例子说明：2002年3月8日，中央电视台（一套）播出了“三·八”大型谈话节

① 黄希庭《人格心理学》第140页，浙江教育出版社，2002年。

目《我们》。被采访人叫刘小样。在采访中，主持人张越被这位仅有初二文化水平的陕西农村妇女的谈吐所震惊。刘小样讲："我宁可痛苦，我不要麻木；我不要什么都不知道，然后我就很满足。即使是农村妇女，她也该是有思想的女人。""人在向往的时候，他的眼睛里会有光泽的。""没有蜕变，时代它可能就前进得没有力量。"等等。有人认为，她拥有这些思想，"不一定是吸收来的，有时候它就是天生在那儿。"① 其实刘小样在其继续社会化的进程中出现的尖锐的心理与环境的冲突（即她对理想的追求超过了她所生活的比较封闭的环境）并不完全是先天造成的，而是其先天素质与其后天环境互动的结果。前者包括她的思维品质和敏感度，后者指她生存的不很发达的农村，特别是书籍对她的影响是极为深刻的。她不喜欢读一般的书，而爱读像鲁迅及西北作家的精品书。更难能可贵的是，她不仅读好书而且勤于思考，甚至勤奋到"为伊消得人憔悴"的程度。正是这些内外原因造就了这个独特的农村妇女。虽然这是个特例，但是正是因为她是特例便更能反证传媒的教育功能。对于那些既受过高等教育又经常使用媒体的人，很难划清影响其成长的学校教育和传媒教育各自所占的比例，而像刘小样这位只有初中文化水平的农村妇女，却能表达出令央视主持人都震惊的思想和行为，恰恰说明了传媒教育的巨大威力。

（三）大众传媒的教育功能与人的反向社会化

台湾心理学家张春兴在其《现代心理学》一书中曾在介绍一种社会生物学的新方向（即人和动物的利己利群行为模式是在世代繁衍中形成的并被保存于后代的基因）之后提出了一个问题："人（或动物）的社会行为，是几万年甚至几百万年世代繁衍而演化来的，不知道经过多少年演化，才有了文化。文化时代开始

① 吴菲采访张越《今晚谁是我们的主角》，《北京青年报》，2002 年 3 月 8 日。

迄今，也不过六七千年，在以往的演化阶段，环境变化少，人类的适应是缓慢地、逐渐地随环境而改变。近几十年来，因科技发展导致人类生存环境剧变，对人类的社会行为，将造成何种想象不到的适应困难呢？”[①] 目前人类生存环境的剧变已经成为现实。现在已经进入被学者们称之为的信息时代或曰“后喻时代”。1998 年《中国青少年儿童研究所》“向孩子学习课题组”通过对北京、沈阳、南京、杭州等八个大城市 10—18 岁青少年的家长、教师和 41 位知名学者进行为期 10 个月的大型调查后，得出结论：“尽管成人的教育和影响仍是今天青少年社会化的主流，但生活在信息时代的孩子具有许多上几代孩子所不具备的优点，他们已经有能力影响成人世界，并且已经在对成人世界发挥着影响。”因此我们不难发现，我们已经进入了“后喻时代”。[②] 在“后喻时代”，年长者的继续社会化会与反向社会化同步进行。所谓“反向社会化”指“年青一代将文化知识传递给年长的一代”[③]；亦指传统的受教育者对施教者反过来施加影响，向他们传授社会变化知识，也称“文化反哺”。在成年人的社会化过程中会更多地受到青年文化内容的影响。在家庭里父母向孩子学习电脑知识，在学校里老师向学生学习新的知识都充分反映了这个时代的这个新特点。

年长者的继续社会化，除了在家庭和学校内进行外，还需要大众媒体的帮助。首先，传媒，特别是第四媒体的迅猛发展所造成的强大攻势，对年长者的心理形成了很大的压力，他们深切感到下一代所表现出来的创造性、独立性和接受新生事物的巨大能量，同时也痛切地认识到不从“网络外”进入到“网络内”，就有可能变“入局”为“出局”，由“中心人”转为“边缘人”，就有可能被时代淘汰。

其次，媒体内容可以帮助年长者学习、掌握新的知识，从而

① 张春兴《现代心理学》第 74—75 页，上海人民出版社，1994 年。
② 牛金荣《后喻时代》，《北京青年报》，1998 年 9 月 5 日。
③ 时蓉华《社会心理学》第 80 页，华东师大出版社，1989 年。

缩小他们与年轻人之间的差距。

第四节　传受者心理反映的特点

传受者心理反映的特点有：观念性，主观性和能动性。

一、传受者心理的观念性

传受者对来自客观物质世界和媒体世界的刺激在头脑中的反映属于一种观念性的东西，即是说主体的心理表象与客体之间有不对称性，主体对客体只是近似性的反映。正如列宁所指出的："物质是作用于我们的感官而引起感觉的东西；物质是我们感觉到的客观实在。"[①] "物质的特点在于它的客观实在性，即具有形体性，占有三维空间，而心理则是物的复写、摄影、模写、镜像。" "即物的映象。"[②] 举一例来说明，我们在报上看到了于海波的工作照及其有关事迹介绍。她是一位患有先天性脆骨症的身高只有 86 厘米，体重仅十多公斤的女青年，靠顽强的毅力，孜孜不倦地求索知识并与命运抗争。她自费创办了长春首家个人心理咨询电话——心语热线。当我们放下报纸，回忆留在我们头脑中的于海波的形象时，发现她变得模糊了，不如直视图片得到的形象那样鲜明、完整和稳定，这就是所谓的近似性反映，人们心理反映的观念性的含义。

二、传受者心理的主观性反映

所谓主观性反映是指人们（包括个体和群体）对于同一刺激物产生不同的反映。人的头脑是个加工器。对同一事物的选择和

---

① 列宁《唯物主义和经验批判主义》第 138 页，人民出版社，1971 年版。

② 列宁《唯物主义和经验批判主义》第 231 页，人民出版社，1971 年版。

加工过程渗透着个体的知识经验，折射着个体的人生体验。在大众传播活动中，传受者对于同一客观事物，或对同一媒介内容也会有不同的认识，这就是主观性反映的意思。例如，对于雷锋这个人，不同的影视创作者选择了不同的角度，有人直接描写雷锋全心全意为人民服务的行为；而有人却从雷锋生前最亲密的战友乔安山入手，写他因雷锋的死悔恨交加，写他三十年来坚持助人为乐做好人，做雷锋精神的传播者。又如在众多媒体对张艺谋执导的电影《十面埋伏》的讨伐声达到震耳欲聋的程度时，一些专家学者在指出该影片不足之处后，提出的与许多观众相左的评议，犹如醍醐灌顶："该片是张艺谋让中国电影打入外国票行排行榜、让普通外国人认识中国电影的一步棋。""如果不考虑张艺谋对中国电影产业在全球化进程中的贡献，而只苛责其艺术上的某些缺失，我们就丧失了文艺评论应秉持的冷静和郑重"。①

造成传受者心理主观反映的原因很多，很复杂。其中有生理的、心理的、客观的、主观的；有个体在需要、动机、信念、价值观、态度、情绪情感以及文化水平、文化背景等方面的差别。

（一）生理原因

因生理原因造成人们对同一事物的不同反映，主要是就个体的神经系统的先天素质及其年龄、性别等方面而言的。智力是先天和后天的合金。其中遗传因素占一定的比例（有学者认为占50%），即所谓"天赋"。传受者是否聪明，对于他们的创作和接收的影响是不容置疑的。当然，个人能否成才还需要其后天的非智力因素。美国有个绝顶聪明的人名叫迈克尔。在他2岁3个月时，智商高达180，4岁半时智商为220，并具有18岁孩子的阅读能力。又比如，经专家研究，"男人的脑比女人重，但女人的

① 李宏伟《张艺谋，一半欢呼一半叫骂》，《环球时报》，2004年7月19日。

脑血管比男人丰富，而且两个半脑连通情况好于男性。”① 女性脑的这些优势，可能有助于解释女记者观察较细致、形体动作较协调、耐心较强的生理原因。

（二）心理原因

1. 需要。

需要是有机体的内部环境和外部生活条件的需求在其脑中的反映。传受者的需要是他们采制节目或接收媒介信息的动力因素。1996年上半年，电视剧《宰相刘罗锅》在国内刮起了一阵旋风。据调查，平均收视率达55%，创造了中国电视连续剧历史上空前的记录。一部电视剧中的一个古代的宰相，为何引起当时中国百姓如此大的关注？其实，这正是百姓（也是电视剧创作者）痛恨腐败，呼唤“清官”的内心反映。不过这部电视剧对于那些自己就是“贪官”者，其观看的心态，就大不一样了。

2. 动机。

传受者的动机是推动其参与大众传播活动的制作或接收的内部原因，是传受者主体处于积极状态的心理动力。有专家对青少年观众收视动机作过研究，并对美国成人和儿童及我国青少年观众的收视动机强度进行过具体的分析。

“赖尔和罗宾森（Lyle和Robinson，1972）综合前人有关的研究后发现，美国成人收看电视的主要动机有三个，即娱乐、放松心情和打发时间。格林伯格（Grenberg，1974）发现，美国儿童收看电视的主要动机按强度大小排列依次为：习惯、打发时间、为了作伴、寻求刺激、学习、放松心情、忘却现实生活……”“而我国青少年收看电视的动机依次为：增长见闻、娱乐消遣、了解国内外时事、学习各种知识、了解各种方针政策、休息休息、了解商品信息、了解本行业动态、消磨时间、寻求精神寄托和寻求

① 《参考消息》，1994年3月26日。

刺激”。[1] 从中美青少年收视动机强度的对比可以看出，我国青少年的动机在丰富性和关注国内外大事上都优于美国青少年，这同中国的社会制度有关。

3. 价值观。

价值观是人们对生活方式与生活目标价值的看法。价值观的最终点是理想，是个体世界观的重要组成部分。传受者因不同的价值观会导致他们对同一报道产生截然不同的看法。

新华社记者曾报道过这样一件事：美国七岁女童杰西卡·杜布罗弗为了实现“成为世界上最年轻的飞越北美大陆的飞行员”，于 1986 年 4 月 11 日与父亲和教练员进行了这一尝试。不料飞机坠毁，全部遇难。她的母亲在接受美国全国广播公司记者采访时说：“如果可以，我会让杰西卡再做一次。”她说，她是从对孩子发展是否有益的角度来作决定，而不是仅仅为了安全。如果仅考虑安全，孩子将什么也不能做……对于这位母亲的观点，无论是美国还是中国的母亲未必看法都一致。尤其是中国母亲可能有许多人接受不了杰西卡母亲的价值观。

4. 信念。

信念指主体对于对象的确信不移的认识体系。这种体系直接影响人们对新闻事件的态度。比如，1982 年在中东发生了一连串悲惨事件。有研究者考察了在真实生活情境中坚定地持有的信念会怎样影响到人们对新闻报道的认知。电视对于被以色列支持的分子在黎巴嫩难民营屠杀平民的暴行进行了广泛的报道，而对以色列的作用却颇有争议。“研究人员就电视新闻报道询问了支持以色列和支持阿位伯的人。他们发现，每一方都确信，媒体报道对自己一方是不公正的。例如，支持以色列的受试者估计，新

---

① 张令振《青少年观众收看电视行为与心理分析》第 265 页，刘京林、周光荣主编《新闻心理学论文集》，北京广播学院出版社，1996 年 2 月。

闻节目中提及以色列的只有17%是有利于以色列的。而支持阿拉伯的受试者估计，报道以色列的有42%的是有利于以色列的。支持以色列的受试者估计有57%的报道是不利于以色列的，而支持阿拉伯的受试者估计，只有26%是不利于以色列的。双方均预见说，中立的观察家摆向了与他们自己的信念相敌对的一面(Vallone，Ross，& Lepper，1985)。”[①] 这就是一个实例，证明了人们的信念决定着他们对同一资料的知觉。

5. 情绪状态。

传受者的情绪状态会直接影响他们对某种刺激的认识，并作出某种反映。比如，有实验表明，心境会影响人们对世界上各种危险的出现情况的判断。心境不好者导致他将这些危险看得极可能发生；心境很好的人则觉得这些危险不大可能发生。在一项估计危险可能性的实验中，首先让实验组受试者读一篇详细描写一起悲惨死亡事件的新闻报道，使这些受试者处于负性的心境之中；让控制组受试者读一则平淡无奇的新闻报道，使他们处于中性的心境中，然后让所有受试者估计各种灾难性事件出事的可能性。这些事件包括白血病、心脏病这类疾病，以及火灾、洪水这类事件。处于负性心境的受试者对这些灾难事件出现率的估计，几乎是处于中性心境的两倍。[②] 同样的道理，受者因心境不同对同类报道的感受也不同，甚至还会危及自身生命安全。在世界上，球迷观众在观看电视直播的球类比赛时，因自己所钟爱的球队输球或赢球时会造成强烈的情感体验，因而导致心跳骤停的事件并非奇谈。

（三）社会的、民族的、文化的等方面的原因

因社会的、民族的、文化的等方面的原因，会造成传受者对

① 阿特金森等著，车文博审订《心理学导论》第902页，台湾晓园出版社，1994年6月。

② 阿特金森等著，车文博审订《心理学导论》第546页，台湾晓园出版社，1994年6月。

同类刺激产生不同的心理反映。

1. 文化水平。

文化水平的高低对于传者制作节目和受者接受媒体信息都会产生直接的影响。比如，在对电视文化和报刊文化的接受上，有研究者认为，文化水平低的人对前者较青睐；而文化水平高者则更“钟情”于印刷文化。对这种现象人们大多是从受者的认知结构上予以解释，而钱学森教授却从系统论角度得出了新的观点。他认为文化程度低和文化程度高两种人遇事的反应方式有所不同：“文化程度低的人，遇事反应是‘条件反射式’的，从输入的信息及事态到他的行为比较公式化（数学公式）……但文化程度比较高的人，遇事则要思考，进行抉择，也就是用运筹学的组合最优化，根据收到的信息及事态‘运筹’一番才行动。”① 钱学森的观点具有普遍意义，特别是对传播者。努力提高文化素养，增加现代科学知识以及学会科学的思考方式，对于提高工作（制作）能力都是至关重要的。

2. 社会地位。

有研究者认为，在大众传播的诸种媒介中，电视是一种比较复杂（相对于报刊、广播）、比较特殊的传播手段。受众因社会地位不同，对于电视的态度和行为也不尽相同，这种区别大致可分为三类：②

（1）接受型：将电视机作为家庭摆设和家庭生活一部分。认为电视既是消遣的一种工具，又是介入社会生活的一种方式。这种类型的受者以老年人、孤独者、深居简出者以及体力劳动者为多。儿童在12岁之前也如此，他们将电视上出现的虚构人物作为自己的游戏伙伴。

---

① 沙莲香主编《社会心理学》第35页，中国人民大学出版社，1992年4月。

② 参看刘昶《西方大众传播学》第138页，三联书店（香港）有限公司，1990年10月。

（2）批评型：这类人多属于中产阶级，他们经常指责电视节目缺乏文化、美学价值等，或者因电视节目带来的不良后果而感到不安。

（3）调节型：这类人以白领阶层为多。他们认为，电视是所有人受教育的工具，而非纯消遣的工具，所以电视有教育和消遣的双重功能。因而他们并不反对收看“大众化”的节目。

因本身社会地位的不同导致对电视的功能和文化的不同看法，在我国的传受者中也有类似情况。只是目前还缺少实证资料予以说明。

3. 文化背景。

所谓文化背景在这里主要指传受者的民族特点，包括不同的国度、不同的地理及各种人文环境。中国人和西方人因文化背景不同，对同一事物的看法迥异并不奇怪。《改革时报》有记者撰文《一条标语，吓走外商》颇有代表性：

某市食品厂彩旗高悬，整洁一新。德国西门子食品公司总裁S先生，来厂实地考察联合生产项目。

笔直的大道，翠绿的树木，幽静的厂区，S先生交口称赞。走进车间大门迎面是一块“职工园地”的黑板报。上面用红色粉笔写着粗大的正楷字“奋不顾身，勇擒盗贼，记优秀共青团员李扬”，并配有一幅漫画，画中的盗贼一副龇牙咧嘴的模样。

S先生走到眼前，好奇地看那漫画。问身边的翻译是怎么回事。翻译告诉他：“厂里有个青年，发现小偷偷东西，便上前阻止，被小偷刺了一刀，但他带伤同小偷搏斗，最终将小偷擒获。”S先生似懂非懂地点点头。

出车间大门S先生一眼又看到围墙上用绿广告色刷着巨大的汉字。他不解：“为什么要在墙上写字，不是把墙弄脏了吗?”翻译解释道：“那是宣传标语。是让‘全厂动手，打击偷盗’”。可没等翻译说完，S先生转身就问厂长：“全厂都来抓小偷，那生产怎么办？这里的治安太可怕了。”说着，拉上翻译就走。

我们的对外宣传一定要考虑到境外受众的心理特点，不能“以己之心，度人之腹”，如此做法，其后果不仅达不到宣传目的，有时反而产生负面影响。

三、传受者心理的能动性反映

人的心理反映不是消极被动的而是积极能动的，而且这种能动性反映必须在实践活动中进行。人们总是主动地把外界事物变成观念的东西，然后再按照一定的目的通过实践活动使主观认识外化为客观行为。实践活动是认识主体同对象客体相互联系、相互转化的基础。

大众传播活动就是传受者的实践活动。传者通过采访、写作、制作等活动，把自己对客观世界的认识物化为媒介信息。而受者通过使用媒介、参与媒介、反馈于媒介等能动性的活动，不仅丰富了自己的精神世界，而且也对大众传播活动的发展起到积极的推动作用。

以中央电视台《焦点访谈》在1994年6月—10月期间为全国收购棉花中存在的问题所作的几次报道为例来说明这个问题，先看图2—2模式：

说明：1994年6月19日中央电视台《焦点访谈》节目推出《沉重的棉花》一期节目。[①] 以河南省兰考县棉花掺假案为由头，对当时全国棉花市场出现类似的严重问题做了报道（记者的能动作用，提出问题，借各级领导参与，给棉农鼓劲）。当时的国务院副总理朱镕基看了节目之后，做出了整顿棉花市场的重要指示（观众：中央领导者的能动作用）。一个在全国范围内的棉花专项整顿工作迅速展开（效果）。事隔不久，朱镕基副总理又专门批示，要求《焦点访谈》、《新闻联播》对棉花整顿情况做进一步报

---

① 参看徐占焜《热点报道艺术——新闻改革的一股热潮》，第8—9页。

道，而且对节目中应该有哪些内容，起到什么作用，都作了具体的指示和布置（中央领导再次的能动反映）。据此，1994 年 8 月 5 日《焦点访谈》播出《让棉花不再沉重》（记者再次能动反映），报道了整顿情况和上海一起典型大案的审结，对犯罪分子起到了威慑作用（效果显著）。两个月后的 10 月 10 日，《焦点访谈》围绕棉花市场问题又播出了《收购季节访棉区》。这个节目既反映了整顿结果，又将一些地区出现的“新对策”及时曝光（传者再次能动反映）。时值国务院有关部委在北戴河召开棉花收购会议，节目的播出给决策者们提供了最新的情况参考（效果）。

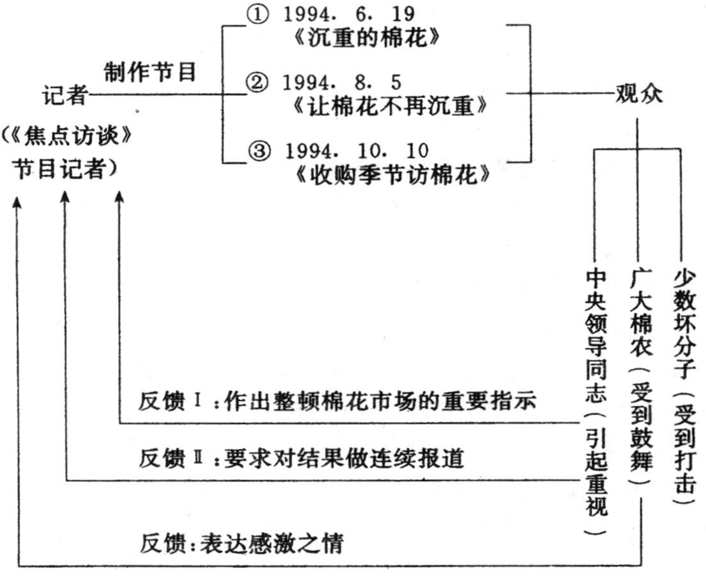

图 2—2　记者与观众在棉花收购问题上的相互作用模式

这既是一个在大众传播（新闻传播）活动中，传者与受者的心理和行为积极能动的反映过程，又是在中央领导同志的具体指导下，发生在 1994 年间中国经济领域内有关国计民生的棉花问题的解决过程。这个过程，典型地反映出大众传播作为第三产业对第一、第二产业能动的反作用。有学者在《经济新闻传播的文化学研究》一文中，介绍了德国经济学家李斯特的一种见解："在现实经济活动中，经济增长与资源、技术、制度、人力资本、文化心理差异等因素存在着必然的密切的联系。"① 我国的经济学家邹恒甫先生又对各国文化心理因素的差异对经济增长的重要影响进行了严密的数学推导，得出了如下模式：

$g = A - \sigma / (1+\beta)$②

其中 g 代表经济增长率，A 代表资本边际生产率，β 代表资本主义精神，σ 代表时间偏好。由上式可以看出，资本主义精神越强（即 β 值越大），长期的经济增长率 g 就越大。在这里，β 值实际上是一个文化心理因素变量，也就是说，即使技术和时间偏好在各国相同，如果文化心理因素不同，那么各国的经济增长率也将不同。

大众媒体是反映一个国家的国民的文化心理素质的重要工具。而传者和受者，同时也是国民的重要组成部分。传者与受者在大众传播活动时积极能动的互动作用，在一定程度上会推动一个国家国民的文化心理素质的提高。上述中央电视台《焦点访谈》节目关于 1994 年我国棉花市场的连续报道，以及作为特殊观众——中央领导同志的重视及批示和棉花生产的最积极的人力因素——棉农的响应、支持、反映情况，他们共同构成了在一段时间内，我国在棉花问题上的人们的文化心理状况（属意识形态），这种状况总的看是积极、健康的，因而它对整顿棉花市场（经济活动）起到了促进作用，同时也预示着来年棉花增长的新趋势。

① 单波《经济新闻传播的文化学研究》，《现代传播——北京广播学院学报·人文社会科学版》，1996 年第 1 期，第 9 页。

② 邹恒甫《积累欲，节俭与经济增长》，《经济研究》，1993 年第 2 期。

思考题：

1．研究传受者心理实质的意义是什么？在大众传播活动中传者违背心理实质原则的表现有哪些？

2．试析人脑在大众传播活动中产生社会效果的中介作用。

3．为什么说客观现实是传受者心理的最终源泉？

4．简析造成传受者产生主观反映的生理、心理、社会等方面的原因。

5．传受者的能动反映对传播业的发展起什么作用？

第三章　行为主义和大众传播

行为主义是西方现代心理学的主要流派之一，它是由美国心理学家华生（Watson，J.B.）于1913年创立的。他把心理学的研究对象从意识改变为行为（即 S→R 理论），而把内隐的心理结构、意识排除于心理学研究的对象。行为主义因其推翻了传统的意识心理学的旧范式，使其影响不仅席卷了美国，而且几乎遍及全球，并被视为心理学史上的第一个里程碑（或称第一势力）。

但由于华生的行为主义完全排斥对主观心理现象的研究，使心理学成为一门无头脑、无心理的心理学，把人类的行为降低到动物水平，因而到了20世纪30年代，出现了新行为主义，其中除了斯金纳（Skinner，B.F.）仍坚持华生的范式以外，赫尔(Hull，C.L.)、托尔曼（Tolman，E.C.）等，把行为主义定义放宽，除了可观察的外显行为以外，还包括整体行为，内隐性的意识历程和中介变量，将 S→R 变为 S→O→R。

20世纪60年代，又出现了以美国著名的心理学家、行为主义第三代的代表人物班杜拉（Bandura，A.H.）、沃尔特斯(Walters，R.H.）等人提出并发展起来的社会学习理论。虽然该理论是在华生、赫尔、斯金纳等人的学习理论，特别是在刺激——反应的接近性原理和强化原理的基础上发展起来的一种行为理论，但是它却具有强烈的认知倾向。社会学习理论突破了传统行为主义学习理论的框架，把强化理论和信息加工观点有机地结合起来，既强调了行为的操作过程，又重视行为获得过程的内部活动，是对行为主义学习理论的重要发展。

首先，该理论强调人的行为和环境的相互作用，从而使个体建立了为应付环境而习得的行为模式；其次，社会学习理论强调认知因素，改变了传统行为主义重刺激——反应，轻中枢过程的思想倾向，重视认知在行为产生和改变当中的影响；再次，社会学习理论强调观察学习，认为许多行为都是观察他人的行为及其后果而学习来的，特别重视模仿对象（榜样）的特征对激发特定行为的重要性；另外，该理论强调自我调节过程，认为人的行为会产生自我评价的反应。行为的增强或消失来源于外界反应和自我评价，并且个体通过自我强化或自我惩罚来加强对其行为的自我控制。

社会学习理论认为，“人的一切社会行为都是在社会环境影响下，通过对示范行为的观察学习（Observational learning）而得以形成、提高或加以改变的。”① 由于该理论能从人与环境的交互作用和认知因素这一独特视角全面分析人的行为模式的获得及人格的形成，因而它一问世，就受到人们广泛的注意。

当然，我们也要看到新行为主义理论当中存在的问题。该流派试图用某种模式或机制来解释复杂多变的行为，以偏概全。斯金纳把一切行为的原因归于强化，甚至认为一个社会进步的关键在于设计一个能生存、发展的文化体系，以取得良性强化，这显然是不现实的。同样的，班杜拉无视社会现象的复杂性和多元性，试图用自我效能的群体效应起到改变落后社会现实的作用，这显然也难以让人信服。

社会学习理论虽然发轫于西方资本主义社会，但是其有关人类学习获得和行为执行的理论，反映了人类进行社会学习的共同规律。在现代社会，大众传播媒介是人类社会学习的一个极其重要的途径。社会学习理论中有关环境与个体的交互性、学习的延迟性、榜样的示范性和强化的替代性等基本观点对于大众传媒如何优化舆论环境，如何激发学习者产生自我调节的能力，如何选择榜样，如何运用强化手段等方面都有许多可借鉴之处。

---

① 章志光《社会心理学》，第 39 页，人民教育出版社，1996 年 4 月。

第一节　媒介环境与受众行为

一、媒介环境对受者的影响

（一）媒介环境是社会环境的重要组成部分

按照“存在决定意识”的辩证唯物主义观点，受者作为社会成员，其行为的产生受到来自社会文化、家庭父母、学校教育、同辈群体和大众传媒等几个方面的影响。一般讲这几种因素对人们行为的产生都非常重要，但是随着信息化社会的到来，大众媒介对受者的影响日益突出。首先，作为影响受者的环境因素，在现代社会大众媒介已经成为传播行为定义的无所不在、无法避免和难以抗拒的信息来源。“对社会生活的描述”已经成为“媒介内容的通常主题”。社会文化、家庭父母、学校教育和同辈群体这些直接影响人们行为的因素，在相当程度上因以“拷贝”形式出现而对个体产生间接的和潜移默化的影响。其次，由于大众媒介延伸了人的器官，扩大了人们的眼界，使人们能在短时间内得以获取广泛的大量的且又极为丰富多彩的信息，从而有利于加速受者的社会学习的进程。

（二）受者使用媒体的时间多于人际交往

使用媒体的前提是拥有媒体和媒体节目。根据 2003 年全国电视观众调查，我国城乡居民家庭中目前拥有电视机总数为 4.48 亿台，其中彩色电视机 3.43 亿台，比 5 年前增长了将近四成。截止 2002 年 9 月，中国内地 4 岁以上电视观众的总数为 11.15 亿人。同时，电视信号入户率也大幅度提高，目前，内地电视观众平均能够收看到 16 套电视节目，与 5 年前相比增加了 8 套。

调查数据还显示，电视已经成为与受众关系最为密切的大众传播媒介，95.8%的电视观众表示“经常”和“几乎每天”看电视。值得关注的是，电视观众日均收视时间为174分钟，与5年前相比增加了43分钟，比10年前增加了56分钟。观众在周末的收视时间还要比平日多出34分钟。①

另据调查，我国中小学生最经常的课外活动是看电视，多数孩子每天看电视时间达100分钟。电视收视率调查显示，在晚上黄金时段，4至14岁的孩子在中央电视台1套的平均收视率2002年为3.5%。也就是说，仅这一个频道在这一时段就有约833万未成年观众，节假日收看电视的儿童还会更多。②

（三）实验证明：媒介内容对青少年有深远的影响

受众使用媒介时间的长短固然是接受媒介影响的一个方面，但是影响受众行为产生的最根本的因素还在于媒介内容。尤其是对于正在成长中的青少年来说，不良媒介内容的影响更为深远。西方影视节目大量充斥凶杀、色情、暴力是导致青少年犯罪的重要原因，以至于有关人士联名上书惊动当时的克林顿总统。在我国，影视节目大都内容健康，对青少年的成长起到了积极的作用，但是也不容忽视，在青少年中出现的一些不良倾向，如金钱至上、我行我素、调侃生活等价值观念和行为方式就与媒介内容有很大关系。2002年广电总局曾下令禁播台湾偶像剧《流星花园》，就是考虑到该剧剧情对青少年可能产生误导。

为证明媒介内容对青少年产生深远的影响，西方有心理学家曾针对媒介中的具有暴力性质的节目是否会使儿童产生攻击性行为进行了十年追踪调查。③ 被试为八百多名八九岁儿童。调查者收集了每名儿童喜欢观看的节目与其攻击性（由同学评价）情

---

① “2002年全国电视观众抽样调查”，中国科学院系统研究所、国家统计局农村调查总队、央视市场调查股份有限公司等共同完成。

② 陈昌凤《电视媒体对未成年人社会化的影响》，摘自新华网。

③ 阿特金森等著，车文博审订《心理学导论》上册第557页，台湾晓园出版社，1994年6月。

况，发现那些喜欢看有相当数量暴力节目的男孩，同那些喜欢看极少暴力节目的男孩相比，他们在人际关系上更具攻击性……十年之后，一半以上的原受试者接受了研究者的访问，谈了他们喜欢看的电视节目，并通过实验测量其犯罪倾向，并仍由其同伴评价其攻击性。见图 3—1，该调查表明，9 岁男孩喜欢暴力电视节目的程度和其 19 岁时的攻击行为存在正相关（取材自 Eron，Huesmann，Lefkowitz&walder，1972)。这说明儿童期的电视偏好行为在十年之后（甚至可能终生）仍具活力。

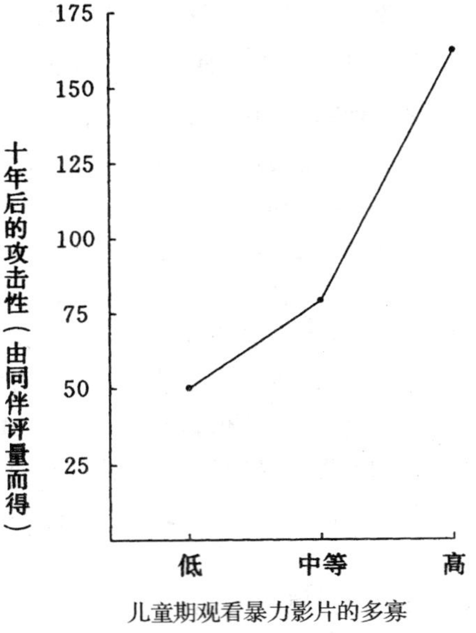

儿童期观看暴力影片的多寡

图 3—1 儿童观看电视暴力节目与成年后的攻击性

（四）实践证明，媒介内容对成年人也具有很大的影响

实践证明，媒体内容不仅对儿童，就是对成人，甚至老年人都会产生相当程度的影响。例如，《北京晚报》1994 年 11 月 29

日刊登了一篇小文，题目是《我请母亲听广播》。内容是，该作者的母亲因丈夫去世，精神上受到沉重打击，终日以泪洗面，难以摆脱痛苦。家人经同事点拨，特为母亲准备了两台收音机，并“布置了任务”：每天晚上把听到的新鲜事讲给全家人听。“从此，母亲的情绪慢慢变了，爱说，好笑，时常哼着小曲，她对广播的迷恋达到如醉如痴的程度。她还积极参加电台举办的有奖抢答，打新闻热线电话等。到了晚上，母亲兴致勃勃地给我们‘传达’广播内容，遇上老人串门，母亲就告诉他们哪家医院治疗哪种病最拿手。母亲时不时地还要我照着广播里的小发明搞点试验，我爱人常打趣：‘这老太太真不得了，简直成了万事通了。’

听广播在母亲身上产生了神奇的力量，她不再孤独寂寞，每天的生活很充实。说来也怪，以前她总觉得疾病缠身，现在她调整了情绪，心脏病不但没加重，反而逐渐好转，我真感谢广播，是它解除了母亲的孤独和我们的后顾之忧”。

以上分析可以看出，媒介环境对于受者行为的导向至关重要。因而，大力优化、净化媒介环境，丰富媒介内容，弘扬主旋律，增强精品意识，努力营造出一种健康向上的舆论氛围，这对于受众获得良好的社会学习的效果将起到积极的推动作用。

二、受者的自我调节

（一）受者行为是其个体与媒介环境交互作用的结果

班杜拉的社会学习理论认为人的行为的决定因素，即人的因素和环境的因素不是孤立起作用的，而是“人——情境”相互作用的结果。用公式表述为：

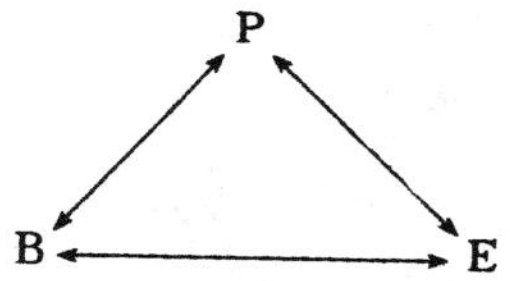

图 3—2 “人—情境”交互图①

其中，B 表示行为，P 代表人，E 指环境。联系到大众传播活动，则 B 表示受者行为（学习媒介信息后产生的行为）；P 代表受者因素（如心理、生理等条件）；E 则指大众传媒信息所营造出的一种整体的精神环境和舆论氛围。这个交互图可读解为：受者行为、受者（个人）因素、媒介环境影响三者彼此相互联结、相互决定。这一过程涉及三个因素的交互作用而不是两因素的结合或两因素之间的单向作用。

首先，受者行为与媒介环境是相互依赖、相互决定的。这里可以把受者行为和媒介环境分为潜在的和实际的。媒介环境影响决定了哪些潜在的行为倾向成为某位受众的实际行为，而受者行为又决定了哪些潜在的媒介环境成为实际影响这一受众行为的环境。

其次，受者的个体内部因素与其行为同样是相互决定的。个人不同的动机、观念和认识使人表现出不同的行为，而这种行为又反过来以其结果使受者的动机、观念和认识发生改变。

再者，受者个人因素与媒介环境的关系亦复如此。受者个体可以通过自己的性格、需要、价值观等激活、重塑媒介环境，而媒介环境又会潜移默化地改变这些东西。由此可以得出：受者行为的产生是其个体因素与媒体环境交互作用的结果。而且，“不同的场合，对不同的行为，是各不相同的。有时候环境因素对行

① 高觉敷主编《西方心理学的新发展》第 45 页，人民教育出版社，1987 年 12 月。

为产生强大的制约作用，而另一些时候，人的因素成为环境及事态发展的重要调节者”。[①]

班杜拉指出的这个环状的行为公式较之传统的单向行为公式：$B=f(P\cdot E)$，显然有了一定的发展，它表明人们（如受者）在接受环境（如媒介环境）影响时并非是完全被动的，而有一个根据环境刺激所进行的自我调节的过程。自我调节“是个体根据自己直接经历的结果，观察他人经历的结果和为自己设立的结果，把所有这三种结果信息整合起来，得出行为的一般原则。”[②]自我调节是个体在环境的影响下获得新行为的内因，是社会学习之必要条件。

（二）学习的延迟性和受众的自我调节

班杜拉的社会学习理论是对米勒（Miller）和多拉德（Dollard.J）提出的“模仿论”的继承和发展，“模仿”主要指在人际交往中，仿效他人的言行举止的活动；而“社会学习”则涵盖了因各种原因（如媒介阻隔）而造成的人与人之间的间接的相互学习。班杜拉的社会学习理论因其具有“强化的替代性”（将在第三节中讨论）和“学习的延迟性”这两个特点，因而比模仿论的社会适应性更广泛。

所谓“学习的延迟性”是指人们经观察学习后所形成的新的行为模式并不是立即外显出来，而是需要延迟到适当的时机才将之外化。

例如媒介对地震灾害的报道，会涉及一些防震避震的信息，这些对受众来说都是有用信息。2003 年 9 月 26 日凌晨，日本北海道东部海域发生 8 级强烈地震。《北京日报》当天进行了报道，

---

① 高觉敷主编《西方心理学的新发展》，第 45 页，人民教育出版社，1987 年 12 月。

② 陈仲庚、张雨新编著《人格心理学》，第 240 页，辽宁人民出版社，1986 年 9 月。

除了报道受灾情况外，特别总结了日本的防震经验，如加强灾害预测、强化防灾演习、完善救灾体制等。这样的报道内容会影响受众认知，使之产生学习行为。虽然地震不会随之发生，受众习得的行为无法立即表现，但若今后遇到类似灾害，这种习得行为便会在延迟的机会中获得体现。

因社会学习行为具有延迟性特点，这就为受者的自我调节提供了较为充分的思考余地和内化过程所需要的时间。通常在人际环境里，影响者（如家长、老师、领导者）同被影响者（如儿童、学生、被领导者）处于面对面的情境中，在许多情况下，被影响者迫于压力不得不立即表现出习得行为，如马上弹奏家长要求练习的曲子；立即回答老师提出的问题；及时完成领导交给的任务；随即效仿周围人的捐助行为等等。对有些人来说，这种不容延迟的学习行为的表现是迫于压力（如担心家长训斥、领导批评、别人议论），是很不情愿的。这种非内化的行为表现，其稳定性、持久性不强。然而，媒介环境造成的影响则不同。由于媒介信息的“虚拟性”，影响者（如榜样或权威人士）与学习者（受者）的非地域性，使受者不容易产生直接的面对面的压力和尴尬。无论有无强化，媒介信息的示范性、教育性都带有启发性（非强迫性）及“温和性”（不会咄咄逼人），受众习得行为的延迟表现不易遭受谴责，他们有较为充裕的时间去消化、理解榜样的行为或权威者的要求，这就有利于受者在自觉自愿的基础上获得新行为，这种行为其内化的程度和外显的力度都比较大。

不过这种情况可能在自制力较差的儿童和“超我”力较弱的成人身上更加明显，因为成熟的个体无论是面对直接的人际影响还是虚拟的媒介刺激，其内化与外化都是比较自觉的，因为其习得行为的活力主要来自自我的期望和强化，这也是个体自我调节的一种表现。

（三）激发受者自我调节性强化，让受者自己教育自己

受者的自我调节性强化是指受者根据媒介提供的社会道德规

范和标准（大多通过媒介中的榜样来体现），主动对自己的行为进行评价：对积极的行为进行自我肯定性称赞，对消极行为进行自我批评性惩罚。经过这种自我调节性强化，受者比较容易获得与榜样相似的新的行为方式。媒介如能对此给予及时的肯定性宣传，就有利于激发受者巩固已形成的新的行为模式，从而在媒介与受者不断的交互作用中，达到受者自己教育自己的目的。比如，1997 年 4 月上旬在北京延庆县发生了一起野鸭湖射猎天鹅的事件。经媒体曝光后，激起了延庆百姓的强烈反响，他们对在延庆地面上有人用打天鹅的方式来挣钱，从感情上难以接受。一名 16 岁的初中女生在看完电视后问父母："咱们延庆怎么会有这种人?"此事惊动了县委书记和县林业局、公安局、环保局等有关领导，他们采取了抽调 40 余人参与案件调查的措施（这是延庆领导和群众进行的自我调节性强化）。在强大的舆论压力下，肇事者终于投案自首（这是肇事者及其亲友对其消极行为进行的积极的自我调节性强化）。媒体对这些反馈效果又做了报道，从而对广大群众环保意识的加强起到了积极的推动作用。

第二节　榜样与受众行为

一、观察学习

（一）观察学习的内涵和意义

"社会（或观察）学习论不是具体谈如何通过接受大众传播而进行学习，而是从总的方面解释人们如何获得新的行为形式。它之所以是'社会的'，是因为它试图解释人们怎样观察其他人的行动，以及怎样采纳这样的行动作为模式，用来应付自己的问题、条件和自身生活中的事件”。①

这里的“人们怎样观察其他人的行动……”就是指观察学习。观察学习是与直接学习相对应的，它们属于社会学习的两种形式。直接学习是个体对直接刺激做出的反应而获得新行为的过程（如老师教做体操，学生模仿并逐步学会）。而观察学习则指“通过观察他人的行为和行为后果而获得新行为的过程。”② 观察学习对象（刺激）不是直接作用于学习者，而是通过第三者的转述（如老师给学生讲英雄故事），特别是通过大众媒体来传递学习榜样。

例如，2004 年 8 月在北京举行的反贪展览，就给了群众一次很好的观察学习机会。参展观众通过对惩治贪官各类举措和收效的了解，深化了对腐败危害性的认识，习得了在工作、生活中应遵循的价值观念和行为准则。正如一位参观者所言，“参观展览后，我深感震惊，社会上蛀虫不惩戒，社会就不得安宁。此次展览办得好，具有警示和威慑作用，可以提高全民的法律意识。”③ 可见，媒体通过对反面教材的展示，可向大众传递负面的榜样或正面的学习榜样。

事实上，人类的大部分行为是通过观察学习获得的，如果仅靠直接学习，则不仅缓慢、费力、代价高，而且会影响人的社会化进程，并阻碍社会发展的速度。

（二）大众媒介是提供观察学习的最佳渠道

虽然在社会学习中，直接学习的方式非常重要，像父母对子女、老师对学生、上级对下级、同事对同事，都存在直接学习的榜样和机会。但是从社会学习的效果看，大众媒介在提供观察学

① ［美］梅尔文·德弗勒和桑德拉·鲍尔一洛基奇著《大众传播学诸论》第 239 页，新华出版社，1990 年 9 月。

② 车文博主编《心理咨询百科全书》第 384 页，吉林人民出版社，1991 年 11 月。

③ 摘自“正义网”，最高人民检察院《检察日报》主办。

习对象的量和效率及影响面上，在许多方面优于人际交往所提供的观察学习的效果。首先，媒介信息无所不包，因为对社会生活的描述是媒介内容的通常主题。在大量丰富的媒介信息中所包含的示范行为也多，有利于各类受者的选择和仿效。例如，中央电视台新闻评论部自2003年推出的年度人物评选节目《感动中国》，就播出了各行各业的优秀人物和群体的先进事迹。其次，媒介信息传递速度快、覆盖面广，有利于广大受者在短期内获得新的行为模式。

再者，媒介信息的可重复性和放大作用，可以提高榜样的感染力。通过媒体信息显示榜样行为，可以将同一榜样反复播放给广大受者，加深他们对榜样的印象。例如，在对公安系统的女英雄任长霞进行宣传的过程中，《人民日报》、新华社、中央电视台、中央电台等媒体分别从各自不同的媒体特性出发进行宣传，使任长霞的形象深入寻常百姓家；人民网、新华网等五大重点新闻网站在首页开辟任长霞专题，与网民互动，迅速形成声势浩大的网上舆论。事实表明，各类媒体在较短时间内集中报道典型人物、典型事迹，会在受众群体中引起广泛关注，形成社会舆论热点，使榜样的行为更有教育意义、更富有感染力。

二、榜样的力量

榜样，又可称为示范者，是指可被观察学习的对象。“榜样”，一般容易被认为指人的行为，其实某些有代表性的、值得推广的社会事件（如希望工程、基层选举）、某种观念（如奉献精神、环保意识）、某种风气（如班风、校风、厂风、市风等）也应当被视为榜样。榜样有正负之分，榜样的力量是指榜样有带动群体趋向自身行为的力量。好的榜样可重塑灵魂，坏的榜样会毁掉人生。我们社会主义的媒体，有一个重要的任务就是宣传正面榜样。榜样为人们的社会学习提供了参照物，提供了一面做人处事的镜子。马克思说，人降生是没有带镜子来的，他是把别人当镜子来照自己的。榜样就起到了镜子的作用。

（一）榜样的力量在于行为

“榜样”是通过其言语和行为来体现的。言语和行为对劝服人们学习榜样都很重要，但是二者相比，行为的力量更为显著。例如，以偷窃钱包为生的小偷，如果被抓住，他们可能对训斥和惩罚并不太在意，然而有这样一件事，却深深地教育了几个小偷，使他们决心改邪归正。

一日，有几个小偷，偷得一位姓陈的战士的钱包，当他们打开小陈的钱包，发现了一封慰问信，当他们读完小陈写的慰问信后，都惊呆了。这位解放军战士对灾区人民的深情厚意和军人高尚的道德情操，使他们越发为自己的行为感到羞耻。一个叫根仔的，他外婆一家恰好住在重灾区。推己及人，他们当即每人再掏出 60 元钱按钱包内士兵证上的地址，把 300 元钱寄给小陈，并请他将钱转寄受灾地区，还写了封忏悔书，并按上自己的指纹，表示一定痛改前非，重新做人。

班杜拉曾经做过一项实验，比较了口头劝说和榜样行为对儿童利他行为（即助人行为）的影响。

“实验是这样进行的，先让小学三、四、五年级的儿童做一种滚木球游戏，作为奖励，他们在游戏中都得到了一些现金兑换券。然后，把这些儿童分成四组，每组有一个实验者的助手装扮的榜样参与。第一组儿童和一个自私自利的榜样一起玩，这个榜样向儿童宣传要把好的东西留给自己，不必救济他人，同时也带头不把得到的现金兑换券捐献出来。第二组儿童和一个好心肠的榜样一起玩，这个榜样向儿童宣传自己得了好东西还要想到别人，并且带头把得到的兑换券捐献出来。第三组儿童和一个言行不一的榜样一起玩，这个榜样口头说人人都应该为自己考虑，实际上却把兑换券放进了捐献箱。第四组儿童的榜样则是口里说要把得到的兑换券捐献出来，实际上却只说不做。实验结果是，第二、三组捐献兑换券的儿童比第一组和第四组均明显地多。这清楚地表明，劝说只能影响儿童的口头行为，对实际行为则无影响；行为示范对儿童的外部行为有非常显著的影响”。①

事实上，行为的劝服力大于口头的说教，不仅对儿童，就是对成人也是如此，所以领导干部以身作则就是对群众无声的教育。

（二）榜样的力量在于可以迁移

迁移是指一种学习对另一种学习的影响。所谓榜样可以迁移是指，大众传媒提供示范（榜样）行为，被受者迁移到类似于榜样但又不完全等同于榜样的其它情境中，这样便可以从某一种示范行为再派生出更多的同类的新行为，这对于受众适应错综复杂的环境是很有益处的，这也反映出榜样力量的魅力。受众对媒体示范行为的迁移表现在两个方面：

其一，受者抽取媒体示范者行为的基本精神，并将之迁移到新的情境中去。例如，中央电视台知名法制节目《今日说法》自开播以来，收到很大社会反响。节目内容涉及的法律规范、法制意识是通过一桩桩具有“榜样”性质的案例来传递给观众的。就某种具体的法律行为或法制理念而言，不是都能为观众直接模仿，毕竟，这些法律案例有其特殊性，当事者不同，情况不尽相同。但是，观众却对类似法制节目表现出极大的关注和喜爱，其原因就在于个案中渗透的法律精神，如守法意识、维权精神等能被观众广泛运用到生活中的各个领域中，产生了迁移作用。

其二，透过隐藏在榜样行为后边的道理或规范形成新的行为。媒体信息再丰富，也不可能穷尽所有人的全部的人生经验。从某个榜样的表层行为中挖掘出它内在的道理，举一反三、触类旁通，可以将有限的媒介榜样转化为无限的新的行为范式。例如，某报曾刊登一位父亲帮助先后下岗的四个女儿，使她们都找

---

① 唐卫海、杨孟萍《简评班杜拉的社会学习理论》，《天津师大学报·社科版》，1996年5月，第30页。

到了自己在生活中的新位置的报道。这条消息对于那些工作岗位较稳定、年纪又不大的人来说，直接仿效的意义就不大。但受者仍可透过这个报道悟出许多人生的道理，像面对困境应抱何种态度、居安思危、未雨绸缪、艺多不压身等等。这些道理在受者的人生中所起的积极的影响，寻其根源，有相当一部分来自类似报道中的各种榜样。

三、媒介对榜样的选择

（一）选择的原则

1. 榜样应有时代性。

媒介所选择的榜样的典型意义首先在于能反映时代风貌，富有时代气息，对广大受者有深刻的启迪作用。随着时代的发展，过去一些不被接受的思想、观念、行为已经逐渐为大众接受，因此，媒体所选择的榜样必须注意增强时代特点。例如，掀起2003年“审计风暴”的国家审计署审计长李金华，被各大媒体进行系列“榜样”式的报道后，在各行各业引起震动。老百姓正是通过这样的报道，感受到时代发展带来的社会政治文明新气象。李金华在其审计报告中，用词上少了以前的含糊和温和，代之的“疏于管理和监督”等严厉的字眼，批评了有关部委的财政状况。媒体选择的这个榜样充分体现了国家在经济体制改革和政治体制改革进程中“破旧立新”的决心，展现出一位新时期高层领导人的崭新时代风采。

另外，媒体对已有榜样的认识也应与时俱进。在新中国成立的半个多世纪中，“雷锋”这个形象是媒体树立过的最持久也最深入人心的榜样。说到“雷锋”，人们就会联想到乐于助人、不求回报、真诚善良等等优良品质。但是，随着时代发展，雷锋这个形象也曾经被有意无意地歪曲，他的某些真实被改换或隐去。只有符合时代特点的人和事物才会历久弥新，我们今天重新提起雷锋，就应该以一个真实的雷锋示人。比方说他喜欢皮夹克，他也要谈恋爱，这些不但无损于他的形象，反显出他的真实和可爱来。媒体只有选择榜样中体现时代特色的特质，才能使榜样深入人心，达到宣传效果。

其次，要紧扣时代脉搏，报道新时代中的新思想、新观念和新事迹，还要注意在榜样的选择上，要体现这个时代多元化、复杂化的发展脉络。有些报道为了强化人物的先进性，不惜从工作层面去完善人物，把普遍崇尚的道德品质和价值理想汇集于人物的言行之中，从而不自觉地“抽干”了原本属于一个正常人应有的个性和感性化的成分，忽视了人物内心世界的复杂性的多元性。

例如，2004 年 6 月，从北京到云南某偏僻山村小学志愿教书、复旦大学毕业的青年志愿者马骅发生车祸遭遇意外，诸多媒体的记者纷纷赶去云南采访此事。记者采访马骅的朋友时，本以为得到有关马骅当志愿者的动机是诸如关注贫困山区教育、为失学儿童奉献爱心等答案，谁知熟悉马骅的朋友回答的却是：“马骅喜欢追求不同的生活状态，总在变化生活方式，他喜欢自由，去云南教书就是为了将另一种生活体验到透彻和极致”。①

从这个例子中我们可以看出，“英雄本是凡人”，榜样也有他自身多元化的价值取向，媒介的报道必须尊重这种现实，才能真正从人物身上挖掘出变化中的时代精神。

2. 榜样应有广泛性。

受众的成份相当复杂，有职业、集团、阶层、年龄、性别等诸多方面的差异。根据接近性原理，人们容易与和自己相似的人（如在态度、价值观、思维方式、行为特点上相接近的人）认同。所以榜样的选择力求包含各类人，特别是普通百姓中的典型人物更容易为人们所仿效。这几年我们宣传的李金华、郑培民、任长霞等领导干部；许振超、张积慧等普通职工；宋芳蓉、李建保等

① 《北京青年报》，2004 年 7 月 3 日。

知识分子在各行各业都引起强烈的反响。

3. 榜样应有教育性。

无论何种制度的国家，为了维护社会的稳定和保证政策的贯彻，都十分重视媒介宣传的教育性，并有意识地借助媒介榜样来传达决策者的意图。譬如，有研究者认为电视剧影响了巴西人的生育观。美国哈佛大学人口学家马丁，专门研究巴西人口问题20年。他曾撰文指出："巴西20多年来将人口出生率压低了一个百分点，应归功于电视连续剧。巴西最近二三十年来电视剧的主题几乎全与中产阶级少生小孩、优游度日有关，民众经过20年的耳濡目染，价值观起了变化，于是开始自愿节制生育。"①这体现了媒介的教育性的重要。

我国传媒对媒介的教育性非常重视，收效也很显著。前几年一部反腐倡廉题材的影片《生死抉择》一经上映，立刻在全国引起极大反响。影片塑造的李高成、杨诚等有血有肉的领导干部形象，极富教育意义。广东东莞市委某领导干部感慨道："这部片子给我们以深刻的启示和教育……我们党的干部要自重、自省、自励、自警。"② 这部影片的播映，使得广大党员深受感染，充分认识到新形势下反腐倡廉、从严治党的意义，增强了党性观念，对提高自身廉洁自律和拒腐防变的能力都有很大作用。正因为这部影片塑造的像李高诚这样的榜样人物在反腐斗争中左冲右拼、呕心沥血，才让观看的人们更加体味到反腐之路的艰难曲折以及我党反腐倡廉的决心。

（二）选择应遵循的规律

媒体信息是为受者服务的，所以媒体提供的榜样要符合受者的认知规律。受者的观察学习是一个认知榜样的过程。这个过程由四部分组成：注意过程、保持过程、动作再现过程和动机过

---

① 《电视影响巴西人生育》，《北京晚报》，1996年8月12日。

② 《光明日报》，2000年8月15日。

程。

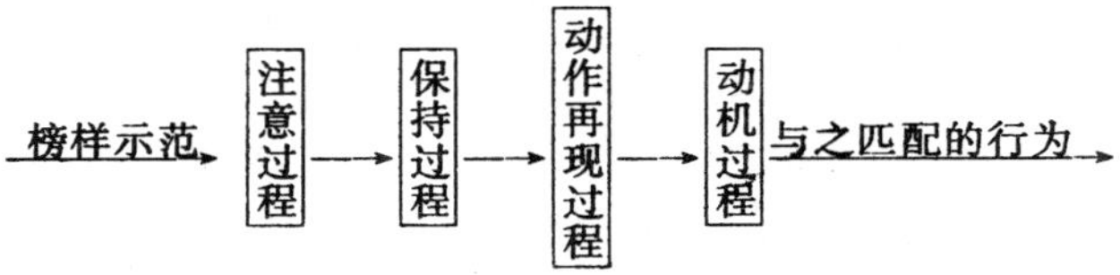

图 3－3　观察学习的过程①

1．注意的过程。注意是意识的门户，榜样只是在被受者注意的前提下才能进入主体意识，这就需要榜样本身具有较强的吸引力，贴近百姓生活，亲切易学。同时，媒介还需要讲求宣传艺术，使媒介信息符合人们感知事物的一般规律。如对要宣传的对象有足够的表现强度，像采用粗大的字体、鲜艳的色彩，如具有动感性和新颖性等。

2．保持过程。保持就是记忆过程。记忆是心理活动持续进行的保证。受者对于媒介榜样的行为（如遇到突发事件的表现），首先要转换为记忆表象，然后用词语表征，并以形象和言语双重编码的方式将其贮存于记忆之中。

3．动作再现过程。这是受者向榜样学习的关键。仅将榜样的行为留存于头脑中，永远不去外化，这种学习的实际意义不大。观念转化为行为，需要机遇，也需要主观努力，如电视里传授烹调的方法，只有在实践中试做，并在尝试性错误中反复探索，动作的再现方能成功。

4．动机过程。受者对媒介榜样的注意、保持和动作的再现无一不是由动机支配的。动机是人行动的内部心理动力。当受者因学习榜样形成了新的行为模式后，又会进一步产生新的动机促使其一边巩固新建立的行为模式，一边不断地再学习新的示范行

① 唐卫海、杨孟萍《简评班杜拉社会学习理论》，《天津师大学报·社科版》，1996 年 5 月，第 33 页。

为。如某青年在电视上看到别人的创造发明，他试着做，成功了，成功的喜悦会使他对发明创造产生浓厚的兴趣并推动他继续努力。

第三节　强化与受众行为

一、强化的种类与功能

强化是指采用适当的强化物来增加行为反应的强度、概率或频度的过程，从而达到强化目的。刺激物则为强化物。

强化按照目的的不同可分为正强化和负强化。正强化的目的是为使学习者继续榜样的行为，而负强化则是为制止榜样的行为。按照强化（或强化物）是直接还是间接作用在学习者身上，又可分为直接强化和间接强化，间接强化又叫替代性强化。除外还有自己对自己的强化叫自我强化。班杜拉的社会学习理论中尤以替代性强化更为重要，它与学习的延迟性构成了观察学习的两个特点。

受者通过媒介所提供的榜样，学习新的行为模式，所获得的强化属于间接性即替代性的强化。比如，电视、广播中经常报道为英雄模范人物举行的表彰会，在受众的角度看就是替代性强化——表彰的是别人，而受者也对这种表彰行为产生认同和学习的欲望，这是一种正强化。反之媒介报道严打坏分子则为负强化，对于那些有同类行为者是一种警戒，对无不良行为者也是一种教育。

替代性强化对人的社会化和人格的形成有着非常重要的作用，它可以使人们凭借观察学习，借助示范作用建立新行为。这比完全靠直接学习建立新行为的学习过程大大缩短。同时，它还可以增加人们进行观察学习的强度（显著性）和频度（次数）。受者从媒体榜样身上获得的替代性强化除了有以上作用外，还因媒体接受者的广泛性，造成同一替代性强化可同时对成千上万的人起到类似的效应，这种效应会变成巨大的力量，激发起广大群众学习榜样的热情。媒体对任长霞、杨利伟等英雄的大力表彰，在全国掀起了向他们学习的热潮就充分地证明了这一点。

二、强化的运用

（一）正负强化齐抓，以正强化为主

正负强化齐抓是指媒体宣传应抓住典型扬善抑恶，弘扬主旋律，打击恶势力、坏现象。从观察学习理论的角度讲就是正负强化齐抓。以正强化为主即是以正面宣传为主。例如，2004 年 6 月 14 日是首个“世界献血日”。之前各大媒体就这个主题进行了深入广泛的宣传，提高了人们对自愿无偿献血重要性的认识。全国各地许多民众当日都纷纷挽起衣袖，加入到无偿献血的行列。而京城主流媒体又及时报道了这一盛况，并给予高度评价（正强化），使老百姓支持无偿献血的认识得到进一步深化。

又如，逃亡美国长达两年之久的巨贪、前中国银行广东开平支行行长余振东，于 2004 年 4 月被押解回国的消息一经新华社、中央电视台、《人民日报》等媒体发布之后，在民众当中引起强烈反响。这种通过媒体的负强化的效果比之在日常生活中的宣传教育，无论是受教育的人数，还是受教育的程度都是无法相比的。媒体的教育作用显示出巨大的威力，受者的观察学习也获得了最佳的效果。

（二）负强化要把握好度

通过媒体加大打击坏分子的力度，其效果不容置疑，然而如果把握不好度，则容易出现误导，使负强化的效果在某种程度上反而起到消极影响。特别是对一些重大事件的报道更要谨慎。

2003 年 11 月以来，媒体先后报道了一系列变态杀人的恶性刑事案件：河南省驻马店市平舆县犯罪嫌疑人黄勇，从网吧和游

戏机室内先后骗出并杀害了20多名中学男生；河南省另一名“杀人狂魔”，从2001年起在安徽、河南、山东和河北4省连续作案，先后杀死65人，重伤5人，强奸23人；广东一对男女先后劫杀10余名女青年等等。一些媒体对这种案件报道，从作案时间、动机、手法到受害人、案中人的种种感受、经过，详详尽尽全端出来。这种血腥而残酷的报道很容易误导一些读者尤其是青少年读者，从而引发不堪设想的社会后果。与这类报道同工异曲的又如“须防假丐成公害”之类的文章，揭露发生在当代中国的一个靠乞讨发财的新的部落群体。以上这类报道对一般善良百姓确实起到了解社会、提高警惕的作用，但是对少数有不良企图或想不劳而获的人，却无意中传递了一个可以仿效的榜样（如详细作案或行骗的手段）。对于此类社会新闻不是不可以报道，但应坚持以正压邪的原则，特别是当对问题的处理难以控制（如作案人的疯狂）或相应的措施没有出台（如对假乞丐）时，可以采取淡化处理的方式：1．报道量少；2．刊用位置偏，播报时间短；3．对作案手段的叙述应简略等，以免把本应制止的事（负强化）变成可被仿效的事（正强化）。

还有一种情况，由于媒体考虑不周，本想提倡（正强化）的精神，实际效果却出现了消极（负强化）的心理效应。例如，有关见义勇为反被诬陷的事件屡见报端。传者的初衷含有褒扬见义勇为者的人格之意，但是这种报道不仅对当事人的心理压力很大（有人认为他是傻瓜），而且也容易给受者造成压抑感。有人从心底里发出“好人难做”的叹息，并得出“多一事不如少一事”的结论。这种报道比前边提到的消极影响更大，因为它伤害的是许多善良百姓的心。为减少这种报道的消极性，应在事件有了处理结果后，把重点放在如何谴责“昧良心”者和解决见义勇为者在经济、医治、心理受到的损失上。只有这样，正气才能弘扬，百姓才能扬眉吐气，传者借强化引导受者学习新的正确的行为模式的目的也才能达到。

思考题：

1. 运用社会学习理论，联系实际分析媒介环境与受者的交互影响。

2. 试析“强化的替代性”和“学习的延迟性”在大众传播中的应用。

3. 媒介对榜样的选择应遵循的原则是什么？

4. 试析正、负强化在大众传播中的作用。

5. 举例分析媒体宣传应把握好负强化度的意义。

第四章　精神分析与大众传播

精神分析或心理分析泛称弗洛伊德主义，是西方现代心理学的一个主要流派，该理论是由奥地利著名的精神病学家弗洛伊德（Sigmund Freud）于19世纪末创立的，是以潜意识为主要研究对象的，属于深蕴心理学的范畴。

精神分析心理学的体系都是在弗洛伊德对人的心理结构和心理动力的阐释的基础上展开的，从而使心理结构的无意识论和心理动力的本能论成为精神分析心理学的两大支柱。首先，在心理结构的无意识论中，弗洛伊德为人类描绘了一幅立体的心理结构图。传统心理学所谓的“心理”只是这一结构的表层，即意识层，而在心理结构中还存在着一个比意识层更为广袤、复杂、隐密的潜意识层面。这一潜意识层面又可以分成两部分，一是无意识层（unconscious），二是前意识层（preconscious）。其次，在心理动力的本能论中，弗洛伊德将本能视为人类的基本心理动力。在几十年的学术生涯中，他多次提出和修改他的本能理论，如前期提出的自我保存与种族繁衍的本能，后期提出的生本能和死本能等。但是他所反复强调、深入研究的则是性本能。他认为性本能是诸本能中最重要也是最活跃因素，根据这一心理动力论，弗洛伊德系统地揭示了人格发展的过程，揭示了各种精神病的起因，解释了人类创造性行为的心理动机，性本能成了精神分析心理学理解人类活动的一把钥匙。

精神分析理论是探讨有关神经症的病因和治疗的一种方法和理论。到20世纪20年代，这个理论逐渐扩展到社会科学的各个领域，并由一种潜意识心理学体系发展成为无所不包的人生哲学。它既是西方现代人文科学的一个重要理论支柱，又是当代西方的一种主要的社会思潮。二战后，精神分析与行为主义并列为西方现代心理学的两大思潮，并被称为心理学的第二势力。

弗洛伊德主义分古典（正统）弗洛伊德主义和新弗洛伊德主义。后者是在前者的基础上分化出来的一种新的理论体系。新弗洛伊德主义虽然坚持弗洛伊德潜意识理论的基本观点，但是它反对以本我心理学为核心，以泛性论为动力的生物主义和悲观主义，它突出自我心理学、文化人类学及社会学的主要价值和乐观主义的精神。因而，新弗洛伊德主义把古典弗洛伊德主义进一步从生物学、心理学领域转向社会学领域，肯定了社会和文化的因素对人类行为的重大影响。新弗洛伊德主义的代表人物有：阿德勒（Alfred Adler），荣格（Carl GuStav Jung），沙利文（H.S.Sullivan），霍妮（K.Horney），卡丁纳（A.Kardiner），弗洛姆（E.Fromm），埃里克森（E. Erikson）等。

对精神分析理论，我们既不必迷恋信仰，也不应做简单的否定。尽管在弗洛伊德的思想中，他过分夸大无意识的作用和性本能的意义而无视意识、理性和社会性在人的心理结构和心理动力中所占有的位置，表现了一种明显的“唯无意识论”和“泛性论”的倾向；他重视个体经验和经历的历时性影响而忽略社会环境的共时性限制，存在着一种唯心主义的思维方式，然而，弗洛伊德对人类的心理和行为提出了许多富于启示性的解释，开辟了心理学和人类自我认识的新领域，以至于在今天，许多关于人的理解如果缺乏对无意识的考察都会影响说服力。这也正是由弗洛伊德所开创的精神分析学能够在一个世纪里仍然方兴未艾的一个重要原因。

百年来，精神分析理论已逐步扩展到社会科学的各个领域。作为社会科学领域的大众传播活动也一定会受到这门深蕴心理学的影响。本章拟就“潜意识”、“集体无意识”和“人格发展阶段论”这三个方面在大众传播中的体现和影响作一探索性的分析。

第一节　潜意识与大众传播

一、潜意识

（一）什么是潜意识

潜意识（无意识）亦称个体潜意识（个体无意识）。潜意识是整个精神分析学派的基本命题。潜意识论（潜意识的心理学体系的理论）是弗洛伊德精神分析理论的核心。弗洛伊德把人的精神世界比喻成一座冰山，那露出水面的山顶代表意识，而掩盖在水面之下的巨大山体则代表潜意识。“潜意识是冲动、情欲和可望不可及的记忆表象的贮存库，影响着人们的思想和行为。”①尽管弗洛伊德的潜意识论开辟了心理学研究的新领域，提供了哲学和社会科学（如文艺、教育、法律等）研究的新视角，但是由于这种理论否定了人的意识的重要性，并且过分夸大了潜意识中的性本能冲动对人的精神生活的作用，因而陷入了极端形而上学和唯心主义的泥坑。

（二）我们对潜意识的认识

我们承认潜意识是客观存在的，是人的“半个”精神世界，但是我们的观点和弗洛伊德的潜意识有着根本的区别。主要表现在两个方面：

第一，“潜意识不是作为本能冲动的无条件反射的锁链，而是同意识相联系着的条件反射现象。……潜意识不是同外部世界绝缘的精神实体，而是对客观现实的一种特殊的反映。”② 总之，

---

① 参看阿特金森等著，车文博审订《心理学导论》第 662 页，台湾晓园出版社，1994 年 6 月。

② 参看车文博《弗洛伊德主义论评》第 576—579 页，吉林教育出版社，1992 年 9 月。

潜意识不是先天就有的，它同样是“客观现实在人脑中的主观反映。”只是这种反映或者一直未能被主体意识到（如看到了某个广告，因处于意识阈限之下，故主体没有印象），或者原本是被意识到了（如主持人初上岗位时，多次练习面对镜子微笑），但是经多次重复（天天对着镜头微笑），而转化为自动化的习惯性行为（一旦面对镜头就能到位），这种行为便被沉入潜意识。总之，无意识不等于无认识，它相当于“下意识”，即阈限下的低度意识，是一种没有意识到的意识。

第二，“潜意识不是人的心理活动的核心和根本动力，而是整个心理活动的必要补充和辅助成分，……潜意识和意识之间不是互不相容的对抗关系，而是相辅相成的依存关系”。①

意识是人的心理反映的最主要和最高级的形式，而无意识也是我们认识客观现实的一种不可缺少的形式。无意识与意识是对立的统一体，前者是后者产生的基础和转化的对象，而后者又是前者发展的结果和最高的调节者，二者之间没有不可逾越的鸿沟，它们处于相互依存、相互转化之中。

基于上述分析，我们可以看出，如今为人们耳熟能详的潜意识，其内涵早已不是弗洛伊德的那个先天的、以性欲为核心的潜意识了，而是对之进行了扬弃的潜意识。

（三）意识、前意识、潜意识的关系

意识、前意识和潜意识活动是人的整个精神活动的组成部分，三者之间既相区别、又相联系，经常处于动态平衡状态。

意识是人能够认识自己和认识环境的心理活动，比如传者集中注意力进行制作或创作活动时，就处于意识状态；前意识属于意识的一部分，在某时某刻对某种信息没有意识到，但到一定条件下（如思索回忆）就可能意识到；潜意识是人们经验的贮存

---

① 参看车文博《弗洛伊德主义论评》第576—579页，吉林教育出版社，1992年9月。

库，它由许多被遗忘的欲望、知识经验组成，其中有一部分人们很难再回忆，并提取出来，如集体无意识（潜意识Ⅰ）；而另一部分则比较容易被检索和提取（潜意识Ⅱ）。

见图 4—1。

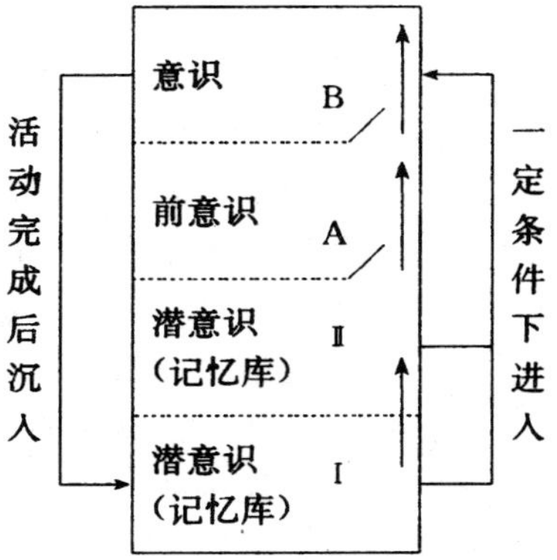

图 4—1　意识、前意识、潜意识关系图

A、B 表示意识阈，指一个观念从抑制的状态进入现实观念状态时必须跨过的那道界限。其中意识阈 A 难启动，需要“原型”启发和灵感光临，而意识阈 B 则容易开启。例如《经济视点报》的一位记者曾经专访了保险业界的领军人物吴传明，在拟文章标题的时候，面对一个“多面立体”的吴传明，这位记者颇有些犯难（观念处于潜意识状态）。“透明的人”、“睿智的人”、“坚毅的人”、“好强的人”……都不太理想。就在记者感到这些标题统统无法涵盖吴传明的特点时，电脑键盘上英文的大写字母（原型启发）给了记者灵感：英文字母分大小写，小写的字母小巧、灵运、圆滑；大写的字母大气、方正、骨感。而吴传明，不正是保险行业里“大写”的精英吗？于是，“‘大写’吴传明”这个精彩的标题一下出现在记者脑海中（灵感光临，前意识阈 A 和意识阈 B 相继被冲破，贴切的题目进入现实观念中）。

传者对信息进行的加工过程就是意识、前意识、潜意识三者互动的过程。当创造性活动开始时，心理活动由下（潜意识）向上（意识）运动；反之，当活动结束后，心理活动由上往下活动，意识活动沉入潜意识之中，作为经验（记忆）贮存起来，以备后用。这一活动完成，新的活动开始，于是意识、前意识、潜意识又进行新的一轮交互活动……

二、潜意识与传者

在大众传播活动中起主导作用的是传者，包括新闻工作者、广告制作者、作家、画家、音乐家、艺术家等等。他们制作或创作精神产品时，主要靠的是意识活动。但是由于大脑加工信息的有限性（在某一时间内只能在其“中心通路”内加工一定量的信息）和加工信息的依次性（某一时间在“中心道路”内加工的不同信息需按顺序依次进行），这样在人脑进行意识活动时，所加工的信息量较少，必须不断地从潜意识——记忆库中提取所需信息，才能保证传者制作（创作）活动的顺利进行。潜意识对于传者的意识活动的影响主要表现在：产生灵感、形成文风（包括创作风格，主持风格等）、凝聚情结等方面。

（一）潜意识与传者灵感的产生

灵感指人们在进行创造性活动中，当某种新形象、新观念或新思想从潜意识突然跃入意识领域时的瞬间心理状态。

灵感产生的条件有：1. 认识主体有强烈的创造动机和适量的情绪情感，使心理能量积聚到可以开启意识阈的量（意识阈的“阈值”表示主体感觉或反应能产生又不能产生的那个临界值，是一个量的概念）。2. 原型启发，仅有内部心理量的积蓄往往仍产生不了灵感，就需要从外界事物中发现有启发性的事物，这就是所谓的“原型”。世间万事皆可充当“原型”。如日用品、自然界或社会中的某些现象、口头或书面描述等。“启发”是指主体因触及原型而联想到深藏于潜意识的某种冥思苦想之物的心理过程。“原型”一般是处在显意识视野里，被主体苦苦寻觅的东西，如文章的结构、欲拟的题目、想制作的广告等暂时被淹没在潜意识里。原型的发现加大了开启意识阈的力量，于是内在力量（动机）和外在力量（原型）两相结合，灵感就突现出来，主体处于顿悟（恍然大悟）的状态，于是创作任务完成。

灵感的产生有两个层次，即浅层和深层。所谓浅层指从前意识向意识转化，开启意识阈 B，相对比较容易。例如：一位记者到一所大学采访，中间去了趟洗手间，看到出入洗手间的学生很多（这是意识状态）。记者在小解后一边洗手，一边无意间看见离他不远的角落里一个水龙头没有关紧，水在“放任自流”（这属于无意识状态）而来往的学生却视而不见。临走之际，记者突然觉得，此情此景正是一副生动的富含教育意义的新闻画面。灵感突然来临（没有关紧的水龙头和来来往往的学生是原型启发，记者的新闻敏感是内因），于是他急忙取来相机，“咔嚓”一声，一张《文明其实离我们仅一步之遥》的照片拍了下来。

所谓深层化，是从潜意识向意识转化，需要先开启意识阈 A，再开启 B，相对比较困难。这里又分为两种情况，第一种指灵感出现后，创作者的意识非常清晰，显、潜意识的沟通点比较明确。而第二种指当灵感出现后，创作者的意识状态虽也较清晰，但是主体的显、潜意识的沟通点不很明确，推动主体获得灵感的动因似乎是一种可意会但难言传的力量。

第一类情况如，台湾中华豆腐广告词的创作过程，内在动机：利用中国人强烈的家族观念、家庭亲情为诉求手段。原型启发：朱自清先生的散文《背影》中的情节。内外动力结合，启动意识阈，显、潜意识沟通，产生灵感，于是一个新颖、人情味很浓的广告创意产生了，画面是仿照朱自清先生散文《背影》中的情节，描述一位母亲送儿子上火车，不顾自身不便，横穿铁轨去为儿子买桔子，体现了母亲对儿子的慈爱之心，广告末尾字幕是“慈母心，豆腐心”。这则广告牢牢吸附了有相似心理经历的人，令人难以忘怀。[1]

第二类情况如作家陈源斌写《万家诉讼》的心理过程。据作者自述，他写这部小说的情景非常特殊："当时我正在农村深入生活，年底一个寒风凛冽的早晨，突然传来消息，我居住在省城的宿舍楼深夜起火，当我从几百里外的农村赶回时，面对的是一堆残烟未尽的废墟，所有家产片纸不存"（这是客观刺激，也是写作冲动的原型启发，它带有强大的力量，可以启动意识阈）。"在一刹那间，我突然异常安静下来，急切地想写一篇小说"（创作灵感突然降临），"在临时栖身的一间嘈杂的旅社房间里，我写成了《万家诉讼》。写作时，我特意对自己设置障碍，用一个一句话能说完的故事，写成中篇小说；用民告官的法制题材，写成具有较高品位的纯文学作品；用限制性很强的偏僻农妇的视角，将文字铺陈的张扬恣肆，用口语化的中国传统叙述文字，讲求语言的感觉和话语的力量；用反一般小说的写法，离开情节和人物渲染不可割弃的生活场面……。当时的想法是，只有向难处险处绝处攀求，才能有奇崛之作"（在写这部小说时，他处于清醒的意识状态）。

他又说，小说和电影（指《秋菊打官司》）中女主人公三番五次打官司的"说法"二字，现在已成为注入新鲜内涵的特殊张力的流行词汇。"这部《万家诉讼》，掺进了我至关重要的人生体验，可以说是我在竭尽生命之力，与那场深夜大火进行殊死较量的结果，它传递出我在受重创之下，作出反弹的真实情绪——它就是我对于这个世界的'说法'。"[2]

从作家的自述中看出，其显、潜意识的沟通点并不很明确（或者说并不对应），比如自家被烧（显在的）和一农妇打官司

---

① 参看林建宁、陆建尚《广告中关于心理特性应用的探讨》，《南京经济学院学报》，1996年第6期，第47页。

② 陈源斌《我是怎样寻找"说法"的——陈源斌谈"万家诉讼"的创作》，《安徽画报》第四期。

（潜在的）二者之间有何联系？他为什么要用写小说这种方式来与自己的不幸抗争？也许作家自己对此并不十分清楚，也许这种只可意会不易言传的特殊做法正是来自于积淀在作家潜意识里的某种对于人生的特殊体验。

（二）潜意识与传者的文风

文如其人。传者的文风与其个性有直接关系。个性是由个体所处的环境与其遗传因素相互作用的结果，是其生理的、心理的、社会的种种因素的综合体现，而传者的文风则是其个性的外化。正如原《经济日报》总编辑艾丰所言，写作“风格这个东西，就像个性一样”，用潜意识理论来解释，文风也是潜意识的外显形式。如前所述，用辩证唯物主义的观点看，潜意识也是人对客观现实的一种反映，是意识阈之下的各种心理活动的总和，像无意感知、无意识记、无意再认、无意表象、无意想象、无意注意、无意体验、无意意向等等。这些没有意识到的意识，原本属于意识活动，但经过认识主体多次重复后，便转化为自动化的习惯行为，并积淀于潜意识里了。例如：准作家在初次写作时，往往喜欢刻意追求某种文风（主要指使用语言文字的习惯），但经过长期实践经验的积累，这种文风便逐步形成了。在以后的写作中，即便不去刻意追求，这种文风也会跃然纸（屏幕、声音）上。

文风一旦形成便相当稳定，正如一个人的个性一旦形成便很难改变一样。艾丰的文风就非常鲜明，据他自己总结有四点：1. 有气势，2. 有深度，3. 有哲理，4. 有创新。① 他的许多作品，像《新闻采访方法论》、《思考的笔》、《中介论》、《经济述评自析集》等，都证明了他的自我评价。特别是他的文章有着强烈的哲理性，这大概与他有较扎实的哲学基础和他的胸怀有关。

---

① 艾丰《经济述评自析集》第3页，人民日报出版社，1995年2月。

与艾丰的文风迥异的新华社记者郭玲春的文风，则更多地透出女性的清新、婉约、细腻，以情见长，她善于把自己的感情揉进新闻报道里。她的《一颗燃烧的心》深深地打动了被报道者巴金老先生，一篇《眷恋乡土多名作　饮誉中外何寂寞——沈从文告别亲友读者》的报道，王蒙先生阅后竟差点流出眼泪。她用散文笔法写的《金山追悼会在京举行》一文，使一深受感动的读者来信询问“郭文产生的奥秘和个中的艰苦”。

她常常把“我”的见解直接带进导语，以致形成了“郭氏导语”。她的文风随意、洒脱，用她自己的话讲“不受拘束地写来，可以视内容或简或繁，这里堵截，那里延伸铺展。有时自问自答或插入细节、对话，散文的抒情、杂文的深邃，都可以‘移花接木’，随‘我’走到新闻中来”。①

她的文风的形成由来已久。上海复旦大学中文系文学专业毕业的她，有着良好的文学修养，长于形象思维，情感丰富，个性强，从事新闻工作几十年，努力“寻找属于自己的那一种写作手法，努力把自己的情感渗透于报道之中。”经过长期的训练，她形成了独具个性的写作风格。

（三）潜意识与传者的情结

1．情结的滥觞。

“情结”是精神分析理论术语，由荣格首先提出。精神分析理论创始人弗洛伊德用“性欲压抑说”解释情结，并将其具体化为“恋父情结”和“恋母情结”。弗洛伊德将情结视为其学派的一个基本概念和其学派的“人格发展阶段的重要内容”。继之，荣格把弗洛伊德的“性欲压抑”的内涵延伸到“情绪压抑”，认为“个体潜意识的内容，主要是由具有情绪色彩的情结构成，它

① 郭玲春《郭玲春新闻作品选》第232页，新华出版社，1991年10月。

们构成了心理生活的私人的方面。”① 荣格还将弗洛伊德的恋父情结和恋母情结的外延扩展到“心理丛”，即“个体潜意识有一个重要的特点，就是一组一组的心理内容可以聚集在一起，形成一簇一簇心理丛……”②

弗洛伊德对情结的解释现已被多数人抛弃，在日常生活中被人们或在媒体上经常使用的“情结”一词，被现代专家学者作了如下的解释：情结（complex），由一些被意识压抑的意念（即无意识的思想、感情、知觉、记忆等）所组成的具有类似核心作用的复杂的心理现象。它能吸附许多经验，使当事者的思想行为及情绪易受这种情结的影响而遵循一定的方式进行，形成固定的行为模式”③。

2. 情结的特征。

“情结”具有压抑性、固着性、情绪性、核心性、泛化性等特征。

（1）情结的压抑性。

无论是弗洛伊德还是荣格都非常强调情结的压抑性，并认为这种压抑是由“创伤”、“伤害”引起的。如弗洛伊德认为：“情结往往是由个人经验中的重大伤害而产生。”④ 荣格认为，“情结是由于创伤的影响，或某种不合时宜的倾向而分裂出来的碎片⑤。”“情结”类似于我国古代人提出的“郁结”一词，从孔子的“发愤志食”“诗可以怨”，屈原所悲叹的“遭沉浊而之于秽

---

① 《荣格心理学导论》第190页。

② 车文博主编《弗洛伊德主义论评》第654页，吉林教育出版社，1992年9月。

③ 朱智贤主编《心理学大词典》第502页，北京师范大学出版社，1989年10月。

④ 朱智贤主编《心理学大词典》第502页，北京师范大学出版社，1989年10月。

⑤ 参看刘述均、宋广文《关于“情结”问题的一点思考——兼及中国文论的“郁结”说》，《长白学刊》（长春），1996年第4期，第24页。

兮，独郁结而谁语?”司马迁的“意有所郁结，不得通其道也”，到韩愈的“物不平则鸣”等等，无不反映出“郁结”与“情结”在产生原因上的共通之处，即都是因受压抑或创伤而形成的。

情结的压抑性有其消极也有其积极的一面。压抑使人痛苦，甚至“干扰着人的意志意向，搅乱意识过程”，① 但只要认识主体能把握住情结的“度”，就能将这种情结升华为一种奋发向上的积极力量，并为人类创造出灿烂的精神成果，以上所列举的中国古代的思想家、诗人、史学家、散文家的郁结之作，至今仍为世人所称道，就是明证。联系到我们当今时代的传播者，其情结的压抑性可以从两个方面来理解，一是来自外部的压力，即时代的、党的、人民的需要和来自竞争及工作的艰苦等等方面的压力；二是来自传者内部的压力，即个体强烈的事业心和成就欲，他们自觉地给自己施加压力，如前边提到的艾丰往往要求自己“要赶上社会前进的步伐”“以无愧于‘这个伟大的时代’”；而郭玲春则为每篇“应景”之作，可以搞得“身心疲惫，几乎耗去你全副的精力”。

（2）情结的固着性。

弗洛伊德认为，当某种伤害产生后，他就会“被埋进潜意识里，会在人的意识里固着于一个特殊的观念形式上”。② 弗洛伊德所指的“固着”在心理学上有其特定的含义，它表示“在心理——性发育过程中，个体的力比多或内驱力部分地停留于某一较早的发育阶段，不再随着年龄的增长而发展。”③ 我们摒弃情结固着性的生理层面的原意，将之迁移到心理上如对某种事业（或

---

① 荣格《回忆·梦·思考——荣格自传》第 612 页，辽宁人民出版社，1988 年。

② 朱智贤主编《心理学大词典》第 502 页，北京师范大学出版社，1989 年 10 月。

③ 车文博主编《心理咨询百科全书》第 539 页，吉林人民出版社，1991 年 9 月。

事物）的痴迷之情上。这种迷意之情可促使认识主体产生朝向某种行为的心理定势或心理活动，并表现出一种强烈的生命力。例如，有记者写了一篇《穆青，有一个“还债情结”》的文章，生动深刻地揭示出穆青这位当代中国的“老新闻”（原新华社社长）心中的那个刻骨铭心的“还债情结”。穆青的“还债情结”是指他对于“那些战争年代用生命和鲜血保护过他们，而今又在中国大地上书写着光辉业绩的人民群众，特别是农民兄弟和父老”的一笔笔“文债”，由于他在位时太忙，无暇写完，心里总有一种欠债太久无力还清的内疚感。正如他在《金缕曲　黄山抒怀》中所写的“赤子深情终未改，欠多少父老相思债。”为了“还债”，年逾古稀的他，又一次次地拿起笔，背起照相机，“奔走在祖国的山水之间，奔走在那魂牵梦萦的故土之上”。

（3）情结的情绪性。

荣格认为情结“是一种具有情绪色彩的观念，其中特别严重者是被许多情绪结合起来的使人心神不安的观念群。换言之，用以组成情结的种种观念（主要为表象）经常出现在脑际，令人思绪万千……”① 2004 年 7 月，在亚洲杯足球赛重庆赛区的比赛进程中，迎接日本足球队的是中国球迷排山倒海的嘘声。在比赛前按常规奏响日本国歌时，全场嘘声一片，近五万名观众纷纷坐下，表达对日本国歌的无视和对日本的强烈不满。《中国青年报》对球迷的这种行动做出了批评，报纸呼吁球迷别把体育与政治扯得太近，“球迷们在错误的地点，用错误的方式，表达了与公共体育相悖的情绪”。赛前演奏参赛国国歌，这是国际性体育大赛的惯例，这种场合之下，应保持静肃和敬意。尽管竞技场上强调的是公平正义的体育精神，它与政治上的仇恨、杀戮无关，但是，日本国歌君之代，包括那面太阳旗，曾经在中国人民心目中

① 荣格《回忆·梦·思考——荣格自传》第 612 页，辽宁人民出版社，1988 年。

留下过惨痛和屈辱的记忆。重庆球迷反对日本军国主义、要求世界和平的情绪无法抑制地爆发出来。球迷们希望以他们的嘘声、以他们的不满来警示日本足球选手，并期待日本政府能够正视历史、反思历史。从根本上讲，亚洲杯球场上的“反日”情绪，凸现出的是中华民族的一种历史情结。

（4）情结的核心性。

情结是个体潜意识的核心，“情结作为一种具有相对自主性的知、情、意的潜意识簇群，实际上在决定着我们人格的许多方面——我们如何理解世界，我们的价值兴趣以及倾向动力等等。”① 这种价值观、兴趣、动力往往会成为人们的一种“生存状态”、一种“生命的投入”。作为艺术家，会产生出“一种对于创作的残酷的激情”，“他命定要牺牲幸福和一切普通人生活中的乐趣”。② 对于新闻工作者则会以“带血的忠诚”为党的新闻事业去拼搏。伊拉克战争爆发时，凤凰卫视中文台的女记者闾丘露薇，在众多记者纷纷撤离战区时，第一个冲破封锁，断掉和台里的联系，孤身闯入战火纷飞的巴格达。伊拉克战事平稳以后，她几乎没有停顿，又出现在另一个战场——北京非典疫区。在她的身上，就流淌着一股强烈的新闻情结，一心一意做好新闻，无论是战场还是疫区，为了获取第一手资料，深入新闻现场，全然不顾生命危险。在她对新闻事业的执著追求中，我们看到这朵“战地玫瑰”崇高的人格力量。

需要说明的是，从某种情结（如敬业精神）已被融入人格的意义看，情结确属无意识的核心，因为“人格”作为人的各种心理素质的综合体，平时人们并非时时意识到它的存在，反倒像是常常被它所“指挥”。但是由于意识活动在人的行为中起主导作

---

① 车文博主编《弗洛伊德主义论评》第 654 页，吉林教育出版社，1992 年 9 月。

② 霍尔等著，郑日昌译《荣格心理学入门》，第 37 页。

用、所以更确切地说，情结不仅是无意识的核心，同时也是人的精神活动的核心。

（5）情结的泛化性。

由于我们现在把“情结”更多地理解为一种对事业（或对某种事物、某种情感等）的执著的追求，所以“情结”一词被泛化了，诸如：“情爱情结”、“权力情结”、“金钱情结”、“自尊情结”、“自卑情结”，还有“足球情结”、“收藏情结”、“冒险情结”、“F1 情结”、“乡土情结”、“英雄情结”、“奥运情结”、“网络情结”等等。在传媒作品中已被使用的有《施拉普纳中国情结》《深厚的文物情结——记政协委员毕克官》以及上文已提到的《穆青，有一个“还债情结”》等。

（四）引发受者的潜意识

第二、三个问题主要是从传者自身角度谈潜意识，这第四个问题是就传者如何通过自己的作品设法引发受者的潜意识而言的。所谓引发受者的潜意识是指受者以作品为线索从自己的记忆库里检索出已有的知识，去加深对传媒信息的认识。

受者接收媒介信息是一个过程，其间的心理状态处于意识和潜意识交互作用，相互转换之中。通常，受者的收视（听）行为比较随意，除非有他所关心的或感兴趣的问题，像某种产品的广告或某个欲知的新闻。然而媒介宣传意在吸引受者，进而引导受者采取符合传者意图之行为。这样，传者的目的同受者的无意识接收状态便形成了矛盾。为此，媒体就要千方百计通过各种方法吸引受者，使其从潜意识状态进入意识状态（即从无意注意转为有意注意），这个“进入”的过程就是受者产生联想和思考的过程。举一例说明，有位美国记者在拍摄警察把白宫前静坐示威的人拖进警车后，随即将镜头转向了白宫上边飘动着的美国国旗，这两个似乎并不相干的画面被剪辑到一起，令受者深思，并产生联想，从自己的记忆库（潜意识）里寻找可以帮助理解媒介信息的知识经验，继而产生了“美国警察如此粗暴的行为是否践踏了美国所标榜的人权”的疑问。受者所做的这种深层次的思考正符合传者的意图。所以“引导”是一种艺术，是一种因作品的启发，促使受者主动探索人生经验，从而能比较深刻地理解作品内涵的艺术。

第二节　集体无意识与大众传播

一、集体无意识

（一）什么是集体无意识

集体无意识思想是由新弗洛伊德主义的代表人物之一荣格（C.G.Jung）提出来的。荣格是瑞士著名的心理学家和精神病医生。他曾是弗洛伊德的学生，后与其师分道扬镳，创立了分析心理学。集体无意识思想则是分析心理学的理论核心，是荣格从人格整体论的角度来把握分析心理学的一个主导概念。

荣格通过对原始部落的考察和比较研究，发现现代人的潜意识内容和原始部落的心理特征有许多相似之处，在此基础上，他大胆地提出了著名的集体无意识理论。所谓集体无意识是指“人类祖先遗传下来的心理积淀在现代人潜意识深处的反映，它在很大程度上制约着现代人的心理活动”。①

（二）意识、个体无意识和集体无意识的关系

荣格在人格结构问题上提出了意识、个体无意识和集体无意识的概念，并将三者的关系比喻为“海岛”、“海滩”和“海床”的递次深入的关系。他说，意识是露出海面的小岛，个体无意识是潮水落后露出海面的浅滩，而集体无意识则是永远不曾出现于

① 车文博主编《弗洛伊德主义论评》，第633页，吉林教育出版社，1992年9月版。

海水之上的深深的海床，它是人类心理结构中历代经验的多重积淀物。

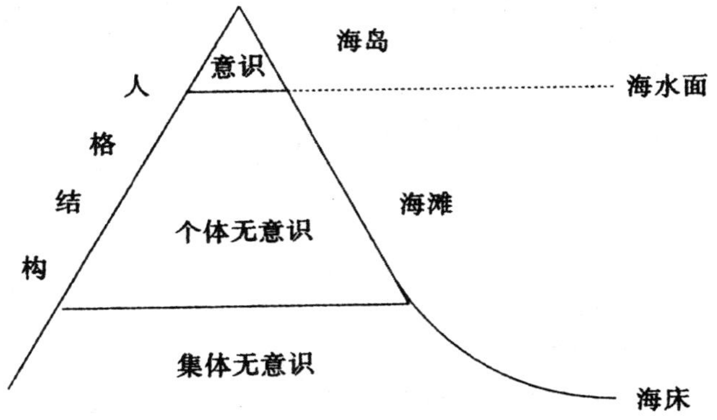

图 4—2　意识、个体无意识、集体无意识的关系

意识、个体无意识、集体无意识呈现出依次由显到潜到更深层的递进关系。荣格在论述三者的区别时指出，个体潜意识是由那些曾经一度被意识、到后来又被忘却了的心理内容所组成，而集体无意识的内容在人的整个一生中都从未被意识到。尽管如此，荣格认为集体无意识在适当的时机和具备一定的条件下，也有可能转化为意识。他说："从个体出生的那一天起，集体潜意识的内容就给个人的行为提供了一套预先形成的模式，而后天经历和体验的东西越多，所有那些潜在意象得以显现的机会也就越多。教育和学习越丰富，也就越容易使集体无意识在各个方面得以个性化，从而成为自觉意识"。①

（三）我们对集体无意识的认识

1. 集体无意识也是客观存在的反映。

在荣格看来，集体无意识是"铭记于脑结构中的人类世世

① 霍尔等著，郑日昌译《荣格心理学入门》第 38 页。

代代的经验，是在漫长的种族进化中逐渐积淀下来的心理活动。”因此，它在“所有人身上都是相同的”。而事实上并非如此。作为整个人类固然有其相近之处，但是在同属于人类而又分属于不同民族、不同国家，甚至同一民族、同一国家内的不同地区（地域）的人们身上，都能明显地看出他们之间的差别，这说明荣格的集体无意识思想带有先验论色彩。我们所认为的集体无意识，就其最终的来源看并不是先天的，而是“种系发展和历史发展相互作用的结果，是被感知、被意识到的客观存在不断‘内化’、‘积淀’的结果”。[①] 客观存在是千姿百态的。不同的客观存在（如不同的地理和社会环境）在人脑中所“内化”、“积淀”的结果肯定不全相同，所以把集体无意识视为在所有人身上都相同的结论是不符合实际的。

2. 集体无意识的三个层次。

集体无意识中的“集体”是个相对的概念，有大小之分。按照这个原则，我们今天理解集体无意识可以有三种层面：其一是人类共性方面；其二是民族性（包括不同国家）的差异；其三是同一国家（或民族）内部因地域（或地区）造成的区别。下边分别阐述集体无意识的三个层面在大众传播中的表现。

二、集体无意识与大众传播

（一）媒介信息应当反映出人类的共性

强调人类的共性，正是荣格集体无意识的原意。他之所以将人类精神中最深的一个层面定名为集体无意识，是因为他用“集体”一词涵盖了全人类，包容了“存在于所有地方的所有个体”，认为他们表现出了大体相似的心理活动和行为方式。媒介传播为了达到“信息共享”的目的，就需要克服“地球村”村民在语言

---

① 参看宋广文，李唐同《论先天潜意识》，《齐鲁学刊》（曲阜），1996 年第 2 期，第 71 页。

上的障碍。为此，可以有多种途径，其中最重要的，最直接的，效果也比较明显的方法就是以媒介信息为载体，反映出全人类共性中最美好的东西。如人们对于真善美的追求，对于人的智慧、人的尊严的赞美，对于人与命运的抗争、与自然的搏斗的颂扬，对爱情永恒的歌颂等等，这些积淀于人类集体无意识中积极的精神，可以冲破语言的障碍为世人所共识。从媒介角度看，电视、摄影等视觉性“语言”的功效最为突出。举三个例子加以说明。

例 1，著名的香港摄影家陈复礼大师的艺术摄影作品既充满了赤子之情，洋溢着强烈的爱国主义精神，又体现了东方文化与西方文化的并存与交汇。在探索现代摄影语言的过程中，他着意于对传统美学的追求，并成功地将现代艺术语言与中国美学传统的精髓融合起来，创造出一种既有民族特色、又与当代世界文化之主流相衔接的摄影风格。

例 2，前苏联作家罗斯托茨基导演的电影《这里的黎明静悄悄》讲的是在卫国战争时期，发生在苏联某地的一支主要由 5 位姑娘组成的游击小分队，深入敌后与德寇展开了殊死的搏斗，最后全部壮烈牺牲的故事。这个故事不仅教育了苏联人民，也深深地打动了中国人民的心，因为它反映的不仅是苏联人民不畏强暴的英雄主义气概，更重要的是它反映出人类对于不义战争的憎恨和对世界和平、对真善美的强烈追求。

例 3，1995 年 7 月在法国举办的第五届国际青年电视节上，由北京广播学院电视系 93 级研究生何苏六拍摄的电视纪录片《母亲，别无选择》荣获大奖。评委会主席左勒阿先生在评委一致赞同把本届电视节大奖授予该片后，说：“如同电视片片名，我们评委也别无选择”。

一部仅有 10 分钟的，反映一位中国母亲和她的患有孤独症的儿子之间的真情实意的片子，何以能够打动外国评委的心？关键在于作者选择了“对美好生活的执著追求的人类共有的爱的主题”。[①]这个“爱心主题”在片中表现在三个方面，一是，母亲对儿子的亲情之爱（为了使患有孤独症的儿子能获得基本的生存和生活能力，母亲辞去了高校教师的职务）；二是，一个成熟的女性对患有孤独症的其他儿童怀有深切的爱和崇高的责任感（她只身来到北京历尽艰辛，创办了中国大陆第一家孤独症儿童培训班）；三是，明知处于永远无法摆脱的困境（孤独症很难医治），但是为了追求美好的生活，她依旧顽强地挣扎拼搏。

这部电视纪录片，用生动的电视画面把“爱”——这个国际语言中的重要“词汇”具象化，使不同肤色的人都能从中透视出积淀于人类心灵深处的共同的美好的东西。若想做到这一点，传者要善于以媒介工具为“窗口来观察、思考体验他人生存的方式”，[②] 还特别应当把自己的思考和创作的第一起点放置于对人的关怀和呵护上，而不是为写作而写作。

（二）媒介信息应当反映出本民族的特点

从集体无意识的理论看，民族特点属于该理论的第二个层面。即在漫长的历史演变中，独特的地理和社会环境，与某一民族种系的特点相互作用的结果积淀于该群体的集体无意识之中，再经外化则表现出该民族自己的个性，即民族性。例如：“中国人追求和谐、平衡，美国人喜欢创新、历险，德国人长于逻辑推理，法国人善于表露情感，日本人团队精神强，英国人比较刻板等。此外，由于宗教的历史的原因，阿拉伯人、犹太人，及一些少数民族，均具有十分强烈的民族特征……”。[③] 由于民族特点的不同，这就要求我们的宣传有针对性，尤其是对外宣传更应当

---

① 何苏六，刘敬东《以爱和美的心境走向客体》，《现代传播——北京广播学院学报·人文版》，1995年第6期，第43页。

② 孙湘源《获奖电视片“母亲，别无选择”观摩汇报会综述》，《现代传播——北京广播学院学报·人文版》，1995年第6期，第41页。

③ 张国良《传播学原理》第188页，复旦大学出版社，1995年12月。

注意接收国本国人民的心理特点、语言习惯、风土人情等。

有研究者就新华社和美联社的新闻思维进行了对比。[①] 看起来被对比的是中国记者和美国记者在新闻写作中表现出的不同的思维方式，其实质却反映出了中美两国（或东西方）人的不同的思维方式。而思维又是人的认知活动的核心，所以这种对比在某种程度上折射出中美两国（或东西方）人在集体无意识上的差别。

文章指出，新华社是以“天人合一”为思维主线，而美联社则以“天人分裂”为其认知结构。新华社所继承的是东方人“天人合一”的观点，它追求的是一种整体的和谐，是人与自然的融合，是一种“同”。它富于理性，伦理意味强，追求完满、团圆与平和，并且与“德”紧密相联。而美联社记者所继承的是“天人分裂”，即“天——上帝，与人是分立的”。其核心思想是表现对个体生命的沉酣和放纵，突出个人的存在，富于非理性，情感意味强，追求狂热、神秘和刺激。

不同的新闻思维导致了不同的写作方式。比如：报道天灾人祸，美联社记者非常注重对灾难所造成的悲剧进行细致的描摹，他们用大量笔墨赤裸裸地表现出灾难对人的摧残，并直接描写出人的巨大痛苦和悲惨境地以及最终被毁灭的命运。而新华社记者对于同类型灾难的报道，却习惯于“哀而不伤”，“悲而不馁”，他们虽然并不掩饰人的悲剧处境，但其着眼点、着力点却放在反映灾难中的人的不屈不挠的精神，并用人的“战天斗地”去消解事件的悲剧性质，实现一种“事实的悲”向“精神的乐”的转换。

可见，我们能从新闻作品当中，看出中西方不同民族在集体

① 李楠《历史的追寻、文化的沉思——新华社与美联社新闻写作的比较》，《现代传播——北京广播学院学报·人文版》，1996 年第 6 期，第 48 页。

无意识上的差异。新闻作品折射着一个国家、一个时代的价值标准和文化传统，新闻奖的获奖作品更代表着某个社会主流的价值观、文化观。作为美国新闻最高奖和中国综合性新闻最高奖，普利策新闻奖和中国新闻奖集中体现了中西方的传媒伦理和传媒文化。有研究者对 1999 年评出的第九届中国新闻奖（特别奖、一等奖的文字类奖项）和第 83 届普利策新闻奖（文字类）获奖作品作了比较。

在传媒对报道题材的选择上，西方人强调冲突、多样纷呈的民族特点表现在普利策新闻奖坚持以揭露性报道为传统。据统计，从 1917 年至 90 年代，揭露性报道占获奖报道的 40%。具体到第 83 届获奖作品，11 篇文字类作品中有 5 篇为负面报道，比例为 45.5%，而第九届中国新闻奖一等奖的 17 篇文字作品中，负面报道为 4 篇，比例是 23.5%。在中国人追求和谐、相对集中的传统文化背景下，中国传媒坚持“以正面报道为主”，用积极的方式鼓励受众；而西方传媒在强调冲突与对抗的民族性格支使下，更多地用凶杀、暴力等强感官刺激揭露社会的阴暗。

另外，中国人的价值观将新闻报道置身于国计民生、国富民强、国之安定等以“国”为主、以“国”为重的政治伦理判断之中。长期以来，“家国同构”的社会结构使传媒习惯于用同一的视角关注同一重大问题，对国之重要便是对家之重要，政治意义之重大便是新闻价值之重大。几乎每一届中国新闻奖都集中在当年的某一宣传热点、国家大事之中，重要性与政治性呈现出某种天然的联系。与此相对应的，西方人注重“个体”的价值观决定了传媒眼中的“重大”多以个体为视点，聚焦于人的生存环境和生存状态，对个体之重要便是对国家之重要。以 1979 年起设立的特稿写作奖为例，在 1979—1997 年的 19 篇获奖作品中，有 15 篇通过个例来反映社会问题，占 78.9%，而鲜有对国家政策方针、外交策略等的报道。[①]

（三）媒介信息应当反映出本地区（地域）的特点

除民族性外，在同一民族内部还有地域的差别。同是中国人，南方人、北方人的差异很鲜明；同是大城市，北京人、上海人，广东人的特点迥异。举一例说明，同是广东人，却因地理环境和社会环境的差别，造就了人们不同的认知方式，反映出不同地区人的集体无意识的不同构成。

20 世纪 50—80 年代，有几位心理学家到中国南方香港新地的一个偏远乡村和一个偏远渔村进行了实地考察，比较了客家农民和蛋家渔民不同的认知方式。[②] 发现前者属于场依存性，后者则属于场独立性。原因在于客家农民长期生活在农业社会，需要人们服从权威以利于农业的发展。在社会文化方面，客家农民是一个有阶层的家系社会，族（家）权迫使人们顺从严厉的社会制裁，久而久之，人们便习惯了依存于环境的认知方式。与之相反，蛋家渔民生活在一个比较宽容的渔业社会，在与严峻的海洋和暴风雨搏斗的环境中，人们的独立性得到了锻炼和发展，与之相适应的是比较自由的、更看重个人价值的社会环境，因而，造成了蛋家人独立性的认知方式。这一事实一方面进一步证明了集体无意识的最终源泉是社会实践，另一方面也告诉传者欲沟通不同地区（域）之间人们的信息交流，调查了解被报道者的独特性是一个非常重要的前提，失去特色的泛泛报道很难反映出不同地区人们的差异，这种报道信息量少，使用价值也小。

---

① 张卓《搜索传统 走向沟通——从中国新闻奖和普利策新闻奖看中西传播的价值取向和文化选择》，《国际新闻界》，2000 年第 2 期。

② ［美］M.H. 邦德主编《中国人的心理》第 52 页，云南人民出版社，1990 年 10 月。

第三节　人格发展阶段论与大众传播

一、人格发展阶段论

（一）什么是人格发展阶段论

“人格发展阶段论”又叫“人的心理社会发展阶段理论”。提出者是新精神分析学派的代表人之一埃里克森（E.H.Erikson），他是美国儿童精神分析医生，当代精神分析理论家。

埃里克森提出的人格发展阶段论把人的一生按照生理和心理成长的过程，分为八个阶段。在每一个阶段（年龄段）里，都会出现相应的影响人格发展的主要心理矛盾和主要的影响者。他认为，如果人们能够正确地处理在每个阶段中出现的心理矛盾，其人格的发展就是健全的，反之，则会严重阻碍人格的正常发展。

埃里克森的人格发展阶段论是对弗洛伊德的人格理论的继承和发展，与弗洛伊德的理论相比：1. 埃里克森更强调“自我”（代表个人的学习和经验），而非弗洛伊德所强调的“本我”（代表生物学遗传力量）；2. 埃里克森更注重人的发展是在一个从生到死的整个生命周期中进行的，而非弗洛伊德所认为的仅靠童年期（五岁）即可基本完成；3. 埃里克森更重视家庭和社会等因素对个体进化史（或曰社会化）的影响，而非弗洛伊德所认为的儿童仅受父母之影响。

埃里克森的研究开辟了有关人的一生人格发展研究的先河，这对于人们认识自我成长的过程和指导儿童人格健康发展有着重要的理论意义和现实意义。

（二）人格发展八阶段的危机和相应的品质

埃里克森提出的人格发展八个阶段的危机和相应品质，见表4—1。

表 4—1　人格发展八个阶段的危机和相应品质①

阶段	年龄（岁）	危机	品质：积极解决危机	品质：解决危机失败	主要影响者及主要关系范围
Ⅰ 婴儿期	0－1.5	信赖对不信赖	希望	恐惧	母亲及母亲式的人物
Ⅱ 童年期	1.5－3	自律对羞愧与怀疑	自我控制与意志	自我怀疑	双亲
Ⅲ 学前期	3－6	创新对内疚	生活指向和目的	无价值感	基本家庭成员
Ⅳ 学龄期	6－12	勤奋对自卑	能力	无能	邻里、学校
Ⅴ 青春期	12－18	自我同一性对角色混乱	忠诚	不确定感	同伙集团内外领袖典型
Ⅵ 成年早期	18－25	亲密对孤独	爱	泛爱	友谊、性爱、竞争与合作中的伙伴
Ⅶ 成年中期	25－65	关心下一代对自我关注	关心他人	自私自利	劳动分工和共管家务
Ⅷ 老年期	65－死	自我完善对失望	智慧	失望和无意义感	"人类的""我这一类的"

表中的"危机"表示在某个年龄段中，个体出现的主要心理矛盾；"品质"则指当心理矛盾解决时或者未能解决时出现的心理品质，这种心理品质对个体社会化进程起推动或制约作用。

（三）对人格发展阶段论的评价

1. 局限性。

埃里克森的人格发展阶段论有其历史的和理论的局限性，表现在：（1）该理论的基调依然保持着弗洛伊德学说中的生物学化的观点，如认为人的行为模式决定于先天的潜能，生物因素决定

---

①　参看陈仲庚、张雨新《人格心理学》第 213 页，辽宁人民出版社，1986 年 9 月。

社会因素等；(2) 该理论没有把人的社会实践活动摄入自己的视野，尽管他强调了社会环境、家庭教育对个人成长的制约性，然而这仅是一种“个人——社会二因次发展平行论”，在他看来“个人生长和社会发展之间”只是“一种机械的形而上学的平列关系”，① 即个体的成长与参与社会实践无直接关系，同时社会制度对个人的影响也只有象征性意义；(3) 该理论有主观臆想的成份，如婴儿期（0－1岁），个体还没有自我意识，怎么会产生对他人的信赖或不信赖感？

2. 发展性。

(1) 埃里克森的人格发展阶段论强调人的社会化需要毕生才能完成，而没有停留在弗洛伊德把人格发展局限于童年期的思想，这的确是一个进步；(2) 埃里克森的发展渐成说强调人在发展中自我与其社会环境的相互影响，认为人在发展中形成了兼具生物的、心理的和社会的三个方面因素构成的统一体，当个体处理好这三个方面的关系时，就可以推动人的社会化的进程；(3) 该理论在教育实践中具有重要意义，埃里克森积极主张在整个发展阶段中都重视家庭、社会对儿童和青少年的教育作用，应当说这是很有见地的。

需要指出的是：埃里克森的人格发展阶段论的划分及其具体内容并不一定完全符合我国国情，尽管如此，这个理论的主要思想、基本框架及所提出的心理矛盾，对我们研究本国人的成长和对子女的教育都是有借鉴意义的。

二、人格发展阶段论与大众传播

（一）节目定位的心理依据

广播影视节目的定位有许多依据，首先是政治的、教育的，

① 参看车文博《弗洛伊德主义论评》第1070页，吉林教育出版社，1992年6月。

还应当有心理方面的。而埃里克森关于人格发展阶段论则可以作为广播影视节目在心理上定位的一个重要依据，这种依据主要表现在两个方面，一是广播影视节目在受者年龄上的定位，另一个是在内容上的定位。

1. 广播影视节目在受者年龄上的定位。

广播影视节目的总体效果构成了影响人的社会化的一个重要的社会环境因素。随着信息化时代的逼近，由媒体构筑的拷贝世界对于人类的影响将愈加强烈和深刻。根据埃里克森关于人格发展阶段论的思想，人的一生都在实现社会化，那么作为影响人们社会化的重要因素之一——广播影视节目的内容就需要关照人成长的每一个年龄段。从目前我国广播影视节目的现状看，应当说基本上能够涵盖人从出生到老死的每一个发展阶段中所需要的主要信息，如果再把报刊、书籍、音像制品及各种新媒体都包括进来，那么这种涵盖就更加全面。现在的问题是，我们的广播影视工作者对节目受众的年龄定位问题是否有清醒的认识。现以2004年第31期《北京广播电视报》所刊登的中央电视台、北京电视台、中国教育台等25个频道的节目为例，比照埃里克森的人格发展阶段论中提出的八个年龄段来看我们的影视节目在受众年龄层次上定位的情况。

表4－2　影视节目与人格发展阶段的对应关系

人格发展阶段	年龄（岁）	影视节目
Ⅰ 婴儿期	0－1	无
Ⅱ 童年期	1－3	动画片、七色光、大风车
Ⅲ 学前期	4－5	动画片、学前节目、少儿节目、七色光、大风车、儿童电视剧、东方儿童、小神龙俱乐部、芝麻开门、七巧板

Ⅳ 学龄期	6－11	少儿节目、七色光、大风车、儿童电视剧、动画片、少年体校、芝麻开门、七巧板、东方儿童、科学总动员、成长在线、希望—英语杂志、银河剧场、小学英语同步课堂、小学生日常行为规范
Ⅴ 青春期	12－20	儿童电视剧、SK状元榜、爱国主义题材影视节目、少年体校、天籁村、英语教学节目、家庭教育论坛、留学ABC、成长在线、银河剧场、神奇之窗、异想天开、金苹果、青春流线
Ⅵ 成年早期	20－24	全国大学生机器人电视大赛、天籁村、留学ABC、希望—英语杂志、金苹果、青春流线
Ⅶ 成年中期	25－65	大量节目
Ⅷ 老年期	65－死	夕阳红、老年保健类节目

说明：（1）节目有交叉性，如动画片适合从童年期到学龄期，当然大人有的也爱看；

（2）适合成年人看的节目量最大，不一一列入表内。

从表中看存在的问题有：

A. 节目缺失。表现在：a，婴儿期0—1岁为空白，b，与童年期、青春期和成年早期（后两者主要指高中生和大学生）相对应的节目较少；B. 分化不清。有的节目如七色光、大风车、少儿节目等，似乎适宜面较大，从3岁到15岁左右，但是横跨三个年龄段的节目其针对性弱，看的人不少，感兴趣者有限。

2. 广播影视节目在内容上的定位。

广播影视节目在内容上的定位也是一个很复杂的问题。既要政治性强又要有趣味，让老百姓喜闻乐见并非易事，在这里我们着重从心理角度上分析，即我们的广播影视节目怎样有利于受者的社会化。

按照埃里克森的观点，人成长的每一个阶段里，都存在着相应的主要的心理矛盾，广播影视节目应当反映这些心理矛盾并引导受者正确处理。比如，埃里克森认为处在青春期的青年人，其主要的心理矛盾是“自我同一性对角色混乱”。所谓“同一性”是指个体经过对自己各种形象的综合并与他人对比后产生的对自己的过去、现在和将来的内在相同的连续之感。这种感觉是个体全面正确认知自我的反映，这种认识能帮助青年健康成长，而做不到这一点的青年则表现出角色的混乱——不能正确地认识自我和他人。角色混乱主要表现在七个方面：（1）时间前景对时间混乱；（2）自我确定对冷漠无情；（3）角色试验对消极同一性；（4）成就预测对工作瘫痪；（5）性别同一性对性别混乱；（6）领导的两极分化对权威混乱；（7）思想的两极分化对观念的混乱。① 这七种角色混乱会导致心理障碍。据统计，目前我国的高中生和大学生中 30%左右的人有不同程度的心理障碍。帮助青少年解除心理困惑，正确认识自我，无疑也是我国媒体应承担的责任。在这方面我们已经做了一些努力，如“五个一工程”里的许多影视节目对青少年树立正确的人生观、价值观产生了积极的影响，但是这与从心理角度入手帮助青少年摆脱困境还不完全是一回事。为了引导青少年身心健康成长，传者应从理论上认识这个问题的重要性，从实践上了解青年人的心理危机，才有可能在广播影视节目中有意识地增添这类内容，这就为我们的节目制作者们提出了一个再学习的任务。

（二）影视节目内容的定级

按照埃里克森的观点，在人格发展的每个阶段都有主要的影响者。在埃里克森所处的时代里，他绝对想不到电子媒体对人们社会化的巨大威力。伴随 21 世纪的到来，人们愈发认识到在对人的社会化影响的诸多因素中影视媒体的影响与日俱增，对于儿童则更是如此。为了尽量控制影视节目中不宜于儿童收看的内

① 车文博主编《弗洛伊德主义论评》第 1030 页，吉林教育出版社，1992 年 9 月。

容，西方一些国家采取了对影视节目分级的措施。比如美国电视界早在1969年就已经采取了分级制度，像G级影片，一般观众都能收看，儿童若看PG级则需父母指导。R级包括暴力内容，限制青少年收看。后来鉴于电视中暴力、凶杀、色情节目对青少年的毒害，美国电视界终于出台了所有电视节目按内容分级的措施。自1997年1月起，除新闻和体育报道外，其它电视节目均照此规定办理。

“新推出的这套办法按照不同年龄把节目分成6个等级”。自1997年年初起，“美国所有电视屏幕的左上角将显示正在播放的节目的级别……具体地讲，Y极表示适合所有发育阶段的孩子，连2岁至6岁的儿童也能收看；Y_7级适合7岁以上的儿童，节目中可能包含轻度的娱乐性的暴力，也可能有点吓人；G级适合所有年龄段的人，没有暴力和色情内容；PG级表示儿童观众需要在父母指导下收看，其中可能有粗话、有限的暴力和有性含义的语言；14级则提醒家长注意，14岁以下的孩子不宜收看；M级节目中有明显的暴力和色情内容，只适合成人收看”。[①]

目前，在我国对影视节目定级还是一个超前的课题。尽管我们的社会制度决定我们的影视节目内容主流是健康的，但是也难免有鱼目混珠者，加上从国外引进的一些片子，其中也有不少消极的东西，不宜给青少年观看，所以在一定程度上对影视节目定级还是必要的，尤其当信息高速公路开通后，对影视节目的控制就显得更有意义。2004年4月30日，国家广电总局下发了《广播影视加强和改进未成年人思想道德建设的实施方案》的通知，开始全面实施净化电视荧屏的“四大工程”：其一，“防护工程”，对节目中与健康生活方式不相容的情节、画面和语言等，要坚决删除；其二，“净化工程”，要坚决制止以色情和性为“噱头”、

① 董军《美国电视终于定了级 但争论还在继续》，《北京青年报》，1996年12月22日。

“卖点”等格调不高的影视节目……特别杜绝涉及未成年人的早恋、性行为等语言、画面和情节；其三，“建设工程”，在省级电视台和副省级城市电视台逐渐开办少儿频道；其四，“督察工程”，实时监录，“该停播的节目坚决停播，该停办的栏目坚决停办”。

思考题：

1. 分析“潜意识”的内涵。
2. 试析“意识”、“前意识”、“潜意识”三者的关系。
3. 简述潜意识与传者创作灵感的关系。
4. 简述潜意识与传者文风的关系。
5. 传者应怎样通过自己的作品引发受者的潜意识经验？
6. 分析“集体无意识”的内涵。
7. 媒体信息应当怎样表现集体无意识的五个层次？
8. 简介埃里克森人格发展阶段论的具体内容。
9. 谈谈你对广播影视节目以埃里克森人格发展阶段论为依据进行年龄和内容定位的认识。

第五章　人本主义与大众传播

第一节　精神文明的一个理论渊源

大众传播要为推动两个文明——物质文明和精神文明服务。面对“一手硬一手软”的现状，加强对精神文明的宣传显得更加重要。精神文明并非一国之专利，而是人类的一种追求，因为它是人类进步的一个重要标志。我国的精神文明建设虽然有着鲜明的社会主义性质，但文化是人类精神文明的一个组成部分，同样也会受到中国和西方文明史的影响。西方心理学的产生和发展为人类精神文明增添了一份宝贵的财富，因为它是对人类心灵秘密的探索，是对人类潜能的开拓。在派别林立的西方心理学的各种理论中，独树一帜的人本主义心理学与精神文明的联系更加密切。精神文明建设实质上突出的是人在宇宙中的主体地位和人的社会属性。当物质文明日益凸现时，容易出现人的异化现象。而人本主义心理学大旗上赫然写着的正是：人的尊严、人的价值和人的潜能。尽管时代不同，国情有别，但是从精神文明发展的方向看，人本主义心理学所张扬的人本主义思想不失为人类当代精神文明的一个理论渊源。

一、关于人本主义心理学

人本主义心理学又称现象学的心理学，是在 20 世纪 50 - 60 年代在美国兴起的一个新学派。该学派是西方心理学史上一次重大的变革，它对第一势力的行为主义和第二势力的精神分析做了深刻批判，既反对行为主义把人与动物等同，用刺激——反应公式取代人的内在心理历程的研究，从而陷入机械主义和环境决定论，又反对精神分析理论把精神病人与正常人相等同，以潜意识中本我的力量取代自我与环境的统合过程，从而陷入生物还原论和悲观论，因而人本主义心理学被西方称为心理学发展中的“第三势力”。

人本主义心理学以健康的机能健全的人作为研究对象，它所关注的是人的尊严、价值、创造力、潜能和自我实现。

人本主义的代表人物有马斯洛（Maslow，A.H）、奥尔波特（Allport，G.W）和罗杰斯（Rogers，C.R）等，其中马斯洛因提出人的动机理论（即需要层次论）而闻名于世。马斯洛的动机理论是以他对人类基本需要的理解为依据的。他把人类纷繁复杂的需要用比较直观、明了、易为人们接受的方式表述出来，由下而上呈阶梯和宝塔型，依次为：人的生理的需要、安全的需要、爱和归属的需要、尊重的需要自我实现的需要（马斯洛后来曾在自我实现需要前增加了认知的需要和审美的需要）。

马斯洛的动机理论把人类对自身潜能及价值的注重和追求作为人的成长和发展的目标，把人的社会化进程与人的需要从低级到高级渐次发展的过程联系起来，表明个性越成熟、越丰富，其需要就越高级，同时这一理论把人的物质性需要与其精神性需要的依存关系表达得很清楚，即精神需要是在人的一定的物质需要得到满足后的更高层次的需求。这说明，当物质文明达到一定的高度时，必须强化精神文明，才能使人的两种需求得到和谐、平衡的发展。这从理论上说明，在现代化进程中，强化精神文明建设的必要性。另外，马斯洛的动机理论“是对现代社会繁荣中的贫困所做的一种挑战①”。在西方社会如美国，工业的发展所带来的噪音、污染、色情、暴力、性病、人际冷漠等问题，造成了

---

① 沙莲香《社会心理学》第 189 页，中国人民大学出版社，1992 年 4 月。

人的生存价值、劳动价值、创造价值、自我实现价值的被损害。面对挑战，人类更加需要关注的是人的尊严、人的价值和人的自我实现。这既是二战后，人本主义理论出现在美国的重要的社会原因，同时也是对处于现代化建设中的中国人的一种启迪：从人本主义中汲取营养，在物质生活不断提高时，不忘对人的精神世界的重塑，这正是我们今天研究马斯洛的动机理论的实践意义。

当然，我们也要看到，人本主义心理学过分强调个人力量在自我实现中的作用，忽视社会发展、社会现实对个人自我实现的决定性意义，具有个人本位主义倾向。

二、关于自我实现理论

自我实现理论因其集中体现出马斯洛的人本主义思想的精华，所以在其动机理论中占据最高层次并显示出其特殊的地位。

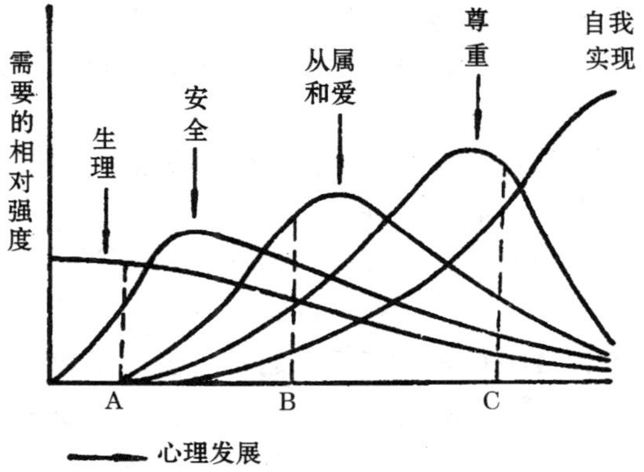

图 5—1　马斯洛的需要层次与不同阶段发展时期①

马斯洛在其《人的动机理论》一文中对“自我实现的需要”

---

① 陈仲庚、张雨新《人格心理学》第 301 页，辽宁人民出版社，1986 年 9 月。

作了这样的解释：自我实现……就是指促使人的“潜在能力得以实现的趋势。这种趋势可以说成是希望自己越来越成为所期望的人物，完成与自己的能力相称的一切事情”。①

马斯洛的自我实现理论从客观上讲，正如我国心理学界的老前辈潘菽先生所言，该学说虽也有可取之处，“但从整体看是有原则性的缺陷的”，它违背了马克思关于“人是社会关系的总和”的思想。“用个人实现的需要取代或忽视了社会实现的需要，将个人利益和自我实现高于社会利益和社会需要”②。这不仅不符合社会主义的价值体系，而且从根本上说自我实现论使人热衷于个人发展、自我成长、追求自我利益和生活质量，这种“小我”的观念会影响社会发展的速度和质量。

但是“自我实现”的提出，从微观上看，对个体还是有积极意义的。社会主义价值体系并不排除合理的个人利益和自我实现的价值，而是强调个体的自我实现应以社会利益和社会价值的实现为前提，并力求将二者有机地结合起来，以求得自我实现的完满体现。

另外，马斯洛对自我实现者的特征作了研究和归纳。他认为自我实现者应当是：能面对现实并适应社会；能正确认识自己的长处和短处并力求扬长避短；对人有强烈的同情心，有伟大的爱；有良好的人际关系；有独立性，能欣赏生活并有持续的新鲜感和高峰体验；富于哲理，善于创造；对生活乐观、称职、富有幽默感等等，这些特征对于现代人的身心健康发展和文明程度的衡量都是很有借鉴意义的。鉴于“自我发现”一词已汇入我国当代人的语言中，所以我们也可以像对弗洛伊德的“潜意识”那样，摒弃其否定人的社会性的唯心主义内核，取其作为人类的一

---

① 马斯洛等著《人的潜能和价值》第168页，林方主编，华夏出版社，1987年5月第二次印刷。

② 周冠生《需要的系统观与自我社会价值实现说》，《心理学报(京)》，1995年第3期，第278页。

种积极向上的动机之精华，将扬弃之后的“自我实现”运用于传媒中的认识主体。

人本主义强调以人为本。用句很直白的话讲就是“把人当人看”。在大众传播活动中的认识主体主要有传者、受者和采访对象等。尽管他们的社会角色不同，尽管在传播活动中传者居于操纵媒体的主导地位，但是从“人”的角度看，他们都是平等的，他们都有自己的主体意识、主体精神，他们都希望表达自我，实现自我的价值，因而不同的认识主体都应得到他人的承认和尊重。这种承认和尊重实质上是一种态度体现，它渗透于传受者相互作用的方方面面。对传者而言，它是媒介性质和服务宗旨的外化；对受者而言它是自己人格的表露。在传受者的相互影响中，体现态度比较充分、影响面也比较大的有：传者之于参与者和传者之于受者。所以本章主要从这两个方面探讨大众传播中的人本主义思想的体现，一是传者对参与者应以人为本，二是传者对受者应以人为本。

第二节　传者对参与者应以人为本

一、传者之于参与者

所谓参与者指在大众传播活动中，除传者之外所有参与传播活动的人。如采访对象、现场观众（听众）、嘉宾等。传者之于参与者的态度包括作者、艺术家深入生活，与百姓直接接触；新闻记者对采访对象；节目主持人对现场的观众（听众）和嘉宾等。其中因电子媒介的独特性（覆盖面大、同步性强），所以广播电视记者（创作者、节目主持人）在现场采访或主持（尤其是现场直播）节目，对观众的影响面最大，留下的印象也较强烈。

例如对于电视访谈节目，要明确节目以人为本的理念，第一要旨就在于要展现出人的个性，使被采访嘉宾的形象丰满起来。

换句话说，每位嘉宾都是一本书，而且各有各的精彩、各有各的味道。优秀的节目主持人就是要通过语言的交流和交锋，使嘉宾变得鲜活起来，让他们打开心扉，将自己最真实的一面呈现给观众，也就是说，要去除嘉宾的紧张情绪和作秀的成份，还原这个人物。另外，要照顾到观众的视角，不能让主持人和嘉宾自说自话。主持人必须要明确一点：自己只是观众的代言人，是代表观众来寻求一些感兴趣问题的答案的，而不是唱主角的那个人。

另外，为了让人物鲜活，访谈节目中以人为本的观念还体现在：节目不是为了塑造人，而是为了展示人。要尊重每位参与者的个体差异，不能将一种访谈模式和套路应用在每个人身上，更不能先入为主地按自己的思路、沿着一条线推动节目进展。例如，在一次《艺术人生》节目里，主持人朱军对香港影片《无间道3》的演员们的采访，人物倒是都鲜活起来了，不管是梁朝伟、刘德华还是黄秋生，都是个性凸显，展现一种个性格迥异的艺人形象。可这大部分的功劳应当说是嘉宾的个人魅力使然，与朱军的调度和驾驭关系不大。尤其是在对梁朝伟和刘德华的采访时，编导有意设计了几个问题让两个嘉宾为对方选择。结果，(按朱军的说法）两人都把最尖锐的问题替对方忽略了，然后朱军一再提问两个嘉宾想不想知道那个没提出的问题是什么。在这种情况下，以往的嘉宾一般会顺从地表示想知道，可每天都在和媒体打交道的两个“天王”却不买帐，一再坚持不想知道。朱军没办法下这个台阶，最后只好强行将问题念了出来。这多少让人有些尴尬。可见，传者应当根据嘉宾的个性设计问题，驾驭对话。当嘉宾不按常理出牌应答的时候，应当意识到：这是一个好的现象，因为有意外才会有火花，观众喜欢听到的就是一个特别的声音，往往这种意想不到会比编导预期的更精彩，应当因势利导，把话题延续下去。另外，传者与参与者之间主要是凭借口头语言和非语言（身姿、表情、语调等）符号进行信息交流，因而记者或节目主持人的提问最能直接体现出传者对参与者的态度。

随着电子媒介自身的改革和新闻队伍整体素质的提高，大多数记者和节目主持人对采访对象或现场观众、嘉宾的态度总的还是好的，其中不乏佼佼者。但是却也存在不少问题，反映出有些记者（节目主持人）缺乏人文意识，习惯于俯视自己服务的对象，损害了参与者的自尊心。现撮其要对之举例进行具体分析。

（一）审问式提问

有作者以《记者？法官?》为题，记录了一次真实采访中的问答①：

问：你叫什么名字？

答：（望问者，怔了怔）我叫×××。

问：今年多大了？

答：××岁。

问：家住哪里？

答：我家住××村××。

问：你过去是干什么的，为什么现在会干起这一行的呢？

答：因为……因为……所以……就……。

问：你当时是怎么想的，为什么要这样做？

答：我当时想……。

问：如果当时不成功或者发生意外你又做如何打算？

答：我，我当时没想这么多。

问：难道一点都没有想过？

答：这……。

问：这是不是假酒？

答：（欲辩）我们原来……。

问：（挥舞话筒）别说什么了，我只问你是不是假酒？

答：……

---

① 高陈《记者？法官?》，《现代传播——北京广播学院学报·人文社会科学版》，1994年第3期，第69页。

如果不知道这是记者在采访，人们会误以为是法官在审问。在传播活动中类似的采访问话并不罕见。在记者（主持人）冷冰冰的盘问下，在又长又黑的话筒前，采访对象被“挤压”，被问得惊恐不安。其实，记者这种审问式的提问法，伤害的不仅是镜头（话筒）前的采访对象，同样也伤害了屏幕（话筒）后的广大观众和听众。记者同法官性质不同，哪怕面对的采访对象是一个犯人，记者也应当平视对方。中央电视台《东方时空》记者温迪娅曾经去监狱采访一个犯人，她问话的“度”把握得比较适当，既尊重犯人的人格，又唤起他的良知，使犯人（包括观众）从记者的态度里体味到她对人的关注。还有《新闻调查》的出镜记者柴静在2003年非典期间，带着充分的人文关怀和职业责任感大胆进入北京人民医院隔离病区进行调查，以一种平视和对等的关切态度与非典患者进行交流，该节目播出后广受好评。再比如，央视新闻频道访谈节目《面对面》的主持人王志，无论面对哪一种层次的访谈对象，都能不卑不亢，提问真诚而不失技巧。他的提问有时表面上看来咄咄逼人，但与那些审问式的提问却有本质上的不同。在他锋芒毕露的提问中，实际是调动了采访对象的潜能，激发对方讲出真话，还原自我一个真实的情感空间。做到这种水平当然不易，需要在采访前做大量的准备工作，不过最根本的问题还在于记者（主持人）有没有尊重他人的意识和习惯。

（二）有意触及对方的痛苦点

在采访中难免遭遇被采访者内心深处的痛苦点，怎样提问才能使对方在平静的心态中自愿地讲出来，反映出创作人员的人文意识。我们有的创作人员缺乏对人的呵护和关怀，他们“过于迷恋某种时尚的手法，却又忽视了这种手法的思想精髓”。某电视台曾播出过一部反映一位女律师的片子。看得出来，作者追求纯现实的手法，完全用现场同期声组接，不加解说，甚至连必要的交代也总让人物自己说出来。尤其面临尴尬的话题，那种“掏话”、“引话”的困难、窘迫尽显无遗。这位女律师的丈夫去世，她天天都要给丈夫留下的一盆花浇水，这是联系她与丈夫之间亲情的唯一一条纽带。她在浇花时说："这花是孩子父亲留下的。"她当然回避了一个"死"字，这种含蓄人人都能理解。此时，可以由解说者予以解释，说明其丈夫是何时去世的。因为作为创作者对人物的主要身世不能不清楚。"但因为追求纯纪实，要获得同期声，于是主持人故作天真地问：'他怎么……这花是他留下的是什么意思？'从而强行让主人公再一次正视痛苦的记忆。虽然主人公接受了这一话题，但我们显然感受到电视对她的胁迫和诱惑。"① 凤凰卫视的当家花旦陈鲁豫在《鲁豫有约》节目中，提问几乎从不对邀请来的人用咄咄逼人的追问方式，也不事先设计好圈套来增加节目对嘉宾隐私的窥探率。因为她知道人们往往不愿再触及以往的创痛，即使是最终的结果否极泰来，但中间的酸楚常常会让嘉宾感到揪心的疼痛。所以在遇到一些不得不提的焦点问题时也用发自内心的真诚来感染对方，让嘉宾按照自己的方式自主地向观众展示名人光鲜生涯背后感人至深的故事。

（三）喧宾夺主

在热线电话一类的服务性节目里，主持人的作用主要是编串和组织听众提出的问题和嘉宾的解答，沟通嘉宾与听众之间的联系，达到交流信息、交流感情的目的。显然在这类节目里，嘉宾和听众是节目的主角。但有的主持人凭借"握话筒权"随意摆布嘉宾，无视听众的需求，他们把嘉宾视为"物"——制作节目的道具，而非"人"——某方面的专家。于是出现随意打断嘉宾的解答，使听众只能听到半截话，或喧宾夺主，自充专家，把嘉宾凉到一边，自己却喋喋不休地说，令听众莫名其妙，究竟谁是专家？更不能令人容忍的是：有个别主持人公然与嘉宾唱反调，误导听众。比如，在一个有关生活知识有奖抢答的热线电话节目

---

① 徐洲赤《思想的贫困》，《现代传播——北京广播学院学报·人文社会科学版》，1995年第5期，第23页。

中，有这样一些对话，大意如下：

男主持问一抢答者：做梦有没有好处？

答：我认为做梦多不太好，做恶梦睡不好觉。

嘉宾：请你听清题目，不是说做梦多好不好，而是问做梦好不好？

答：不好。

嘉宾：那就不对了，做梦对人有好处。如空腹睡觉饿了，不能半夜爬起来吃东西，在梦里美餐一顿，就可以睡好，证明做梦有好处。

男主持：当然，做梦多了，第二天昏昏沉沉影响工作。好，你答对了，可以领奖品。

这位主持人作出与嘉宾相反的结论，令嘉宾既尴尬又无奈。

还有一种喧宾夺主表现在电视编导者对现场观众，他们颠倒自己与群众的关系，以老大自居，动不动就训斥观众，有一位观众撰文描述自己在电视台的一次排练中充当老百姓的遭遇。现场有普通百姓和战士，排练唱歌以表达军民鱼水情。而现场召集排练的导演却时不时地对着话筒大喊大叫："老百姓怎么唱得有气无力？第一排的还东张西望，成什么样子！你们还要不要上电视？不愿意就站到后头去！"演播室的气氛陡然紧张起来，老百姓们一个个笔管条直地站着，扯着嗓子一遍又一遍地唱着……排练结束，饿了仨钟头，挨了一通数落，憋了一肚子气。当然这种情况并非比比皆是，然而把自己放置群众之上者并不乏见。

以上种种问题的表现形式虽然有别，但其实质就是一个，即传者对于参与者的错误态度：缺乏对人、对他人的理解和尊重。

二、参与者之于传者

对人的尊重不是单方面的，传者也是人，同样需要他人的理解和支持。在这方面参与者（在这里主要指采访对象）也有不尊重记者的表现，尤其是因有过失并可能被曝光的被采访者。例如，在1997年1月7日晚，中央电视台《焦点访谈》节目报道了发生在湖南湘潭县的一起大批古墓文化被毁的严重事件之后，有两位记者前去采访，遭到被采访者的种种刁难。这不仅反映出这些人对待批评的恶劣态度，更反映出他们对记者和记者所代表的广大人民群众的无视和无礼。遗憾的是，还有一些被视作名人的人，架子很大，记者很难找到他们，有时即使事先有约，答应接受采访，却言而无信，无端地浪费等候他的记者的时间，却不以为然。在他们眼里的记者分为两种：或者充当他们的代言人，无条件地替他们做宣传，不能写一点不利于他们的话；或者视记者为“讨厌的打搅者，恶意的挑衅者，而躲之不及”。这种所谓的名人，把媒体看作个人的代言人，无视组织和群众，因而在公众心中丢掉了人格。还有极少数坏人，对记者仗义执言不满，寻机报复记者，这就不仅是不尊重他人，而是属于侵犯人权的违法行为。

第三节　传者对受者应以人为本

传者对受者应以人为本。制作媒介信息的传播者，须明了一个原则：在大千世界无所不包的信息里，人，应当是被传播的主要对象，而人又是形形色色的，其中普通百姓又应当是被关注的重点，无论何类媒介内容应尽量做到：见物见人、见事见人、见人见思想、见思想见动因。总之，不能忘却对人的深度关怀。

一、媒介“舞台”百姓唱主角

（一）观照百姓

1. 反映最平凡的“小人物”。

自古帝王将相是媒体关注的重点。在我国，即使在解放后，因长期受极“左”路线的干扰，虽然媒介信息与日俱增，然而作为受者的主体——广大普通百姓却依旧难登媒体之“堂”。改革开放以后，随着传媒市场的逐步形成，传者卖方市场向受者买方市场转移，普通百姓的“身价”提高了。他们不仅能登堂入“室”，而且还能在媒介中“唱”主角。

近年来，越来越多的新闻媒体将报道的角度转向平民视角，由居高临下的“俯视”转向深入普通人生活的“平视”，在关注当代人生存状态时重视人文关怀，并且在这方面做了许多成功的探索，如《人民日报》华东版的《众生相》和中央电视台的名牌节目《东方时空》，新闻记者都把普通个体的生存状态作为报道主角，通过表现不同生活和工作领域里普通人的七情六欲，实现新闻“飞入寻常百姓家”的追求。《南方周末》的记者也采取“平民视角”，讲究低层体验，通过多种形式的报道对打工妹、农民、爱滋病人、被拐妇女等投注了关切。这种对平等意识的认同，对多元选择的尊重，不只适应了社会对生命个体的关怀越来越无微不至的趋向，还有效地引导了舆论，影响更为深刻、更有感染力。

在我国传媒内容的这一历史性的转变中，中央电视台《东方时空》功不可没，该节目中的《百姓故事》（原《生活空间》）栏目就专门“讲述老百姓自己的故事”。自 1993 年 11 月到 1995 年底，在《生活空间》栏目里指名道姓直接表现普通百姓中某一个体的内容（反映百姓日常生活某些侧面的内容，没有计算在内）就占了该节目总量的 46%（其中 1993 年占 46%；1994 年占 41%；1995 年占 51%），并涉及到当今中国社会近 70 种职业，有教师、演员、拍卖师、巡警、导演、护士、播音员、敲钟人、马桶工、烤鸭人、摄影师、驯犬人、船娘、守墓人、报社编辑、模特、收藏家、画家、神射手、冬泳人、小提琴手、绣花女、养蜂人、引航员、邮递员、记者、手艺人、押运员、设计师、制陶人、园艺师、教练、集邮者、矿工、登山人、捕鱼人、球迷、扳道工、打工妹、办事处主任、救生员、清洁工等等。这充分反映出社会主义媒体的宗旨：为社会主义服务，为人民服务。一年

365天，当百姓们坐在电视机前，看着屏幕上那些自己的故事的时候，在他们心中会升华出一种自信心、自豪感。他们会强烈地感受到，我们每一个人都有自己存在的价值，我们每一个人都应当珍惜生命、热爱生活。通过一幅幅真实动人的画面，他们读解到了生命的尊严。

2. 根据百姓的需要，设置媒介内容。

媒介内容设置的一个重要依据是老百姓的需要，因为失去了老百姓，就失去了媒体信息的来源者和使用者，媒介也就失去了生命。故而，媒体便十分重视对受者使用媒介的情况做调查研究。

近年来，许多电视栏目纷纷加入到电视改版的“狂潮”中来。几乎半年一小改，一年一大改，这已成为电视改革的一大热点。已经有越来越多的传者意识到，改版应从受众的角度考虑问题，了解受众的需要，依据受众心理来设置频道节目，换掉老百姓不需要的，保留他们喜爱的，尽量保持名牌节目的稳定性。

例如，中央电视台的观众联系组已于1998年升格为观众联系处，人员和设备均有增加。他们每周出一份《全国收视率调查报告》和《近期收视率简要分析》，每月出一期《观众反映及分析》，每季出一期《收视率季度报告》，年终出版《年度收视率分析报告》，并在中央电视台主办的《电视研究》上有固定的报道栏目“近期收视率排名”，收视率数据已成为节目改革不可或缺的“指挥棒”。过去凭拍脑袋决策的节目组负责人，现在也开始重视研究收视率调查数据。一个节目改革之前，也主动邀请受众和调研者参加研讨，帮助出谋划策。

2003年5月1日，中央电视台成立新闻频道。随之，央视一套一改延续8年之久的“以新闻为主的综合频道”的节目定位和编排模式，重新调整为“综合频道”。新的改版方案参考了2002年度中央电视台节目综合评价结果、栏目收视率、满意度等多项数据，结合对观众收视心理和收视行为的调查研究，对第一套节目进行了大规模的整合重组。在改版中，重点考虑到了观众的收视习惯，对一套节目主流收视群体的收视行为进行了研究分析，在时段的划分、节目类型的选择、栏目之间的衔接等方面都充分考虑了观众的收视习惯。例如对第一套节目进行了大规模调整，栏目数量由原来的58个缩减为43个，实现栏目的一周横向打通编排，使不同时段的目标观众更加明确。以往经常收看中央电视台第一套节目的观众会有这样一个感受：很多栏目一周只播出一次，有些甚至两至三周才能看到一次，播出规律难以掌握，给收看带来不便。此次改版对一套原有的各类专栏节目进行了重点整合：十余个栏目分流到专业频道播出；部分题材相似、风格相近、有固定收视群体的栏目被合并同类项后重新推出；大部分栏目的重播被取消；同时根据频道新的定位还引进了《天天快乐》、《走遍中国》、《讲述》等新栏目。这样使得栏目数量大幅度压缩，大部分栏目得以打通播出，收到良好的收视效果。

可见，电视节目改版应该体现以人为本。改版并不是目的，而是必要调整的手段，重要的是适应收视需要。在了解大多数观众需求同时，应当努力把握不同层次的观众的一般需求和特殊需求，在此基础之上对节目进行相应的调整。

3. 根据百姓的利益选择热点、焦点。

所谓热点、焦点问题是指“在一段时间内普遍受到社会关注的问题。”① 媒介的兴奋点应是与百姓息息相关的事件。2003年3月28日，中共中央政治局要求新闻报道要实现“三贴近”，这就是“贴近实际、贴近群众、贴近生活”。“三贴近”原则充分体现了新闻报道要将视线聚焦于与百姓生活密切相关的热点、焦点问题上。此外，中央政治局还专题研究进一步“改进会议和领导同志活动新闻报道”，要求新闻报道的重点要从领导人的活动转移到群众关注的事务上来。这几年来首都各主要媒体都十分重视

---

① 本部分参看徐占焜《热点报道艺术——我国改革的一般热潮》。

抓热点、焦点问题，这充分反映出我国媒体贴近实际、贴近生活、贴近百姓与人民群众同呼吸共命运的强烈意识。

表 5—1　首都主要媒体设置热点焦点栏目一览表

单位	开设栏目时间	栏目	反映内容(举一例说明)
新华社新闻周刊《瞭望》	1994 年 1 月	《热点观察》	题目《千里国道行车难》(1995 年第 19 期)反映国道上乱设关卡的现象。
中央电视台(2 频道)	1994 年 4 月	《焦点访谈》	题目《沉重的棉花》(1994 年 6 月 19 日)反映兰考县棉花掺假案的问题。
光明日报	1995 年 1 月	《每月聚焦》	题目《黑米专家陷于困境》(1995 年 2 月)反映黑米专家吕鸿斌抢救、选育成优质黑米，然而全家人的生活和科研经费陷入困境的事情。
中央人民广播电台	1994 年 10 月	《新闻纵横》	题目《北京市治理白色污染的新举措》(1997 年 6 月 16 日)反映北京市决定回收废塑料餐盒和使用可被分解的新型塑料的新举措。
人民日报《经济生活版》	1995 年	《热点透析》又名《热点透视》《热点追踪》	题目《创名牌，国企展雄风》(1997 年 4 月 15 日)反映国企改革的一条出路。
中国青年报	1995 年 1 月	《冰点》	题目《桥下人家》(1995 年 12 月 26 日)反映下岗女工杨子的家庭生活。

在为百姓利益服务方面，江苏广播电视总台城市频道的《南京零距离》是个典型栏目。该栏目的内容主要都是从群众日常生活中采制而来的新闻，反映群众的生存状况、生存空间，关注群众的冷暖痛痒、喜怒哀乐，其新闻强调贴近性、亲和力，追求内容的百姓视角，大量报道市民消费投诉、生活服务资讯，建立信息网络、充分发动群众提供新闻线索，听取观众对社会事件的意见。自 2002 年开播后的一年多时间里，最高点收视率曾达到

17.7%。

《南京零距离》之所以能取得如此的成绩，是因为这个栏目改变了新闻信息的主要关注点，实现了新闻关注点的人本主义的回归。在过去，所谓的社会新闻，包括奇闻趣事、民事纠纷、交通火灾等，都被看作是不入新闻大雅之堂的，往往只能在新闻栏目的结尾部分看到数量很少的几条。而现在，这样的新闻已经成为了新闻节目的主体——真正关注民生，服务公众，反映民意，报道民情。

老百姓是媒介最广大的受众，新闻媒体必须认清这个事实，让流动在城镇每个角落的人成为报道中的主角，以他们的视角来观察周遭人事。新闻报道只有反映民情、民意、民声，紧抓百姓关注的热点、难点，真切地了解百胜的需要，才能在媒介竞争中立于不败之地。

（二）关怀百姓

马斯洛的需要层次论的意义在于他的人文精神观照的是人的最基本的需要。他强调指出，高层次的需要（指精神需要）建立在基础性需要（指生存需要）之上。虽然我们今天对百姓生活的关怀与马斯洛的关注人的基本需要的内涵不能相提并论，但是马斯洛对于人的各种需要内容的概括有一定的科学性，并得到了人们的共识，因而我们可以借用马斯洛对需要层次的归纳方法来审视我们的媒介在关怀百姓方面的情况。由于媒体多、信息量大，所以仅以《北京青年报》、《北京晚报》和中央电视台《实话实说》节目在1995年和1997年的部分报道为例加以说明。

表 5—2 媒体内容与百姓需要

	百姓需要	媒体内容（1996—1997 部分节目）
生存需要	生理的需要（衣食住行）	△城镇居民最低生活保障制度建立：《“绿卡”颁发四月 百姓初享安康》（《北京青年报》1996 年 11 月 17 日） △市政府及一些区县和北京一些机构通过热线电话及时为百姓排忧解难：《百姓热线解燃眉之急》（《北京晚报》1996 年 7 月 14 日） △老百姓的“米袋子、菜篮子”工程：《老百姓重新“认门”“公家菜”又回来了》（《北京青年报》1996 年 12 月 2 日） △关注公厕：《各界人士关注公厕文化展》（《北京晚报》1997 年 6 月 9 日） △消费者利益问题：《想当“上帝”不容易》（《北京晚报》1997 年 4 月 14 日）
	安全的需要	△交通安全：《接送孩子有何良策》（《北京青年报》1996 年 11 月 22 日） △有关严打方面：《给人民以安全感 给生活以安全感 给社会以依靠感 北京严打刑事犯罪》（《北京青年报》1996 年 4 月 30 日） △有关健康问题：《为什么吸烟》（中央电视台《实话实说》节目，1996 年 5 月 12 日）
	爱和归属的需要	△母子之情：《病榻前的母子情》（《北京晚报》1997 年 5 月 9 日） △夫妻之情：《夫妻是否需要一米线》（中央电视台《实话实说》节目，1996 年 11 月 3 日） △同胞之情：《“爱心热线”向读者汇报 再谱真情曲》（《北京青年报》1996 年 5 月 30 日） 《让我们为涌动的爱心喝彩》（《北京青年报》1996 年 11 月 24 日）

较高层次需要	尊重的需要	△《学会关心》(中央电视台《实话实说》节目 1996 年 10 月 6 日) △《用生命书写——读<我在北京打工>》(《北京晚报》1997 年 3 月 31 日)
	求知的需要	△《北京城里人们在读书 公众调查》(《北京青年报》1995 年 1 月 18 日) △《北京大地爱潮涌动——北京实施“希望工程纪实”》(《北京青年报》1996 年 12 月 19 日) △《孩子与游戏》(中央电视台《实话实说》节目 1996 年 5 月 19 日)
	审美的需要	△《林莽:诗歌要追求独立的人格精神》(《北京青年报》1997 年 4 月 28 日) △《高龄大师著作升值》(《北京青年报》1997 年 6 月 14 日) △《该不该减肥》(中央电视台《实话实说》节目 1996 年 6 月 23 日)
最高层次的需要	自我实现的需要	△《你需要“心理咨询”》(《北京青年报》1997 年 3 月 20 日) △《在“心语热线”的这一端》(《北京青年报》1996 年 3 月 28 日) △《热爱生命》(中央电视台《实话实说》节目 1996 年 8 月 18 日) △《<北京您早>“今天我上镜”好评如潮》(《北京青年报》1994 年 11 月 24 日)

关怀百姓不仅表现在媒体内容与人民群众的普遍需求紧密相联，而且还表现在传者通过媒体对那些生计艰难者、患病无钱医治者、失学儿童、孤儿、老弱病残者等处于困境的人呼吁社会力量的帮助，在这方面媒体宣传的效果非常明显。更值得肯定的是，还有一些传者没有停留在为百姓“穿针引线、牵线搭桥”求助社会的帮助上，而是身体力行，在完成本职工作的前提下，直接参与对普通百姓的关怀。在这方面做得比较出色的是上海东方

电台，他们曾创办了“792为您解忧”节目。[1] 这个节目通过电波每天为一位或一群听众解决一个困难，送上一份温暖。而这个困难必须是本台记者花力气、亲自解决的；这份温暖是本台记者送到百姓心中的。他们的这种社会善举，透发出来的是新时代所需要的人文精神和人文关怀。他们的这种社会善举对于理顺困难群众的心绪和情感，增强他们对党和政府的信任感、亲切感、认同感，对稳定人心、稳定社会，起到了不可估量的作用。

（三）弘扬百姓

按照马斯洛的观点，每个人都有自己的潜能和内在价值。弘扬百姓就是要媒体大张旗鼓地宣传、浓墨重彩地赞扬蕴藏在亿万人民群众之中的创造力、智慧和业绩。近些年来，我国传媒在这方面做了大量工作。首先，他们千方百计给普通百姓提供展示其才华和能力的机会。比如，通过开辟“热线电话”、读者园地和召开座谈会，进行受众调查等途径及时听取受众的反馈信息；开办“今天我上镜”栏目、举办有奖抢答和征文活动；邀请观（听）众参与直播或组织“当一天记者”及联谊会等活动，加强传受者之间的相互了解和情感交流。《北京晚报》在1996年7月开辟的“我在北京打工征文”专栏在弘扬百姓方面尤为突出。他们不仅给生活在社会最底层的外地打工者以吐露心声和表现自我的机会，而且还让他们得以“著书立传”。1997年3月出版了《我在北京打工》优秀征文集，评论者认为，这“不是用笔墨写出的书，而是用生命，用心血，用甜酸苦辣咸写出的书。书中的作者是为建设北京做出贡献的外地民工，他们用自己的眼睛看人生，用自己的创造为北京增光添彩，这些在大城市底层的打工者在文章中表现出来的自尊、自重、自信的人格力量，深深教育了北京人”。

---

① 参看陈圣来《高举为民解忧的大旗》，《中国广播电视学刊》，1996年第6期，第40页。

二、媒介内容应以人为本

面对纷繁复杂千姿百态的世界景象，面对波涛汹涌瞬息万变的信息海洋，新闻报道提倡什么、宣传什么，应有一种理念作为指导。我们要树立“以人为本”的报道观念，在媒介内容中关注人的生存方式和生活环境，关爱生命，大力弘扬人道主义精神。

（一）经济报道应以人为本

在以经济建设为中心的时代，经济报道显得更加重要。然而经济报道因其报道对象的特殊性，极易出现见物不见人的问题，即报道视线仅停留于技术手段、经济效益、财富增长、建设规模、发展速度等物的层面上，忽视对未来经济发展中越来越激化的理性与非理性、人性与非人性的深刻矛盾与困境的揭示，从而造成人为物役，人的生命失去了人性的光辉。因而经济报道须注重人的命运，突显人的精神世界。在这方面已经出现了一些比较优秀的报道，中央电视台经济部推出的16集有关国有企业改革的大型电视系列节目《试点追踪》① 就是其中的代表。创作人员抓住当时国有企业改革这个经济体制改革的中心环节，探讨全社会上上下下共同关注的话题：国有企业改革的路该如何走。并采用电视这种形象化的传播手段对这个问题进行了全面深入的报道。他们“坚持见物见人，以人为本”的原则，强调从细节入手，“从点到面，以具体的矛盾冲突、具体事件的发展过程和具体人物的生活变化、思想观念的转变和感情撞击为依托，来展示国有企业改革的现实与未来，问题与出路，困难与希望。”② 他们用镜头语言描述“改革者们内心世界拥有的情感天地”，去记

---

① 参看丁怀东、姜诗明、赵赫《寻求突破——电视系列节目＜试点追踪＞创作体会》，《中国广播电视学刊》，1996年第9期，第30页。

② 参看丁怀东、姜诗明、赵赫《寻求突破——电视系列节目＜试点追踪＞创作体会》，《中国广播电视学刊》，1996年第9期，第30页。

录“改革第一线已经发生的或正在发生的最生动，最有生命力的人与事……”，他们采用对“同一主题多层次、多角度、多重事件、多个人物的主体交叉报道，重心归一，产生强烈的组合重拳效果”,① 在受者心中激起了强烈的认同和情感的共鸣。

经济报道不仅应见物见人，还应见人见思想，见思想见动因，来揭示人们行为背后的推动力量。因为经济发展既有经济活动本身的特点、规律与制约因素，同时又有着非经济方面的制约因素，这其中包含着全面而又深刻的人文原因，经济报道只有进入人性的层面，才能揭示出这种人文的原因。

在改革开放初期，《科技日报》曾发表过记者常征写的连续报道“顾惠东效应”，被专家评价为“力求从政治、经济、社会问题的结合部入手，挖掘出改革中的人们变化着的心态，使枯燥的经济问题变成了有血有肉的生活。”该连续报道透彻地分析了顾惠东——这个成功的企业家与质朴的工人之间尖锐的矛盾冲突，并从“改革开拓与传统心态的撞击中，从经济体制改革与国民性、民族惰性的漩流中，去作一些社会心理的剖析”，从“企业家的精神气质与传统习惯的反差中剖析多元变量的心理效应”，从“人格效应与商品经济冲击波的冲突透视改革者的境遇艰难，改革的心理阻力”，给人以极大的震撼和深刻的启迪。

还有一例。在许多记者大谈温州经济模式成功的种种客观原因时，《经济日报》记者詹国枢采写的《神秘的温州人》却“独具慧眼”，看到了温州人成功背后不可忽视的重要原因，是温州人的深层人文精神：善创新、敢冒险、能自立，从而使报道以厚重而深刻的人文主题，在同类题材中脱颖而出。由此可见，将经济与人联系起来，突出采写市场经济中人的活动，既能改变经济报道枯燥和缺乏亲和力的状况，又能赋予报道以更多的人文内

① 参看丁怀东、姜诗明、赵赫《寻求突破——电视系列节目＜试点追踪＞创作体会》，《中国广播电视学刊》，1996 年第 9 期，第 30 页。

涵。经济报道不重视人文因素，在很大程度上只能是“隔靴搔痒”，报道就难以深入、全面和准确，也就谈不上吸引广大受众了。

（二）人物报道应以人为本

1．表达被报道者的人文精神。

人物报道本来就是写人的，何谓“以人为本”？在这里强调的是在人物报道中应当写出主人公的人文精神：对人的热爱和关怀，对别人的理解和宽容，自觉地把个人与国家与社会的命运融为一体。

《北京青年报》1994 年 4 月 23 日刊登了一篇题为《今日如何做有钱人》的报道，讲述了在中国大地上出现的第一位有亿万资产的农民企业家张果喜的事迹。虽然他创造出了天文数字的财富，但是他欣然捐资近千万元帮助家乡建设，而自己和家人却过着十分简朴的生活。因为他的贡献，他的名字被冠于一颗新发现的小行星的“头”上。当时在这个世界里，除了美国的哈默享此殊荣外，还没有第二个人。文章引用了他最喜爱的莎士比亚的一句话来表达他的心声：“上天生下我们，是要把我们当作火炬，不是照亮自己，而是普照世界。”在张果喜身上具有那种“把一个人追求自我实现的过程转变成有益社会的巨大能量源”的现代人的素质。

李素丽当今已是家喻户晓，首先在于她的事迹感人，同时些媒体所选择的报道角度也值得称道。新华社、《人民日报》和《北京日报》三家联合采写的《岗位作奉献　真情为他人——记北京市二十一路公共汽车售票员李素丽》一文，抓住了这位平凡的售票员不平凡之处，即把真情融入服务中，在平凡的岗位上实现着自己的理想和人生的价值。“更令人敬佩的是，她并没有把自己的工作当成一种很沉重的负担，恰恰相反，她的奉献是在自己潜心营造的一种轻松而美好的氛围中实现的。”她对乘客的微笑是从心底里“流”出来的，而不是“摆”在脸上装样子的。她说的每一句话，她的每一个眼神，每一个动作都出自于对每一位乘客的尊重和爱护，无论多么不讲理的人，在她的真情面前也不得不低头。

英雄之所以是英雄，在于他们的胸怀、他们的人格。《北京晚报》记者采写的《迟到十年的证明》向我们展示了一位英雄崇高的思想境界。为救落水儿童，年仅28岁的方俊明颈椎骨骨折，造成高位截瘫。可是被救儿童的父母怕终生背上这个包袱，拒绝出具证明，致使方俊明不能够享受到本应获得的各种待遇，后又因妻子离开了他，生活陷入了困境。但是十年来，他没有向厂里诉说过生活的困难，也没有提出任何要求，而是靠每月不足200元的工资养活母亲和女儿。他凭着仅能活动的右肘勉强支撑着头部，看书读报，辅导女儿学习。十年后，当被救儿童成长为一名大学生时，才看到了有关报道，他羞愧难当。十年来，这是他们全家隐藏在心里的“秘密”，他终于醒悟了。当他正式参加工作的那天，和家人一起来到了方俊明的床前。他泪如雨下，而方俊明除了鼓励，没有说一句责怪他的话。迟到的证明拖了整整十年，而这十年，方俊明忍受了常人难以忍受的经济和精神上的巨大压力和痛苦。他身残志不残，用自己的行动体现着人的价值、人的潜能、人的博大的胸怀。

人物报道对人物人文思想的揭示来自于记者（创作者）对写作对象深刻的理解和深度的人文关照。“理解”就是“把对象看成和你一样有价值、有意义的主体。当代著名翻译家伽达默认为，理解是理解者在解释自我，在理解他人中来理解自我，这就需要有一种‘视界的融合’，即消除各种文化、历史条件等造成的隔阂，达到人际的沟通”。①

---

① 杨韵刚《后现代主义思潮与人本主义心理学》第22页，《长白学刊》（长春），1995年6月。

2．呵护英雄，善待生命。

记者、编导人员在报道英雄模范人物时有一个很重要的立脚点，就是立足于“人”，还是立足于“报道任务”？立足于前者，则会把宣传英模事迹与呵护英雄、善待其生命有机地结合在一起，使英模不因宣传而失去了正常人的生活，又使受者从一个真实的可亲可敬的人物身上学到自己所缺少的东西。而立足于后者，则会“目中无人”，唯报道是从，或有意无意地把英模当做“宣传机器”和“制造轰动效应”的法宝。尽管这些记者和编导人员的动机是好的，责任心也是强的，但是其负面效果也很明显。表现其一：英雄被神化，被捧上天，但是人的脚必须着“地”（现实生活）才能生存。这种骑虎难下的矛盾，给英模造成非常大的心理压力，甚至严重干扰了他们的正常生活。表现其二：这种宣传易使受者产生误解，似乎凡英模均“不食人间烟火”，虽可敬，但不可亲、不可信，只能敬而远之。如今，人为地拔高英模形象，制造“高、大、全”式的人物的现象虽然少了许多，但是其影响仍未绝迹。这里除了有思想方法上的问题外，还有一点，就是缺少人文意识。例如，某电视台曾报道过一位身患重病的国旗手，他们把镜头更多地对准了他高于常人的一面（热爱国旗胜过自己的生命，拖着病体到处宣传国旗，直至病故），而忽视了他作为常人的另一面（身体极度虚弱，妻子没有工作，儿子又小），在某种程度上把这位活生生的具体的人抽象为一种概念：为爱国旗而爱国旗。从记者采访中，我们看到的是，病重的他“不是想自己的儿子、妻子的将来，而是天天想国旗。就连死后，他有两个最大的心愿：一是把国旗盖在他的身上；二是把他在病重期间一直贴身佩带的国旗徽章放在他的右手，因为那是扛国旗的手，他要永远地和国旗在一起。”① 记者

---

① 戴艺《“国旗手陶维革病故”的报道引起的思考》，《中国广播电视学刊》，1996年第9期，第53页。

曾采访他的妻子，“在镜头前她含着眼泪说：‘他还是不想走的，因为他要让全国人民知道最心爱的国旗。’”① 这段话确实很感人，但英雄的行为又说明什么呢？他给观众留下的感受又是什么呢？除了对他的敬佩，还有他把爱国旗与珍惜自己的生命与爱自己的家人对立起来的不近人情。爱国旗是一种象征，其实质是爱国家、爱人民、爱亲人，包括爱自己。失去了这些爱，爱国旗的价值又是什么？如果我们的记者和编导人员设身处地地为这位国旗手想想，应当绝对卧床休息的他，超越病情的承受力，先后4次到十几个省市宣讲的后果是什么？如果我们能以常人之心去理解身患重病的他，其内心真实的痛苦：七尺男儿无力抚养儿子、照顾妻子。如果我们在宣传上适可而止，“从爱护他出发，少一点干扰。让他安心治病，多给他一份安宁。少给他一份压力、让他在这个世界上多活几天，和亲人多待些时候，”也许才29岁的他，不会走得这么早。从某种意义上看，我们的某些宣传对他的死是否在客观上起到了推波助澜的作用？

类似的报道还有对见义勇为者的宣传。大力表彰见义勇为者对于提高人们的道德素养、进行人生观教育、塑造人的灵魂起到了积极的作用。但是不能不看到，同样由于记者和编导人员缺少人文意识，从而对受者进行了误导：见义勇为者非要被打得头破血流、惨不忍睹方为英雄，而那些艺高胆大，既未受伤也没死去的见义勇为者就不算英雄，因为他们的“业绩”不突出，付出的代价不惨痛，宣传着不过“瘾”、不典型，所以就不必宣传了。这种一味“不畏强暴”的片面宣传反倒在人们的心中刻下了正不压邪的烙印。有画家用漫画的形式讽刺了这种片面性的报道。见图5—2②

① 戴艺《“国旗手陶维革病故”的报道引起的思考》，《中国广播电视学刊》，1996年第9期，第53页。

② 刊于《北京青年报》，1995年8月9日。

图 5—2　英雄不该全是这个样　　漫画/庞磊

当然这种报道毕竟还是少数，现在“真诚面对观众”、真诚面对被报道者的作品越来越多。哈尔滨某报曾刊登过这样一则消息《你忘了自己　公司不忘你　哈市“徐虎”被强制休假》，短短几百字的小文，使“我为人人，人人为我”的社会风气跃然纸上，使受者从中感受到了浓浓的人间真情。这种报道所传递的绝不仅仅是一件具体的事情，而是一种人道主义的精神，一种对人的生命的关注。

我们要纠正过去一味宣扬“勇斗”而忽视“智斗”的激烈情怀。在那些穷凶极恶的歹徒面前，对于那些手无寸铁的弱者，对于那些新芽嫩笋般的未成年人来说，盲目地提倡不顾后果的殊死搏斗，鼓励他们去作那些无谓的牺牲，无疑是非理性的，也是不人道的。河南省郑州市中原区外国语小学曾在向全校学生发出的一份倡议书中，旗帜鲜明地提出了“小学生要见义智为”的口号。《倡议书》写道：“在见义勇为的同时做到自护自救”，要“以智斗暴，以智防暴，在确保个人安全的情况下，想办法让歹徒落网，能力不及，要‘智’为”。

（三）灾难性报道应以人为本

灾难性报道主要指对战争、对自然灾害的报道。对这类报道同样也应见事见人，以人为本。我们要强调人的生命高于一切。尤其是在与特大自然灾害的较量中，人力的奋斗是英勇而顽强的，但有时又是渺小而无奈的。无论是面对肆虐的洪水，还是面对无情大火，新闻报道都要保持清醒的头脑，都要提倡以保护人的生命安全为首要选择的人道精神，都要提倡因势利导、量力而行的科学精神。洪水冲垮了堤坝，我们可以重修；大火烧毁了房屋，我们可以重建；但人的生命一旦丧失，却永远无法复活。过去我们在抗洪抢险中曾一度宣扬过的“严防死守”、“人在堤在”等口号，无疑是不科学的，也是不人道的。

“辽旅渡”七号渡船发生海难后，很多幸存者极不情愿回忆那个惊悸恐怖的时刻。中央电视台记者柴静在采访船上的二副姜××时，开口第一句话问的是：“你现在身体感觉怎样?”柴静并没有迫不及待直截了当地询问海难的有关情况，而是像一位久违的朋友，得知朋友受伤后，关切地问他此时的感受，这份爱护和同情，像春风扑面，打开了采访对象的心扉。这就是俗话说的“贴心的话，开心的锁”。柴静的第一句问话既在情理之中，又出乎一般人的意料，看似简简单单，实则体现了节目策划者的良苦用心，体现了整个栏目的人文关怀和人性化理念。

（四）广告宣传要以人为本

广告宣传要以人为本，包括广告制作者和媒体宣传者两个方面。对于前者应树立消费者第一的观点，广告词不仅有审美价值，有人情味，而且更要真实，不为伪劣产品叫好，不坑害顾客；对于后者，应把好传播关，对广告内容和播出时机的把握均应有利于消费者的权益，不应为求得一时的轰动效应而置百姓生命安全于不顾，也不能为达到一夜成名的目的，去愚弄百姓。1996 年 3 月中旬，某省的市级电视台以及当地主要的新闻媒体联合传播了一条令人震惊的广告，内容如下：“公元 1996 年 4 月 6 日中午 12 时，勇为人先即将登台亮相的××市××山庄将雇请民用飞机，准时抵××上空，沿××路飞撒大礼 8 万元……。

敬请××市市民届时翘首以待，把握‘财’机!”① 消息传开，顿时舆论哗然，反映强烈。因有市民致电政府强烈要求制止，该活动才“流产”。其实广告制作者的目的已经达到了：一夜成名、家喻户晓，可是老百姓被折腾，被愚弄。当几家媒体大肆进行“……8 万元从天而降，大家拾到都是钱，千真万确”的煽动时，该市数十万尚未脱贫的百姓当中的那些上当受骗者已准备打点行装，从百里外按时赶到××城区，以便在大路上拾些钱，贴补家用。在文明程度还不很高的百姓中，有趁机想捡点便宜者，有凑热闹欲观看者，他们都伺机以待。倘若这则广告果真兑现，给老百姓带来的将不是福，而是祸，几万人挤在一起，在交通安全方面酿成的后果将不堪设想。表面看，这则广告可能造成的惨祸避免了，但实质上它对人们心灵上所造成的“灾祸”并没有消失。凭借媒体助威、传播，它搅动了多少百姓的心，浪费了多少百姓的时间和精力，不论广告策划者和媒体宣传者的主观意图如何，他们的做法，实实在在地愚弄了百姓。

三、保护被报道者的隐私权

保护被报道者（即公民）的隐私权，是新闻记者维护他人的人格尊严的重大问题。“以人为本”的基本内涵，就是对人权的尊重和保护。第十届全国人大二次会议通过的宪法修正案，把“国家尊重和保障人权”郑重地写进了宪法，标志着我国人权保障迈上了一个新的台阶。保护人权，首先是保护人格尊严权，隐私权是公民的一项重要的人格尊严权。所谓隐私权，是指公民对与公共事务和公众利益无关的私人空间、私人活动和私人信息享有自由支配、不受公权和他人非法侵扰的权利。然而，令人遗憾的是，在新闻采访中侵犯采访对象隐私权的情形，却时有发生。

---

① 和作社《凭“空”生财是真是假　飞机撒下八万元》，《北京青年报》，1996 年。

比如：有的记者擅自闯入采访对象的私人住宅，未经允许就擅自拍摄或录像；有的记者三更半夜敲开采访对象的家门，不由分说，就把摄像镜头对准衣冠不整、睡眼惺忪的采访对象；有的记者在向采访对象提问题时，不是为了调查与公众利益相关的事实真相，而是为了打探采访对象的个人隐私甚至阴私，等等。对此，我们应当引以为戒。

某省电视台曾播出一条新闻，一所农村小学欢迎辍学两年的14岁女学生重回课堂。解说词说，这名女学生两年前不幸遭强暴，由于年幼不懂事，怀了孕也不知道，不得不生下来一个孩子，并因此辍学。新闻还没有完，记者又到了女孩的家里，拍到这个女孩和她的孩子在一起的镜头，似乎要证明报道属实，绝对不是乱编的。报道一个不幸的幼女重归课堂，似乎是有积极效果的，何况记者在这样的报道中也十分敬业。然而当事人的感觉难道可以因此而被忽略吗？一个幼女遭强暴后生下了小孩，一定要拿她重返学校来证明义务教育落实得好吗？她和她的家人是否希望被报道、报道置她的隐私和尊严于何地？

可见，我们有些记者的思想还缺乏法制观念，有人误以为只要是真实的就是可以报道的。殊不知，此类报道，越真实则对被报道者的损害就越大，以至于可能酿成家破人亡的悲剧，反而违背了报道者的初衷。因而，加强法制观念，杜绝新闻侵害隐私权行为的发生，也是新闻记者人文意识的一种体现。

四、谨防报道中“伪人本主义”误区

“以人为本”，从其核心和本质上说，也就是以“人”为中心的世界观和方法论。新闻报道工作中要贯彻“以人为本”精神，就是要把人的尊严和人的价值放在中心地位，同时要注意在新闻报道活动中，那些貌似“以人为本”，实际却远离了人文精神，最终背离了“以人为本”精神的情况。这样的例子在人物报道中时有发生。

丑女张静的新闻有段时间可谓是沸沸扬扬。因为相貌丑陋，25岁的天津女孩张静在求职的道路上步履坎坷，而且她要维持一个由4个残疾人组成的家庭，生活压力非常大。张静事件经新华社报道后在社会上引起强烈反响，天津市一家整形医院免费为她整容，帮她重新找回生活的自信。但是在她带着一个漂亮的面孔重新回到社会的时候，找工作仍然是件困难的事情，张静依然无法在社会中找到她的位置。新闻媒介对张静的炒作，使这个涉世未深的女孩丢失了自我。媒介和社会对她的过多关注，把张静捧到了一个“名人”的位置。她梦想着在整容之后，能继续保持媒介对她的关注，以“名人”身份在社会上成就一番事业。然而，在张静整容之后，她成了一个正常人，一个没有了新闻价值的普通人。媒介不再关注她，而她自己却因为文化素质不高而无法找到一份称心的工作。

追求新、奇、异的新闻媒体在把张静推到了一个很高的位置之后，却又扭头就走，使得在这个高位上的张静无所适从。张静本来在敬老院有一份还过得去的工作，可在媒体的追捧之后，张静想要追求更大的目标。但是，她的能力毕竟有限，面对理想与现实中越来越大的差距，张静只能默默地承受。通过媒介报道来关注弱势群体本是件很好的事情，但是媒介的目的应该是通过关注来帮助他们，而不是以猎奇的心理来进行炒作。媒介对张静的报道集中于她的外貌，似乎这一问题是她人生路途中的唯一障碍。然而，张静本身的健康问题、家庭的状况、个人文化素养等问题同样对她在社会中的生存有很大的影响。新闻报道为张静造了一个美好的梦——改变相貌就会改变一切。可是，现实中的种种问题却在她整容之后越发明显了。张静成了新闻炒作的牺牲品。

民工律师周立太也是此类“伪人本主义”新闻报道的受害者之一。从1996年起，周立太开始办理工伤赔偿案件，受理来自全国各地的4000余件工伤赔偿及劳动争议的案件，在民工中赢得了“周青天”的名声。通过案件诉讼，周立太首开工伤赔偿假肢更换费的先例，并推进了广东及深圳的立法。他曾代理的国内最大工伤赔偿案件，获得158万元的赔偿，从而扬名全国。新闻媒介对周立太的报道都是聚焦于他为民工所争取到的利益，媒体大量描写周立太所打赢的官司，以及他为遭受不公平待遇的民工所提供的资助和帮助。但是，媒介的报道在不知不觉中将周立太神化了，却忽略了周律师作为人的一面。作为人的周立太，律师是他谋生的职业，他为民工打官司是要谋取赖以生存的经济利益的。由于新闻报道把周立太神化了，民工无论有了什么问题都来找他，而且，从1996年至今，先后有160多名民工在通过他们打赢官司后，就再也找不到人影了。据周立太统计，这些当事人累计已拖欠律师费500万元左右。周立太说：“律师的主要收入就是代理费，而当事人的巨额欠款已给我们带来了沉重的负担，看看律师们的工资就可以知道，大多数律师从去年8月份就没有领到过工资了。”已无力招架这一切的周立太发出了这样的感叹：“我不是神，我也要吃饭。”

新闻媒体在赞扬周立太为弱势群体伸张正义的时候，进行了过度的强调，而忽略了他作为一个平常人的需求。新闻媒介为民工刻画出了一个“救世主”，而这样的救世主在日常生活中实际是不存在的。媒介形象与现实之间的差距给周立太带来了巨大的压力。最后，无奈之下，周立太只有把自己曾经帮助过的民工告上了法庭。

新闻媒体在对人物进行报道时，一定不能用放大镜来强调人的某一方面，这样的强调有一定危险性。某些新闻为了追求报道的轰动效应，会有意无意地对人物的某种特点或某一行为进行强化报道，而弱化或忽略人物的其他方面，从而形成报道的偏颇，不但会使受众形成刻板印象的认识，也会对所报道人物形成伤害。真正“以人为本”的新闻报道，应该以立体的方式看待一个人，而不是简单地突出一个人的某一方面。只有从立体、全面的角度去描述人物，才能真正体现新闻的“以人为本”。

思考题：

1. 在大众传播活动中强调以人为本有什么意义？

2. 联系实际分析记者与采访对象在相互尊重方面的经验和存在的主要问题。

3. 媒体应当怎样观照、关怀、张扬普通百姓？

4. 经济报道怎样才能以人为本？

5. 人物报道怎样才能以人为本？

6. 灾难性报道怎样才能以人为本？

7. 广告宣传怎样才能以人为本？

8. 在新闻报道中应怎样防止陷入“伪人本主义”的误区？

第六章　认知心理学与大众传播

认知心理学是在心理学自身发展的内部矛盾的基础上，受到其它学科如行为主义、格式塔心理学、现代通讯技术以及乔姆斯基的心理语言学和计算机科学的影响下发展起来的。它是一门多学科交叉渗透的产物。该学科产生于20世纪50年代中期，发展于60年代。1967年美国的心理学家奈塞（Neisser）的《认知心理学》一书的出版，标志着现代认知心理学作为心理学的一个新潮流确立了自己的地位。

认知心理学有广义、狭义之分。广义认知心理学由三部分构成：皮亚杰的发生认识论、心理主义认知心理学（新行为主义）和信息加工心理学。通常认知心理学主要指所谓狭义的认知心理学即信息加工心理学，其实质是把人看成类似于电子计算机的信息加工系统。主张用计算机来类比人的内部心理过程，认为认知就是信息加工，包括感觉输入的变换、简约、加工、存储和使用的全过程。计算机接受符号输入，进行编码，对编码输入加以决策、存储，并给出符号输出，这可以类比于人如何接受信息，如何编码和记忆，如何决策，如何变换内部认知状态，如何把这种状态编译成行为输出。

信息加工理论是由一群研究者共同创立的。其主要代表人物有：施福尔林和阿特金森（R.M.Shiffrin &R.C.Atkinson）、纽韦尔和西蒙（A.Newell &H.A.Simon）、安德生（J.R.Anderson）、卡斯（R.Case）、克拉赫尔和瓦雷斯（D.K1ahr &J.Wallace）、西格勒（R.S.Sigler）、斯登伯格（R.J.Sternberg）。

信息加工心理学借用通讯技术，用信息论概念和规律来描述人类的认知系统，把人的不可见的、内隐的认知过程类比为可观察到的外显的信息通道处理信息的过程，从而在“研究具体事件的计算机科学和研究抽象事件的心理学之间架起了一座桥梁……”。①

信息加工心理学反叛行为主义抛弃人的意识、心理的立场，转而研究人的内部心理过程，又将“心理过程回到了美国心理学之中了”②。而在此之前，在心理科学中占统治地位50年之久的行为主义则是主张对外显的、可观察的行为的研究。认知心理学把研究重点转移到了内部心理过程，主要是认知过程，如注意、知觉、表象、记忆、思维和语言等。这无疑对心理学维护并发展自己独有的研究领域起到了积极的作用。这也正是该心理学作为西方心理学界出现的一股几十年一直处于发展阶段的新潮流的原因。

但是，信息加工的认知心理学将大脑的活动完全与计算机的信息操作过程进行类比，忽视了人既具有自然属性、更具有社会属性的本质，违背了历史唯物主义的基本观点。同时，该理论因过分强调人头脑中已有的知识对当前的认知活动的作用，有可能陷入知识决定论，从而又与辩证唯物论相悖。

瑞士心理学家皮亚杰（Piaget，Jean）的发生认识论和信息加工认知心理学共同构成了当今西方心理学的主流。发生认识论是研究人类（从新生儿到科学家）的知识增长的心理机制，即所谓双向建构说（S⇌O）。认为人的认识是主客体在相互作用中通过同化于己（把外界的信息同化为主体的认知结构）和顺应于物（改变发展主体的认知结构以适应客观环境）而完成的。

皮亚杰提出的认知结构的构造理论，强调主体认知结构在认

① ［美］司马贺（H.A.Simon）：《人类的认知》序言ii，荆其诚、张厚粲译，科学出版社，1986年。

② A.R.吉尔根：《第二次世界大战以来的美国心理学》，1982年英文版，第115页。

识形成中的重要作用，并以不同水平的认知结构作为划分儿童认知发展阶段的根据。①

皮亚杰的发生认识论在解决人的认识生成过程、主体形成的认知结构及其生成条件（主客体的相互作用）和在对解开人脑认知客观事物的心理机制之途上又迈进了一步。但是他颠倒了人的客观经验与主观认知结构的因果关系，即认为主体的认知结构主要是由先天造成的，而非来源于客观实践活动，因而带有唯心主义色彩。

认知心理学是研究人类心理活动的过程的科学。作为人类心理活动的特殊形式——大众传播活动中的传受者心理活动的过程也应当属于认知心理学研究的范围。换句话说，几乎认知心理学的全部理论和知识之于大众传播中的传受者心理的研究都是有相当的解释力。因为传受者接受信息的过程就是一个信息在其头脑中的认知加工的过程。

从作为人的角度，传者和受者的大脑对客观刺激的加工过程在基本原理上是相同的，即二者在内向传播过程中所发生的生理、心理机制大同小异。只因他们在传播中的地位不同、所接受的客观刺激（传者接受的主要是感性世界，受者接受的主要是媒介世界）不同，所以二者之心理活动有着各自的特点。

本章从传播效果入手，重点探讨受者在接受媒介信息时的心理活动过程以及传者如何促使受者的认知活动朝其所设定的方向进行。

---

① 朱智贤主编《心理学大词典》第476页，北京师范大学出版社，1989年10月。

第一节　受者的认知过程及其特点

一、受者的认知过程

（一）受者认知过程的模式

受者对客观事物的认知过程与人们一般的认知过程基本一样，区别在于客观刺激专指媒介信息。受者认知过程的模式见图6－1。

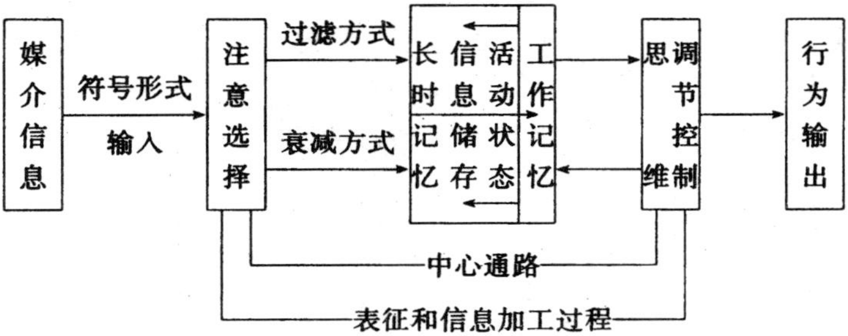

图6—1　受者认知过程模式

（二）对受者认知模式的分析

1．注意的选择。

媒介信息负载于文字、声音、图像等媒介符号并作用于受者的感官。根据主体的需要和媒介刺激的物理特性（如是否吸引人），受众从信息流中选择了少量的信息。这些被受者注意的信息以过滤方式或衰减方式进入中心通路。

所谓过滤方式是指媒介信息以“全”或“无”的形态进入人脑。比如下岗工人对有关“再就业”的报道全神贯注，而同时对其它信息（如娱乐方面的）则无觉察；而衰减方式则不同，受者在某一时刻能同时接收两种或两种以上的信息。如边听广播边翻看报纸，处于一心二用的状态，即多种信息都进入了中心通路，只不过被引起注意的（如美国大片近日公映）信息更强烈一些，而未被注意的信息则很微弱。但是无论哪种方式，在一定时间内只能有少量信息被主体加工。

2. 对信息的表征。

“在一般心理学上，表征是指将外在现实世界转化为心理事件的历程”①，“是将对象的某些特征及其相互关系以另一种对应的形式予以表现。”② 客观世界给予的是物理符号，它只有被转化为相应的心理符号时，才能作进一步的加工处理。正如西格勒所言，信息加工系统划分为表征和加工这两个过程。表征包括信息的搜集，加工过程则是在表征的基础上产生的行为，即策略的选择。

受者接收媒介信息的同时就进行着表征活动：将某种媒介符号转换为心象（表象），如某种图形，或某人、某物的形象，进而再将这些形象转化为某种比较抽象的概念，以便使更多的信息被内化和贮存。前一层次的表征叫“符号表征”，“它是人类知识的基本存在形式”③，后一种较高层次的表征为“命题表征”，即美国语言学家乔姆斯基（Chomsky）的“语言转换生成说”中的表层语言被转换成深层语言。到了这个层次，受者对媒介信息不仅接收了，而且是接受了。

传者在制作并传播媒介信息时一定要考虑到受者对之能否表征和表征得是否正确。像股市行情、计算机上网、英语电视剧、古典交响乐等对于毫不具备这方面知识的人来说是根本无法表征

---

① 张春兴《张氏心理学辞典》第555页，上海辞书出版社，1992年4月。

② 高觉敷主编《西方心理学的新发展》第85页和86页，人民教育出版社，1987年12月。

③ 高觉敷主编《西方心理学的新发展》第85页和86页，人民教育出版社，1987年12月。

(无法理解)的。另外,在社会结构和生活方式越来越细化的现代社会,许多富有强烈时代色彩的流行语也在媒体中广泛出现,像“海龟”、“北漂”、“BOBO”、“拐点”、“出位”、“无厘头”、“VIP”、“暴走族”、“黑哨”、“黄金周”、“养眼”……这些词虽然已经成为某些特定人群的通用语言,但是作为大众媒体,如果不考虑受众是否能够顺利表征,这些流行语就很有可能被误解和误用。

在新闻活动中,传者要特别注意自己传播的信息是否能被参与者或者受众顺利表征。中央电视台《焦点访谈》的主持人敬一丹有一次到山东采访农民产业协会养猪分会的会长。之前几乎什么细节都想到了,比如说采访应该在典型的环境——他的养猪场里,她还特意穿了一件《焦点访谈》很朴素的工作服。稍做准备之后,敬一丹开口了:“会长,你们这个养猪分会辐射了多少农户?”万万没想到的是,这个会长满脸迷惑看着她说:“对不起记者同志,什么叫辐射?”顿时,在场的所有摄制组的同事都停了下来,敬一丹也尴尬极了。以前她一直认为自己挺会跟农民说话的,毕竟还当过五年知青,结果这次压根儿没有想到面对一个农民,竟然把采访专家、学者、官员时的用语——“辐射”一词,直接搬到了养猪场。① 在这个例子中,“辐射”这个词对广大农民受众来说,可能无法被顺利表征,这势必将影响他们对这次新闻采访的正常认知。

3. 记忆对输入信息的影响。

“信息加工心理学认为,当给被试刺激时,他要靠头脑中的经验才能决定作出什么反应。所谓经验,包括机体的状态和记忆存储的内容。因此,刺激和被试当前的心理状态,这二者共同决

① 敬一丹《99个问号》,中国广播电视出版社,2004年1月。

定着被试作出什么反应。”① 媒介信息经受者表征后，便进入加工阶段。受者需要从自己的记忆存储结构（这种结构置于人的长时记忆）中搜寻有关内容，并将之提取到工作记忆（又叫短时记忆、操作记忆）里，使其直接参与当前的认知活动。如若在记忆库里不存在（或一时未能检索出）有关信息，那么信息加工就会受到阻碍。长时记忆中贮存的知识经验一般不以比特（bit）而以组块（chunk）为单位。每个组块是由一定量的信息按照某种序列组合而成的。记忆组块的质量和数量直接影响受者对媒介信息的加工。例如，中央电视台《东方时空》曾播过一个节目，介绍河北省鹿原市为高效率地处理交通事故，创办了由当地的交警队、保险公司和急救中心三家联合成立的“道路交通事务急救中心。”这个“中心”对受者是个新事物，他们能否理解该“中心”的含义、任务、作用，关键在于在他们的记忆库里是否贮存有关“交警大队”、“保险公司”和“急救中心”这三个记忆组块。凡具备者则容易理解，反之，则不易理解。

4．思维的调节和控制。

思维是人脑对客观事物间接、概括的反映。在信息加工过程中，人脑即“中枢加工器”，对于其它心理活动起到统领、控制、调节的作用，像注意的选择，对信息的表征和记忆活动等都要在思维的控制下进行。思维的这种调控作用，对于受者显得更为重要，尤其是在当今这个社会大变动的时代，新事物层出不穷，许多知识在课堂上学不到，或者根本来不及学。受者要想跟上形势，必须向社会学习，特别是依靠媒体信息不断充实自己。而与学生学习相比，学习媒介信息的难度更大，因为这种学习具有非循序渐进性、非群体性、学习目标不确定性及没有固定教科书等方面的问题，更重要的是缺少监督，全靠自觉，学习者容易放任

① ［美］司马贺《人类的认知》第 5 页，荆其诚、张厚粲译，科学出版社，1986 年。

自流。这便需要受者有意识地控制自己，强化对学习目标的分析和不断再现信息加工过程（反复钻研），而这些心理活动都要靠思维去控制。

5. 行为输出。

受者接受媒介信息的引导，并付诸于行动，这就是受者行为的输出。《北京青年报》曾经在2001年“五一”黄金周期间推出了系列版面，为北京人过五一长假推介一百个过节计划。这一百个过节计划都跟人们的消费密切相关，比如去什么特色餐馆，去哪儿逛商店，去哪儿旅游等等。在这里，媒体信息为人们就餐、购物、旅游等提供了丰富多样的建议和指导，许多读者就是看了这期报纸以后开始详细计划自己的节日安排，按照媒体提供的资讯，实施各种行为。

二、受者的认知特点

信息加工心理学，也可以理解为加工信息心理学。“加工”二字表明人接受信息的主动性。正因为如此，许多心理学家，都用“发现”、“读解”、“疑问”、“检测”、“内心反诘”等词语来说明人是“积极行动的问题的解决者”。

其实，受众认知的主动性仅仅反映了问题的一面——在对既定信息是否接受，怎样接受，接受多少这些方面看，受众的认知的确是主动的。但是对于受众选择信息的范围而言，认知者就被动了，因为他无法认知自己想了解但是还未被制作出来的东西。正如科恩所言：“在多数时间，报界在告诉它的读者该怎样想时可能并不成功；但它在告诉它的读者该想些什么时；却是惊人地成功。”（Cohen，1963）根据以上分析，可以对受者接受媒体时的认知过程的特点归纳如下：受者不仅是根据自己的知识经验积极行动的信息的接受者，而且也是条件的被动适应者和被操纵的对象。

（一）受者认知的主动性

受者认知的主动性（即自主性）是指："接受者通常是有选择地理解、解释和记忆讯息。"① 这一结论无论对哪种媒介都成立，例如有研究者通过实验证实，既使是看电视受者也处于主动认知状态。

1．实验证明，看电视也是一种主动认知的过程。

以往，人们似乎对阅读行为的主动性给予充分的肯定，然而却不给电视收看行为以相同的肯定。以耶鲁大学心理学教授辛格博士为代表的反应性理论（reactive theory）认为，"观看电视是一种消极被动的活动，观众的意图、计划、策略以及选择性在观看电视时很不起作用"。而以麻省大学心理学教授安德森博士为代表的主动性理论（active theory）则认为，观看电视是一种主动的认知活动，"它是观众、节目以及观看情境之间的一种主动的认知转换过程。"② 有实验者就安德森博士的理论从脑电波的变化、眼球活动的方式、左右脑的主导机制以及心理投入量的多少这四个方面比较分析了观看电视与阅读的差异，并得出这样一个结论："电视注意和非电视均享同一加工机制。"③ 这表明，受者使用电视同样也是一种主动性行为。

2．实践表明，读解是一种创造的权力。

读文学作品，每个人都在各取所需。有评论者说，文学创作是以心接物，即作家用心灵观照社会人生。而文学读解是以心接心，即读者用心灵观照作家观照过的社会人生。因个体差异，所以每个读者的心灵观照必有其独特之处，他们对同一作品的读解

---

① 丹尼斯·麦奎尔，斯文·温德尔《大众传播模式论》第 9 页，上海译文出版社，1987 年 2 月。

② ［美］J.J 博思斯、D，R 安德森著，张令振译《看电视的认知卷入程度低吗?》，《北京广播学院学报》，1991 年第 4 期，第 35 页。

③ ［美］J.J 博思斯、D，R 安德森著，张令振译《看电视的认知卷入程度低吗?》，《北京广播学院学报》，1991 年第 4 期，第 35 页。

必然会揉进个人的感受，这种感受本身就是一种创造。

读新闻作品，每个人也在各取所需，尽管人人都明白新闻是对事实的记录。并非受者有意曲解传者的意图，而是受者的思维定势使然。例如，江苏扬州市辖下的县级城市江都市于2003年打破常规，通过严格的考试，选拔市政府一把手——市长。这则新闻经新华社报道后，在全国引起强烈反响。有人认为这项举措极具创新和改革意义，有人则直言不讳指出如此打破常规是违法行为。双方就新华社所发文章中提及的“考试选拔”展开辩论，争论形成了两个观点截然相反的阵营：反对者称该举措违背宪法，根据有关法律规定，只有县级以上的地方各级人民代表大会，才有权任命或罢免同级人民政府的正职领导。也就是说，一个市的市长任免权在该市人民代表大会，除此以外的任何组织和机构均无权决定市长的任免。赞同者称新华社所发文章中用的是“考试选拔”，而不是通过考试“任命”，选拔离任命还有很大一段距离，还要经过必要的组织程序和法律程序，因此并不违法。此外，江都市这次选拔市长引入了新的考试制度，给更多人提供了公平竞争的机会，提高了“一把手”官员选拔的透明度，值得称道。

在这里，受众面对同一家信息源——新华社的报道，却引起了两种读解方式：在新华社的稿子没有对考试程序和决定任命程序作详细说明的情况下，由于受众各自所站的立场不同，对问题的理解方式不同，因此在读解时进行了再加工和再创造，出现了对同一新闻事件的不同结论。这种对新闻的诠释正是受者“创造力”的表现。

还有一种对新闻的读解，反映在受者内心的疑问或反诘，表现出受者对传者意图的“顶牛”、“反抗”。中央电视台一套《中国人口》栏目于2004年6月9日直播了一位高龄女性自然分娩的全过程，引起了许多女性受众的关注。据有关媒体报道，看完直播后，一位女大学生对记者说的第一句话就是：“看生孩子太可怕了，我以后不打算生了！”原本想推广普及分娩知识的科普节目，却让更多的未婚女性对分娩过程产生一种恐惧感。不少年轻女性受众反映，收看整个直播过程非常紧张，直到听到婴儿的哭声才放松下来。有一些女孩甚至表示，生小孩是一件很可怕的事情，如果将来结婚后丈夫同意不要小孩的话，就打算一辈子不生育。可见，这种在受众内心产生的反诘和疑问，从更深层次上表明了受众认知的主动性。

（二）受者认知的被动性

受者认知的被动性（即依赖性）是指受者认知来源和认知范围的局限性。根据“大众媒介就个人经验范围之外的事情向受众提供知识与判断，具有最直接的效果”[①] 的观点可以推导出这样的结论：媒介在使人们的感官延伸的同时，也将“我们头脑中的图像”的构成权授予了媒介。在“媒介的笼罩性、压倒性”更加突出的信息时代，这种“权力”似乎具有了“加权”的性质。正如大众传播的“议程设置”理论告诉我们的，“选择信息的范围是由传者控制的。”[②] 虽然“议题”只是人们头脑中图像的一个组成部分，但这一部分大都波及社会的热点、焦点问题，因而对受者的制约性便更加明显。这种看法不完全是思辩的产物，有研究者通过实验也证明了这一点。

在1968年美国总统选举中，麦考姆斯（Maxwell Moc-Combs）和肖（Donald Shaw）在北卡罗来那州的茄珀山市进行了有关议程设置效果的研究。“在茄珀山研究中，自变量是新闻媒介的内容（亦即媒介议程）。……为了测试议程设置的假设，麦考姆斯和肖将问卷调查中对他们开放式问题的回答与茄珀山选民在使用的九大新闻来源的内容分析结合起来。从开放式问题的

---

① 丹尼斯·麦奎尔，斯文·温德尔《大众传播模式论》第11页，上海译文出版社，1987年2月。

② 郭镇之《大众传播的议程设置功能》第1—2页。

答案中发现了与茄珀山选民有关的五大重要议题：外交政策、法律与秩序、财政政策、人权和公共福利。内容分析采用了同样分类的五个议题，检验在秋天总统竞选的3周中媒介的新闻报道。与公众议程根据选民提出的一个个问题进行百分比排序一样，同样的五个议题也根据其在各自种类的报道中所占的百分比进行了新闻议程的排序。结果发现，在公众的议程和媒介的议程中，议题的排序有很强的相关性（rho＝十 .967）”。①

其实，受者在认知上的所谓“主动性”“被动性”都是有条件的。从客观上看，受者能够认知何种媒介信息，其主动权在传者手里（受者是被动的），然而，当受者处于既有媒介信息当中，他们在主观上欲撷取什么，加工什么，内化什么，这个主动权则由受者控制（传者是被动的）。所以，受者对媒介信息的认知既主动又被动，是二者辩证的统一。在大众传播发展史中，曾先后出现过“魔弹论”、“有限效果论”及“受众中心论”等理论，它们能够反映出研究者在对大众传播活动中传者和受者地位重要性上的认知轨迹，但是它们各自对受者认知特点的归纳均带有一定的片面性。

不过，随着社会的进步和发展，人们的主体意识也在不断增强，受者认知的主动性和被动性的比例发生了变化。总的趋势是从被动性向主动性发展。有研究者曾于1992年5月和1996年4月分别围绕北京市民对大众传播的接受心理进行了抽样调查（见表6—1）。调查结果表明：“四年来，人们对大众传媒的依赖性接受心理依然很高，而自主性接受心理有一定的增长。我们认为，这种高依赖性下的自主性的提高是目前大众传媒发展的根本动因”。②

---

① 郭镇之《大众传播的议程设置功能》第1—2页。

② 本部分内容包括表6—1“受众对大众传媒的依赖性和自主性接受心理”均引自范雷《关于传媒接受心理的调查》，《民意》，1996年第5期，9—10页。

表 6—1　受众对大众传媒的依赖性和自主性接受心理

因素	项　目	调查时间	很同意	较同意	一般	较不同意	很不同意	负荷量	有效度
依赖性	一个人如果不看报、不听广播、不看电视就会有与世隔绝的感觉	1996年	66.1	24.3	5.2	3.5	0.9	0.5617	36.7%
		1992年	65.5	23.8	6.2	2.4	2.0		
	我经常与周围人谈论报刊、广播、电视中得到的消息	1996年	41.0	35.2	20.2	3.2	0.3	0.8312	
		1992年	34.8	46.4	8.6	8.2	2.0		
	当报刊、广播、电视中出现我不明白的内容时，我会向周围人询问它的意思	1996年	30.2	38.2	24.3	6.2	1.1	0.7326	
		1992年	39.0	41.8	7.2	5.6	6.4		
自主性	宣传的最主要任务是统一大家的思想认识	1996年	34.7	33.9	17.7	11.1	2.7	0.6141	17.2%
		1992年	48.5	31.9	10.8	5.6	3.2		
	当报刊、广播、电视里的观点与我不一致时，我会改变自己的看法	1996年	10.5	22.6	26.8	31.6	8.5	0.8249	
		1991年	15.2	33.1	5.9	17.4	8.4		
	当报刊、广播、电视中讨论我所关心的问题时，我会写信参加讨论	1996年	11.8	20.4	37.1	24.1	6.6	0.6927	
		1992年	9.2	15.6	8.2	29.1	27.9		

从 1992 年和 1996 年调查结果中可以看出：

1. 受众对于大众传媒的依赖性保持在较高的位置。1992 年的得分为 4.18，而 1996 年为 4.19。其分值的意义在“较依赖”与“很依赖”之间。

2. 受众对大众传媒的自主性有所提高。1992 年的得分为 2.35，而 1996 年为 2.76。其分值的意义在“较不自主”与“一般”之间。从具体项目看，同意“宣传的统一思想作用”的人比1992年减少了11.8%，表示会依赖传媒的观点而改变自己的看法的人比1992年减少了15.2%；而参与媒体讨论的人比1992年增加了7.4%，表示不参加的人则减少了26.3%。可见，目前受众对大众传媒的自主性参与较之以往有一定的提高。

第二节　受者的认知图式

一、媒介信息与受者的认知图式

（一）信息与信息量

在大众传播中，信息是传播的载体——符号的内容。信息的流动就是传播的过程。通常人们往往把信息理解为音讯、消息、通知、知识等的总称。而在通讯和控制过程中，信息又被认为是用以“消除或减少接收一方认识上的不确定性。”[①] 对于认识主体而言，信息即“冗余信息”（已知信息），它是以图式的方式贮存于脑中的。而信息量则为“非冗余信息”，对认识主体来讲，就是新信息，是暂时未被同化的信息。

信息和信息量都是客观存在的。信息、物质和能量并列构成人类所生存的环境的三大基本要素之一，而信息量则是“度量信息多少的一种物理量。”[②] 信息论的提出者申农用概率函数表示其不确定性，提出对每一事件（消息）的平均信息量的计算公式：$H=-K\sum_{i=1}^{N}Pi\cdot Logpi$（比特/每个讯息）[③]

① 李元授《新闻信息概论》第18页和第45页，武汉大学出版社，1994年6月。

② 李元授《新闻信息概论》第18页和第45页，武汉大学出版社，1994年6月。

③ 参看李元授《新闻信息概论》第46页，武汉大学出版社，1994年6月和张国良《传播学原理》第87页，复旦大学出版社，1995年12月。

其中，H：每个讯息的平均信息量；K：波尔兹曼常数；Pi：先验概率（事件出现的概率）；比特（bit）：信息单位。

该公式用文字表述为：信息量等于可能性选择的概率的对数。

（二）信息与图式

1. 图式的内涵。

图式（Schema）即模式。最早是由英国心理学家巴特利特（Bartlett）提出来的。图式理论是关于人的知识的理论。“它是关于知识是怎样被表征出来的，以及关于这种对于知识的表征如何以其特有的方式有利于知识的应用的理论。按照图式理论，所有的知识都组成为一定的单元，这种单元就是图式”。①

图式有广义和狭义之分，狭义的图式是瑞士心理学家皮亚杰发生认识论的术语。他认为，“图式是动作的结构或组织。”而广义的图式是指个体认知世界的表征结构或基本模式。“图式”这个概念常常被置换为“认知结构”、“认识结构”（认知结构是人的认识结构的泛称）、“心理结构”、“认知框架”、“心理背景”、“有色眼镜”等。例如：“图式就是认识结构或行为模式的同等概念”②，“所谓图式指一种心理结构”。③

2. 图式的种类。

图式的种类非常繁杂。由于信息的几近无限性，所以以信息来构建的图式也难以数尽，如有认知图式、人格图式、个体图式、群体图式、社会图式、角色图式、人物图式、事件图式、传者图式、受者图式以及语言材料的图式、人物姿态的图式、行为

---

① 张必隐《阅读心理学》第240页，北京师范大学出版社，1992年9月。

② 车丽萍《论皮亚杰认知学说与信息加工过程的内在一致性》，《前沿》（呼和浩特），1995年第5期，第30页。

③ 高觉敷《西方心理学的新发展》第62页，人民教育出版社，1987年2月。

动作的图式、人际关系的图式等等。其中以认知图式为最基础的图式，因而通常所说的图式也可理解为认知图式。

图式是先天和后天的“合金”。之所以说它是先天的，是因为“主体认知结构存在的物质载体就是人脑的神经生物学结构即脑实体结构。”① 之所以说它是后天的，是因为“在信息加工过程中，图式必须与外界输入信息相对照，并造出拟合最佳图式，以说明输入信息的意义”。②

（三）媒介信息与受者的图式

信息与图式的关系是客观刺激与该刺激被内化的关系。信息中未被主体内化的部分为信息量，而被主体内化的那部分就转化为图式贮存起来。信息和信息量是客观的、外在的，它们主要是大众传播学研究的对象，而内隐的、主观的认知图式则主要是大众传播心理学研究的内容。

受者的认知图式是受者对媒体信息的表征结构，是媒介信息在受众头脑中所组成的一定的单元。美国著名传播学者施拉姆曾说：“所有参与者都带有一个装得满满的生活空间——固定的和储存起来的经验——进入了这种传播关系，他们根据这些经验来解释他所得到的信号和决定怎样来回答这些信号。”③ 施氏在这里所说的“生活空间”，其实就是指人们的认知图式。再有，西方传播学里有一种理论叫“信息寻求理论”，回答处于信息冲击波中的受众是怎样寻找自己所需要的信息。“这一理论认为，受者的人生经验、自我认识及某种使用信息的生理机制，构成了‘现实的形象’，当他受到外界信息刺激后，总是把刺激与心目中

---

① 《认知结构与脑结构在主体认知加工中的作用》，人大复印资料，《心理学》，1995 年第 4 期，第 30 页。

② 高觉敷《西方心理学的新发展》第 88 页，人民教育出版社，1987 年 12 月。

③ 李彬《传播学引论》第 95 页，新华出版社，1993 年 10 月。

的形象进行比照，然后决定是认可、回避，还是加工。”① 这里所说的“现实的形象”也是指受者的认知图式，受者的认知图式包括关于媒介语言、图像、声音的图式；关于记者、编辑、节目制作者等的角色图式；关于各种传媒内容的结构、表现形式等等诸多的图式。

研究受者的认知图式的特点和大众传媒对受众认知图式激活和构建的影响，有助于提高传媒的效果和推动传媒的发展。

二、受者认知图式的特征

受者认知图式有三个特征：主观性、层次性和可塑性。

（一）主观性

主观性是指同一或同类媒介信息在不同受众个体或群体头脑中会产生不同的认知图式。个体因先天或后天的差别，群体因民族的、文化的、历史的等原因，使他们在接收同一或同类媒体信息时会表征为不同的认知图式。认知图式的差异性又分两种水平：一种是如语言学家乔姆斯基所说的深层语义上的殊异，像对同样的表述，不同人有不同的理解；另一种则属于表层语言上的差异，如不同的语言表达了相同的含意。前一种，比如漫画《听爷爷讲那过去的事情》同一种行为的表述：“爬雪山，过草地”在爷爷和小孙子的头脑中形成了内涵截然相反的图式。一个是红军二万五千里长征途中的“爬雪山过草地”，而一个则是类似于旅游景点的“爬”雪山，“过”草地，所以小孙子提出：“怎么不‘打的’去”的疑问。后一种如，有读者对报纸广告用词生僻提出意见说，在占报纸极大版面的高级公寓和各式别墅的广告中，经常出现“按揭”一类词语，但他至今弄不明白其确切含义。其实“按揭”在香港是“房地产抵押”的意思。

---

① 张国良《传播学原理》第 183 页，复旦大学出版社，1995 年 12 月。

听爷爷讲那过去的事情
选自《深圳特区报》

（二）层次性

层次性指受者认知图式按其表征事物内涵的深浅、含量的多少，由低到高逐次排列组合形成阶梯递进的网络，并以整合的认知结构的形式表现出来。这个网络可以囊括受者个体全部的知识经验。认知图式的层次性有两个特点：

其一，不同水平的认知图式呈阶梯状构建；下一个层次的图式是构成上一层次图式的基础。当相邻层次的图式出现缺失时，就会造成认知"断层"并导致认知阻滞（见图 6－2）。

图 6—2　"建设有中国特色社会主义理论"的图式层次示意图

这个图式层次（见图 6—2）表示对某种问题能否正确认识取决于认识主体对构成主图式的各次子图式的认识程度。换句话说，各级子图式在各自独立（被主体认知）又相互衔接（没有缺失）的情况下，才能产生主图式。

其二，各种层次图式的综合，就反映了图式的整合性。当受者头脑中形成的数以千万计的图式处于有序状态，即各自整合、相互包涵、相互影响，构成了一个庞大的认知网络、系统时，受众面对纷纭繁杂的媒介信息，就可以作到眼不乱、心不迷、择其要、消化之。

（三）可塑性

可塑性即可变性。受者已有的图式一旦形成，就具有相对的稳定性。但为了适应不断变化着的客观世界，受者必须扩充或深化已有的认知图式。受者认知结构的完善和发展是其认识水平的重要标志，因为新图式不仅是认识发展的产物，同时也是认识可持续发展的基础和条件。正如有心理学家指出的："每一个新的经验总是通过这个预先存在的模式而被吸收的。"改革开放后的十几年里，我国媒介的巨大发展，媒介信息的不断更新，致使受众的图式在丰富性和内涵性上均发生了前所未有的变化。层出不穷的新名词就是层出不穷的新图式的反映。从计算机网络、多媒体、数字化、股票、炒股、期货、房地产、下岗、破产、失业、保险、三资企业、合资企业、个体企业，打工族、外来妹、竞争机制、希望工程、环保意识、人造美女、审计风暴、和平崛起、节目主持人、"东方时空"、"实话实说"等具体的物（或人）的认知图式的形成，到社会主义市场经济、宏观调控、精神文明与物质文明建设、社会主义现代化的衡量标准、建设有中国特色的社会主义理论、科学发展观等，这些抽象的理论图式的构建，无不反映出受者认知图式的巨大变化，也证明了认识图式的可塑性。

第三节　受者认知图式的激活与构建

一、受者认知图式的激活与构建的意义

首先，大众传播活动的效果与受者认知图式的质量和数量密切相关。媒介传播的效果与受者认知图式的广度（容纳量）和深度（质量）直接关联。因为何种信息能成为对受者主体起作用的“刺激”，取决于受者已有的认知结构；反之受者的认知图式能否被激活、被构建、被巩固，也与媒介信息的数量和质量有关。

其次，受者认知图式只有被激活才能被启动。因长期使用媒介，受者积累了一定数量的认知图式，并形成了一定规模的认知结构网络系统。但在平时，除了当前活跃在意识范围内的认知图式外，大多数认知图式是沉入于潜意识（用记忆理论解释就是记忆库）之中的。当面对新出现的媒介信息，需要进行识别和选择时，主体须主动从潜意识里提取足够的能同化新信息的认知图式，以此来填补一时出现的认知空缺。正如美国心理学教科书中所说：“如果你读到一篇新闻报道，谈到底特律发生了流行病，卫生部的官员正在设法控制它，你可问自己一些关于这种流行病原因和结果的问题，帮助记忆”。①

遗憾的是，面对新问题，受者虽拥有某种必要的认识图式，但因“搁置”太久，一时无法将之检索并提取到意识中来，或者主体因动机方面的原因，没有主动去回忆、寻找有关图式，这就需要媒介的帮助：或提供相应线索，或激发受者动机，使媒介信息能顺利地纳入主体已有的认知图式的系列中，完成认知任务。

2002 年，一部《激情燃烧的岁月》几乎点燃了全国荧屏，

---

①　[美] 阿特金森等著，车文博审订《心理学导论》第 402—403 页，台湾晓园出版社，1994 年 6 月。

在许多电视台创下了收视率与重播次数的双高。该剧之所以引起广大观众的喜爱，很大程度上就是因为这部影片讲述的内容以及塑造的人物形象，使得许多和剧中主人公有类似生活经历和情感的受众，回忆起了自己难忘的青春岁月。这部电视剧通过提供战争岁月、军营生活、革命情感等相关线索，使观众从尘封已久的认知图式中，将过去的生活片断还原到意识状态中来，从而在娱乐与休闲的同时，获得历史的重温与灵魂的洗礼。

再有，构建新的认知图式是受者持续有效地使用媒介的必要条件。受者只有不断地构建新的认知图式，并优化其认知图式网络的质量，加大其密度，才能提高主体的认知水平，适应客观世界的飞速变化。

总之，在大众传播活动中，处于主导地位的传者，应当努力探究媒介信息怎样才能完善、深化、理顺受者的认知结构，这对于传受者得以信息共享，对于大众传媒各种功能的实现是极为有益的。

二、激活受者的认知图式

（一）激活受者认知图式的模式

传者通过媒介信息帮助受者激活其认知图式有多种途径，如增加背景介绍，增添解释性内容或综合性信息。这几个方面的心理机制相同，都是帮助受众将沉入潜意识中的认识图式提取出来，弥补一时出现的认知空缺，从而完成同化媒介信息的作用。“同化”是指受者对输入的刺激进行过滤和改造，并将之纳入主体已有的认知结构网络当中的过程。这个过程的完成表示主体对这一信息的认知和理解。如果主体的认知空缺未能被弥补上，那么信息就不能被同化，这就需要媒介通过各种方法激活受者被抑制的某种图式，使其填补认知“环链”上的缺失部分，从而完成认知任务（见图 6—3）。在认知网络中的某种空缺被填充的瞬间，认识主体往往会出现茅塞顿开、豁然开朗的心理感受。

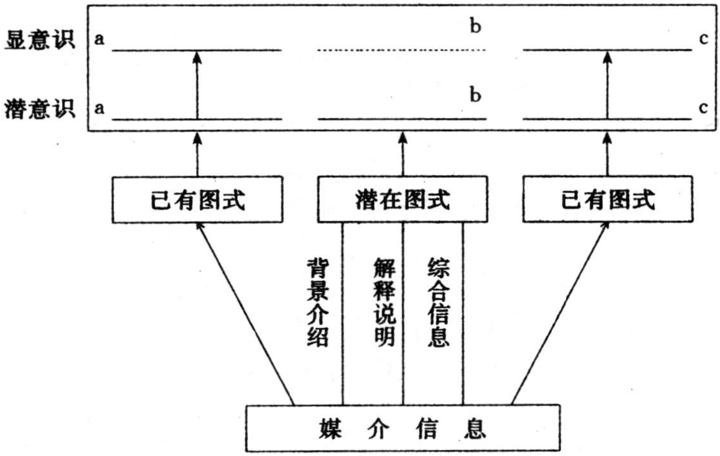

图 6－3　激活受众潜在图式的模式

a、b、c 表示在认识主体的认知图式里已形成完整“链条”的三种有关的知识，例如 a 表示智力因素、b 表示情商、c 表示非智力因素。当媒介信息中出现“情商”这个名词时，在受者潜意识中的 a、c 项均顺利进入意识状态，而“情商”则反映不出来，造成在显意识中“情商”概念的缺失，表现出受者对此不理解，后经媒体提供解释性说明：情商属于非智力因素中的情绪智力，表示一种驾驭自己的情绪、思想、意志等方面的能力，它是与智商相对的一个心理概念。情商与智商和非智力因素的关系弄清楚了，情商这个概念的内涵确定了，情商的认知图式就进入了意识状态，于是在显意识里，它们相互连接成完好的认知“链条”。其实，“情商”这个概念在受者的潜意识图式中是存在的(但比较模糊)，主体未能意识到。在媒介信息的提示下，借助原有的关于智力和非智力图式才将情商显现出来。

再拿科普节目来说，受众常常是非专业化的群体。对于一些专业性的术语和问题，受众容易出现比较多的认知空缺。这时，电视节目就要发挥它的优势，利用其声像结合的直观性和画面的生动性，以及通俗化的解释，以科普手段中人们较易接受的形式，循序渐进地激活受众被抑制的图式。例如，2003 年 4 月 29 日，中央电视台播放了大型科普电视节目《防范非典型性肺炎》，及时送给老百姓一份科学防病指导。4 位全国一流专家应邀到场，分别向全国公众讲解科学防范“非典”的知识。节目涉及个人和家庭如何防范“非典”、药物预防“非典”的作用、冠状病毒及“非典”的相关知识、面对“非典”应保持怎样的健康心态等。对于非典型性肺炎的病理知识和防治措施，绝大部分受众缺乏相应的认知图式，而专家由浅入深地讲解，慢慢充实了他们对于传染性流行病毒的了解，以及对防范措施的正确认知，从而受到了观众的好评。

（二）激活受者认知图式的几个途径

1. 通过背景介绍来激活受者的认知图式。

有的消息内容比较简单，受者也比较熟悉，一看就懂。但有的消息，受者囿于个体知识经验的局限不易理解，这就需要媒介提供必要的背景介绍，帮助受者认知。例如《南方周末》曾刊登过这样一则消息：“上海师大历史系教授苏智良研究确定上海沈家宅是日军第一个慰安所”。在阅读过程中，读者对在抗日战争中，一个叫作坂田庆子的日本姑娘，甘心充当慰安妇无法理解。直到文章最后一句点出，“当时有一大批女子以处女之身投身军队，完全是受了军国主义的教育”，才恍然大悟。虽然仅只一句话，但却十分透辟地说明了这一事件、这些人物命运的背景。“军国主义的教育”这个图式，在许多成人头脑中早已存在，只是一时未能被提取出来，经作者的启发，这一图式便很容易地从潜意识状态进入意识状态，从而使读者不仅理解了这个问题，而且对日本军国主义的这一反人性的罪恶行为的本质有了更深刻的认识。

2. 通过解释性内容来激活受者的认知图式。

背景介绍主要是帮助受者了解媒介信息所反映的人的某种行

为产生的原因，而这部分内容则是对人的某种行为或对某种事物“是什么”的解释，是对某方面知识的介绍。虽然这种知识不属于新闻，但是离开了它们，受者就无法全面、正确地理解新闻。举例说明：1997年3月份，有许多媒体报道了英国科学家首次利用克隆培育法繁殖出了与母体一模一样的绵羊“多利”的消息。一时间，世界舆论为之震惊，“克隆”这个词也成为中国百姓议论的话题。但是当时对于我国绝大多数受众来说，“克隆”是一个十分陌生的名词，即它在人们的认知图式中还没有自己的位置，阻碍了受众对“克隆”的认知和理解，并因之而对“克隆”的意义及人类复制等问题大惑不解。为此，不少媒体增加了解释性内容，向受者提供有关方面的知识。如有文章介绍：“克隆”，英文名称“Clone”，“是由同一个祖先细胞分裂繁殖而形成的纯细胞系。这个细胞系中每个细胞的基因彼此是相对的，亦称无性繁殖细胞系。”还有报刊根据人们对“克隆人”的担心，以复制青蛙为例，解释了无性繁殖的具体操作过程。并明确提出“即使被复制出的两个（或若干）人有着完全相同的遗传讯息，但是他们每个人还是会有各自的自我认同。因为发展过程虽然是照着遗传讯息的指示开展，但环境的刺激仍然会影响发育的结果，特别是神经系统，外界不同的刺激主导着神经网络的结合，因此没有两个人会有完全相同的自我意识，因此每一个被复制的人都还是独一无二的！”① 这些解释性文字，在受过一定教育的受众的认知图式里均可找到，像“无性繁殖”、“神经系统”、“自我意识”、“环境刺激”等。但是在没有接触解释性报道时，这些潜在的图式，因找不到相互之间的关系，构不成认知网络，也就无法启动。在解释性文字的帮助下，它们都从潜意识进入显意识，并自动填补认知主体认知结构中缺失部分，使某种认知网络于意识状态中形成，此时，传者解惑的目的就达到了。

---

① 1997年3月6日，《北京青年报》，《无性繁殖与人类复制?》。

3. 通过综合性信息来激活受者的认知图式。

通过综合性信息来激活受者的认知图式，其侧重点不在于寻找隐没于潜意识之中的有关图式，而在于增强受众认知图式的有序化。因为虽然吸收某种媒介信息的图式存在于主体的意识范围内，但是由于它们仍处于无序（即熵）的状态，所以受者也不能正确地认知和理解这种媒介信息。

所谓熵（entropy）是由“法国物理学家克劳修斯于 1850 年提出的概念，为物理学热力学函数，也就是热力学第二定律。它被信息论所采用，咨询人际信息沟通时有人也参考了信息论中的熵定律，以对人际沟通和传播中的信息进行估量。”① 在信息论和控制论里，“……信息的实质是负熵。熵是事物无序程度的标志，负熵则是趋向有序。在认识和传播过程中，所传的东西只有能使受传者的认识趋向有序，消除对事物在认识上的不确定性，才是信息。”② 把“熵”这个概念迁移到认知心理学里，则可称之为“心理熵”。心理熵是认知图式无序程度的标志。在心理熵的状态下，受者头脑中已有的一些图式是零散的孤立的，未被组合于图式网络系统中，呈现混乱状态，影响受者对媒介信息的接收。而认知图式的有序程度则为心理负熵，它是个体的追求，也是传者的愿望。

在大众传播活动中，传者有意识地对某类事件或某种理论进行综合性的报道，帮助受者回忆已有的图式并且将相关的图式系统化、有序化，使之处于心理负熵状态。这种状态的每一次形成，都会推动主体认知结构的更加完善和科学化。

以 1997 年元旦中央电视台播放的大型电视文献纪录片《邓小平》为例。许多观众都反映，观看这个片子，把过去对邓小平

---

① 车文博主编《心理咨询百科全书》第 1041 页，吉林人民出版社，1991 年 11 月。

② 李元授《新闻信息概论》第 19 页，武汉大学出版社，1994 年 6 月。

的功绩和对建设有中国特色社会主义理论的零星的、片断的认识（即个别的、无序的图式）都串起来了，在大脑中形成了一个比较系统、比较鲜明、比较深刻的认识（即被整合的、有序的认知图式网形成了）。

正如有记者在报道中所言，不少观众感到看了这部纪录片，“不仅看到了邓小平同志非凡的革命经历，而且看到了中国革命和建设历史的宏观画卷；不仅加深了对邓小平的了解和敬仰，也加深了对党的基本理论和基本路线的理解；不仅重温了党和国家曲折坎坷的艰辛历程，也更加坚定了坚持走有中国特色社会主义道路的信念”。

三、帮助受者构建新的认知图式

（一）媒介信息量与受者认知图式的关系

激活受者已有的图式，前题是“有”，只不过暂时被沉入潜意识领域。对于受者认知结构中不曾存在的图式是不可能被激活的，只能靠调整和改变已有的图式，构建新的图式才能同化新的刺激，这个过程就叫顺应。同化和顺应是认知主体适应环境的两种机能。

受众建立新图式除主体自身努力外，还需要媒体提供适当的信息量。信息量与主体的可接受性（即新信息与主体已有的认知图式）之间存在着一种对数关系。上一节已经介绍了信息量的计算公式，并得出了“信息量等于可能性选择的概率的对数”的结论。按照这个结论，可以推导出下列数据：

表 6—2　信息量与可能性选择概率之间的关系

信息量	可能性选择的概率
0	1
0.152	0.9
0.322	0.8
0.514	0.7
0.737	0.6
1	0.5
1.32	0.4
1.737	0.3
2.0	0.25
2.32	0.2
3	0.125
3.32	0.1
6.66	0.01

其中，所谓“可能性选择的概率”可以理解成为受众提供已有的图式去接收媒介信息量的概率。从信息量与“可能性选择的概率”的数列关系中，可以看出媒介信息量与受者的接收程度呈反向增长趋势。当信息量为零时，比如阅读一则重复多次的消息，受者的可能性选择为1，即他可以百分之百地理解该消息。而当信息量为6.66时，受众的可能性选择概率为0.01，几乎无法接收。在信息量为1时，则受众的可接受度为0.5。以新闻消息《股市暴涨不正常〈人民日报〉发表特约评论员文章谈正确认识当前股票市场》为例，对此作进一步说明：

新华社消息　将于今天出版的《人民日报》刊发特约评论员文章：《正确认识当前股票市场》。

文章说：“今年4月以来，股票市场逐步回升，10月以后出现暴涨。从4月1日到12月9日，上证综合指数涨幅达120%，深证成份指数涨幅达340%。这在国际证券市场上是罕见的。当前，炒股已成社会热门话题，各界人士争相入市。证券交易所几个月来新增投资者开户数800多万，总数超过2100万，股民已占城市人口相当大的比例。”文章说：“当前股市超常暴涨的原因主要有以下几个方面：机构大户操纵市场，银行违规资金入市，证券机构违规透支，新闻媒介推波助澜，误导误信股民跟风”。

文章还提醒说：“目前中国股市的过热情况，使我们联想到美国1929年的股灾。当时，美国股市也是一片涨声，在纽约，连出租车司机和街头擦皮鞋的都加入了股民大军。不管什么阶层的人，见面几乎都是议论股票，没有人认为股市会跌。这就是所谓的‘羊群效应’，在这种气氛下，股指一路狂涨，到9月达452点。但好景不长，终于发生震惊世界的大崩溃。中国的股民，应从全球多次股灾中汲取教训。考察各国股票市场发展的历史，可以看出，没有只涨不跌的股市，缓涨可能缓跌，暴涨必然暴跌，这是各国股市的一条共同规律。”文章说：“不少机构和个人投资者众口一词，说明年香港要回归，十五大要召开，政府一定要把经济搞好，绝对不会让股市掉下来。这一种对股市的估计是十分糊涂的看法。政府要把经济搞好是真，但绝对不会在股市暴跌时去托市，也托不起市。投资者对此不能抱有任何幻想。”

读完全文，非股民大概能看懂一半，即除了有关股市方面的专业术语外的文字内容。如果这类受众想提高对该文章的理解度，就必须增加有关股市、股票等方面的知识，建立新的认知图式。不过这对传者也提出要求，在报道这类消息时，最好能补充一些必要的解释，帮助人们理解。

（二）帮助受者建立新的认知图式

媒介在传播信息时，应当注意受者的可接受性，使媒介内容既含有一定的信息量，又能为受者接收，这里就有一个确定信息量大小的问题。作为一则消息、或者一幅画、一部小说，其信息量以多少为宜，这是很难用精确数字表达的。一方面有受者认知图式的个体差异，如有的受者积累了丰富的有关绘画艺术方面的认知图式，他就有可能欣赏西班牙现代艺术大师米罗的绘画艺术，然而，这对于大多数中国百姓来说是很困难的，因为在一般人头脑中没有贮备关于超现实主义艺术的图式。另一方面因媒体的不同以及同一媒体在体裁、题材等方面的诸多差别，它们各自所应当含有的信息量也难用同一尺度去衡量。尽管如此，我们还是可以从理论和实践两个方面来探讨这一问题。

1. 理论上的适量。

从理论上看，信息量的大小和受者的可接受性之间可以找到一个比较合适的对应范围。从表 6—2 可以看出，当信息量在 0.322——0.737 的范围内，既有利于受众建立新的认知图式，也有助于受众理解媒介信息，因为在这个信息量的范围里，受者的可能性选择的概率为 0.8——0.6。打个比方就是当受者用 6—8 个已有的认知图式去学习 2—4 个新的图式时，比较容易理解媒介信息的全部内容。而当信息量为 0.152 时，受者的可选择概率为 0.9，受者可以不费气力地建立新图式，其意义不太大。而当信息量为 1 以上时，受者的可能性选择概率为 0.5 以下，就是说受者有一半以上不懂，以少于 0.5 的已知图式去建立超过 0.5 的新图式，显然是难以做到的。

2. 实践中的适量。

人们在接受媒介信息时，总是会根据自己的认知水平去选择易接受的媒体信息。例如学文的一般不大看得懂理工方面的专业书，不懂英文者也不会自讨苦吃看英文著作，这是常识。从媒介角度看，媒介内容雅俗共赏容易得到受者的欢迎。为此，传者应注意以下几个问题：

（1）提高媒介符号的可辨认度，使受者知道它是什么，这是最基本的要求。如前边提到的杜绝广告词用谐音字偷换成语和尽量减少生僻字等。

（2）提高媒介内容的可理解度，使受者懂得这是什么意思，如前边提到的“克隆羊”的问题。

（3）提高受者的可接受度，这关系到受者是否接受媒体的劝说并采取实际行动的问题。媒介信息量要适度，太大，受众“承受”不了。这里讲的“承受”不仅指认知水平，还包括道德修养水平等。超过了这种水平，受者既不接受也不去行动。例如前些年有关“一米线”的报道就说明了这个问题。有人撰文《不妨暂缓“一米线”》谈了自己的看法。①

前一段时间闹得沸沸扬扬的“一米线”热潮现在终于消退。眼下，各银行储蓄柜台前等待存取款的顾客仍然遵守着中国人遵从已久的习惯——一个挨着一个形成一字长蛇。

平心而论，“一米线”对于很多场合的排队是一个非常好的规定，或者说是一个非常好的习惯。可是，国人是否在心理上和思想上做好了“一米线”的准备呢？答案显然是否定的。

“一米线”在向人们展示一种文明的同时，也给我们带来了更多的思索，它似乎在无形之中促进着精神文明的建设，从它踏进中国大门的那一刻起就仿佛注定要对国人的思想素质、行为规范乃至道德水准提出更高的要求。君不见，一时间，北京城许许多多大大小小的银行和储蓄所纷纷推出“一米线”服务。

可是，不到一个月，“一米线”就成为明日黄花，如今在许多地方已名存实亡。报纸不久前又刊载了一幅反映储蓄所排队状况又恢复到原来状态的照片，并感叹说：“看起来强制性的手段（执行‘一米线’）也并非没有必要。”悲哉，强制性手段！追溯“一米线”的形成，并不是靠什么强制执行的手段让顾客接受的，它实际上是自发形成的。随着物质文明的发展，人类文化素质的提高，人们自然会考虑到保护隐私一类的问题，当整个社会都认为有必要这样做的时候，“一米线”的形成也就是自然而然的事了。

在“一米线”的问题上，媒介信息量不是表现在文字上，而是表现在对受者道德水平的要求上。正如文章所言，当时中国百姓还没有形成这种思想素质、行为规范和道德水准。

---

① 伍一军《不妨暂缓“一米线”》，《北京青年报》，1997年1月22日。

尽管媒介热心宣传，但它超过了当时中国百姓可接受的能力，所以就很难推广开。另外像“文明伞”借走后收还率很低，以及“在公共场合不许吸烟”的规定，在多数情况下形同虚设。这都说明了宣传的超前。与之相反有另一种现象，有的报道看似有信息量，但因多数受者的认知水平已超过了报道中所提出的问题，所以读后，除了当个笑话开开心或者表示不可思议外，并未增长新知识（说明媒介信息量很少）。如山东济南发生过一农民乘车误将投币箱当垃圾箱险些酿成大祸的事，有记者写成小文刊于报上[1]：

本报山东专讯　一外地农民在济南乘公共汽车时，误将投币箱当作垃圾箱，差点惹出大祸。

1月8日晚6点，一位外地农民在济南人民商场站上11路公共汽车时，将一燃烧着的烟蒂投进投币箱，致使部分钱币烧毁。幸亏司机及时到路边饭店端水灭火，才避免了大的经济损失。

据这位农民辩解，他没有坐过无人售票车，上车时看到前边的人往投币箱里放东西，以为是他们在扔垃圾，便随手将手里的烟蒂扔了进去，没想到险些酿成大祸。

3．多提供异质的、高质的、有效的信息。

值得注意的是，在信息大战中，新闻报道开始从“及时”向“全时”转变。电视、广播对新闻播出的时间限制的突破已到极至，24小时的新闻台不断出现；报纸也努力突破版面空间上的限制，不断扩版；在储藏量上有着先天优势的网络，新闻更是处在不停地刷新中。新闻量正在急剧膨胀，使得广大新闻工作者和受众面临“信息过剩”的难题。

所谓的“信息过剩”，其实质上是“信息匮乏”状态下的“相对信息过剩”，主要表现为：异质信息不够，同质信息泛滥；高质深层信息不足，低质浅层信息过剩；有效信息匮乏，冗余信息过载；受众“欲知”、“应知”信息欠缺，传者认为受众“未知”、“应知”的信息“爆炸”。人们一方面被信息淹没，一方面

---

① 曹树茂《一农民乘车酿祸识将投币箱当垃圾箱》，《北京晚报》，1991年1月16日。

却饥饿于知识和有用信息。大量的信息可能会使真正对受众有用的信息淹没其中，使受众不知所措。面对“信息过剩”，如何才能不被信息的汪洋大海所淹没，从中挑选有价值的信息，又如何把它以最合适的方式传播给受众，成了对今日媒体的最大考验。

其实，这个问题在很早以前就引起了媒体的关注。20 世纪 80 年代后期开始，我国报纸纷纷扩版。报纸加厚以后，报纸头版在报道要闻的基础上增加了“导读”功能，这是由传者本位向受众本位转变的结果。“导读”从广义上说就是要通过版面元素的组合引导和方便读者快速阅读，从狭义上说指报纸的第一版开设“导读窗口”，为读者了解该报的内容提供指南。同时，电视台也开始在整点之前的几分钟不断宣传自己将要播出的节目，并不断循环播放。这些都是为了帮助受众整理纷繁复杂的信息，以最低的成本、最便捷的方式消费媒介信息。

在 21 世纪的信息社会中，受众对信息的要求呈现高质趋向。人们每天都会受到大量芜杂的事实和数据的“轰炸”，受众解读信息有赖于信息内在结构的连贯与清晰。其实，在信息资源之间、信息同媒体表现形式之间，往往存在一定的逻辑性，这种逻辑性有赖于传者对信息的审视、思考、整合与评价。因此，媒体应该注重信息的整合，加强信息解读，精选有效信息，分类服务目标受众群。不但要提供相关资讯，也要求传统资讯的解读和资讯的整合，才不会使受众迷失于信息的汪洋大海中。

思考题：

1. 根据“受众认知过程模式”讲述受众的认知过程。
2. 你认为受众的认知有哪些特点？
3. 什么叫受众的认知图式？它与媒介信息是什么关系？
4. 受众认知图式的特征是什么？
5. 简介激活受众认知图式的几个途径。
6. 什么叫心理熵？在大众传播活动中怎样帮助受众形成有序的认知图式？
7. 你认为传者应当怎样帮助受众构建新的认知图式？

第七章　传受者的心理互动

第一节　传受者心理互动的功能与模式

一、传受者心理互动的功能

（一）传受者心理互动的内涵

传受者的心理互动是指在大众传播活动中，传受者所不断进行着的以媒介符号为中介的相互之间心理上的动态平衡。

传受者心理互动的主体主要是传者和受者，心理互动的内容是负载于媒介符号中的信息，心理互动的外化即传播过程，心理互动的后果是实现着主客体之间的动态平衡。

在传受者心理互动的过程中，媒介符号起着中介作用。因为虽然“传播是一个心灵影响另一个心灵的全部程序”（W.Wafer韦弗），但是心灵与心灵都是内隐的，所以它们之间无法直接沟通，必须借助于媒介符号去指代某种物品或观念，才能使不同的个体的心灵之间碰撞并产生影响。同时，传受者心理互动的深入发展，也必将带来对原有符号资源的开掘和对新的符号资源的开发。前者如对传受者思维定势、态度、角色互动等方面的继续研究；后者如对传受者的认知图式、人文思想、情结、心理熵及其生理机制的探讨。

（二）研究传受者心理互动的功能

1. 传受者的心理互动是推动传播业发展的内在机制。

传播业的发展有物和人的因素。其中人的因素是第一位的。

这里人的因素是指传播者和接受者。在媒体市场上，他们一个是媒体信息的生产者，一个是媒介信息的消费者。当供求相当时，传播业处于基本平衡的状态，而当供求关系被打破时，就出现了不平衡。经过重新调整，又得到了新的平衡。这种："平衡——不平衡——新一层次上的平衡"规律，推动着传播业的不断发展。然而，信息的生产和消费的过程，从心理学角度看，正是生产者和消费者的心理互动的过程，因为传者的制作和受者的消费都是人的心理活动的表现。

为了适应日新月异的社会的发展，受众个体有一种强烈地寻求与社会上其它人认知一致、情感共鸣的愿望，因为这不仅使他们能产生安全感和与人相处的和谐感，而且也能使他们跟上时代的步伐。在信息化的社会里，在人与人之间的人际交往日益让位于人与媒体的"交流"时，受者就更加需要从媒体信息中寻找自己认知及态度和情感表现的参照物；与此同时，传者也要追寻受者，了解他们的愿望、兴趣和爱好，以便制作出为受者喜闻乐见的产品。传者与受者的这种相互追寻，就是他们之间的心理和行为的互动。这种相互追寻的过程同样遵循着时而平衡、时而不平衡的规律。这恰恰体现上述传播业的供求平衡关系，一个表现于内，一个表现于外，两相对应着，并推动着传播业的发展。按照"内因是变化的依据，外因是变化的条件"的理论，传受者的心理互动是推动传播业发展的一个重要的内在机制。

2. 传受者的心理互动可以产生改变现状的动力。

当传受者都生活在一个比较狭小并且也很封闭的环境中时，他们所获得的信息量很少，因而传受者之间心理互动的频率比较低，辐度变化也很小。人们在这种环境中倾向安于现状。

在信息时代，生活在"地球村"的人们可以凭借电子媒介，瞬间了解到由传播者所提供的发生在世界每个角落里的事件。信息传播的畅行无阻必然导致受者对客观世界巨大差别和迅速变化的及时认知。而这种认知往往会带给受者心理上的猛烈冲击和强烈震撼，并促使人们产生改变现状的动力。

英国著名学者保罗·肯尼迪（Paul Kennedy）在《未雨绸缪为21世纪做准备》一书里有这样一段文字。

“全球化通讯产生多种效果。反对伊朗国王的伊斯兰原教旨主义革命是由阿亚图拉霍梅尼在巴黎通过录音布道策划的，这些布道在伊朗广为传播。电视也有综合效果。发展中世界的电视观众对‘达拉斯’和‘重访布赖德斯黑德’之类节目所显示的富有目瞪口呆，而工业化民主国家各民族却常常看到继续困扰着非洲、中东和其他地方的可怕贫穷、营养不良、战争的后果和自然灾害的报道。在出现一场可怕灾难的情况下，如1985年埃塞埃比亚的饥荒，常常引起北方被吓坏的电视观众广泛的反应。还有，库尔德人拉家带口于1991年初逃避萨达姆·侯赛因报复的生动镜头——以及欧洲各国政府和美国舆论的反应——迫使白宫帮助库尔德难民建立避难所。

……

……21世纪开始时，不断增加的几十亿穷苦不堪的农民看着（但不分享）北方的财富，而工业民主国家几百万兴旺的家庭每天都看到同一星球上的人在人口和环境灾难中吃苦头，地球上的各民族将如何相处呢？这是引起改革呢，还是无动于衷和满腔忿恨呢？”①

这段文字虽然是作者写给读者的。但是作者对这个不公平世界的态度和情感渗透于字里行间中。它们感染、激动着读者，使作者与读者的心灵交融在一起。他们都在考虑同一个问题：面对世界的现状，我们应当怎样用行动为21世纪做准备？

① 保罗·肯尼迪《未雨绸缪 为21世纪做准备》第57页，新华出版社，1994年4月。

3. 传受者的心理互动可以产生改变现状的参照目标。

传受者的心理互动总会朝向某种目标。这个目标的确立是传受者对各种信息的认知、比较、分析、判断的结果。这个目标分为三类：

（1）参照群体：多表现于传者与传者之间。在媒介竞争中，不同媒体的认知主体之间会发生心理互动。由于各种媒介在性质、层次、重要性上的不同，传者的参照群体具有一定的趋同性。如《人民日报》、新华通讯社、中央电视台、中央人民广播电台、中国国际广播电台就成为全国其他各类媒体的参照群体；而《东方时空》、《焦点访谈》以及《正大综艺》、《艺术人生》等又往往成为新闻性、评论性、综艺性电视节目的模式。

（2）参照物：多表现于受者与传者的心理互动中。受者不但接受而且能有意识地使用媒介信息为自己服务。例如，一顾客问卖菜的小贩："这大白萝卜前几天才1块多钱1斤，怎么一下子就抬到2元了？"小贩却振振有词地回答："你嫌贵？不贵！大白萝卜可以防癌——昨天晚报上登的。"显然，提高大白萝卜价钱的参照物是晚报提供的信息——它可以防癌。

又如，在2003年北京遭遇"非典"期间，电视台制作了很多有关"非典"的生活服务类节目，不断给广大观众提供有关"非典"的知识和报道，比如北京电视台的《积极预防非典型性肺炎》、《珍爱生命，防治非典》等。老百姓从节目中得知预防非典的实用信息，并将其作为参照物，按照节目中指导的措施购买卫生防疫用品，改变不良的生活习惯，注意调节心理状态。

（3）"镜中我"：表现于传受者双方。"镜中我"是社会心理学的一个概念。表示在个体社会化的过程中，以别人对自己的看法当作一面镜子，来认知和修正自我，以便更好地适应社会对自己的要求。心理学家库利认为："镜中我表明一个人的自我观念是在与其他人的交往中形成的。"[1] 把"镜中我"的这种意义迁移于大众传播活动中，可以把传者和受者（二者都包括个体和群体）以对方对自己的认识、态度视为自我认知的重要的参照系：受者可以从媒介信息里找到自己的影子，传者也可以通过受众调查了解媒体的形象。例如，中央电视台每个月都要发布"近期收视率排行榜"，统计中央电视台一、二套节目全国收视率。以2004年8月22日—2004年9月18日这段时间为例[2]，排名第一位的是新闻联播，收视率高达21.82%，反映出受众对该节目的重视程度。

再如中央电视台最初的《实话实说》，之所以能在周日早上这一历来收视率非常低的时段获得3%的收视率，很大程度上说明观众有获得平等权和参与权以及自我表现机会的需求。再比如北京三套的《法治进行时》2002年1—8月在北京市场的收视率高达7.6%；央视一套《今日说法》的收视率常年保持在4%左右，都说明现代社会中老百姓的法律意识和维权需求的增长。这面"镜子"——受众调查结果表明传者与受者的心是相通的。

4. 传受者的心理互动可以产生长期而深远的传播效果。

当人们处于传播活动的某个阶段之中时，往往感受不到传受者心理互动的效果。常常需要经过较长的时间后再回视走过来的路时，人们才容易领会到传受者心理互动的深刻的甚至令人惊愕的效果。

大众传媒的一个重要的功能就是通过日积月累的潜移默化影响大众的思维和观念，逐步建立一个新的符合现代社会的道德价值体系。只要传媒拥有自己的传播理念和价值体系，就可以逐步影响人的思维并被接受和认同。像美国哥伦比亚广播公司那样，

---

① 沙莲香主编《社会心理学》第374页，中国人民大学出版社，1992年4月。

② 数据来源：中央电视台总编室、观联处。

几十年如一日地坚持“传达或肯定美国主流社会所认同的价值观念，制造并传递美国中产阶级的神话”的传播理念，这是美国社会得以健康发展的不可或缺的动力之一。

我国经济改革20多年来，中国老百姓的法制观念发生了质的变化。在市场经济发展的初期，不少人不依法办事，企图钻法律的空子牟取暴利。当自身正当权益被侵害时，也往往不习惯拿起法律武器保护自己。为了让法治的理念深入人心，传媒在这20年中逐渐加强了对“法”的关注，使民众从法律诉求中获得自觉，从而培养出法治的民意基础。现在，已经有许多传媒公开讨论修改宪法中关于保护私有财产的法律条文，因为保护私有财产的神圣不可侵犯的原则是推动市场社会呈现生机的核心动力。通过媒体的公开讨论，传播了公共意见，在促进修宪进程的同时也增进了受众对条文现实约束力的理解与支持。此外，对诸如新刑法中的一些划时代的革命性修改，如确定无罪推定、罪刑法定原则等进行深入的报道，也都使公民更好地认识到自身的法律权益。人们这种法律意识上“质”的飞跃，充分体现出近20年来传受者心理互动的长期累加效果。

二、传受者心理互动的模式及特点

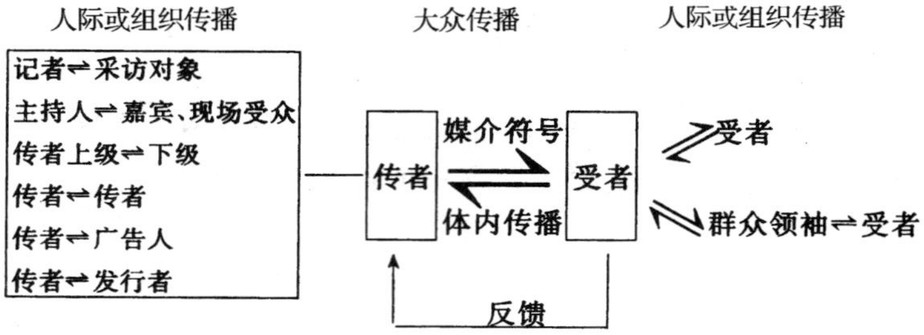

图7—1　传受者心理互动模式图

（一）传受者心理互动的模式

从图7—1里可以看出传受者的心理互动包含着非常丰富的内容。不仅有一般意义上的传者与受者之间的心理互动，而且还包括传者和受者内部的各种人际或组织间的心理互动。对于以上各类人的心理互动，只能用“传受者”这个集合名词来表述。这进一步说明“传受者”这个词的存在价值。

（二）传受者心理互动的特点

1．双重性特点。

所谓双重性特点是指在大众传播活动中，传受者的心理互动具有大众传播和人际传播的双重性质。或者说，大众传播和人际传播同时制约、影响着传受者的心理活动。

在大众传播活动中出现的人际互动与通常意义上的人际互动有所不同，前者必须服从媒体传播的总任务，而且传受双方都须执行职业角色所规定的行为规范。例如记者与采访对象之间的心理互动是为了获取传播信息；传播者内部出现的种种人际或组织之间的互动是为了维系媒介机构的存在和正常的活动；而媒体与广告人及发行者之间的互动则为了使媒体在市场经济的角逐中能占有一块自己的领地。

2．综合性特点。

传受者在任何时空上的心理互动，都是既存的各种互动形式的综合。从分析的角度我们可以把传受者心理互动的表现形式划分为：潜在的、显在的；即时的、继时的；暂时的、长期的；静态的、动态的；戴面具的、不戴面具的等等。例如当未婚青年观看教育子女的节目时，可能因与己无关而未引起注意，但是这个信息还是进入了接收者的潜意识里，这属于潜意识互动。而当他们结婚生育子女后，再去观看类似节目时就会倍加关注，这属于显意识互动。又如广播里的热线抢答节目，当听众打进了电话与主持人交谈时，这是即时的心理互动，而当观众看了有关香港回归的电视后激动地写信或打电话，向传者表达庆回归的喜悦之情时，这属于继时的心理互动。一般人观看了《村党支部书记》的报道（1996 年 6 月 23 日《东方时空》“生活空间”节目）后，对于这位中国人民大学国政系毕业的研究生，主动辞掉公职，回家乡任村党支部书记的事迹可能会产生一时的激动，但是这条消息对于那些决心也走这条路的学子们的影响却是长久而深刻的。一个国家（或民族）在某一个相对稳定的时期内，传受者的心理互动会带有稳定性的特点。反之，在变革时期，传受者的心理互动会有明显的动态表现。新闻从业人员在工作岗位上相互之间的心理互动属于戴面具的互动，而在业余时间，同事之间的心理互动则更多属于不带面具（即非职业角色）的性质。

在传播活动中，传受者之间的心理互动一般不会是单一的表现形式，而是以各种形式的综合方式表现出来，因为人的心理是复杂的多层次的，各种互动方式是相互渗透共同起作用的。

3. 个体（或民族）的差异性。

有心理学家认为“人的人格和情境共同决定人们的行为。”传受者的心理互动不是抽象的和超时空的，它们都被打上了个体（或民族或地域）的色彩。“绝大多数西方工业化国家都向公民灌输独立、自我肯定（或自恃）（self—assertive）和成就取向的价值。……在我们的文化中显然倡导父母的权威性和子女的自信和自我肯定。”① “……相比之下，绝大多数西方以外的文化不如我们的社会那样重视独立和自我肯定。”② 这种带有民族文化背景的信息传播，必然会对传受者的心理及其互动产生不同程度的影响，并使他们具有自己的特色。例如，中国受众注重心性修养，个性内敛，明哲保身，对传者即使不满也较少表露，双方的冲突

---

① 阿特金森等著，车文博审订《心理学导论》第 627 页，台湾晓园出版社，1994 年 6 月。

② 阿特金森等著，车文博审订《心理学导论》第 627 页，台湾晓园出版社，1994 年 6 月。

就显得较为掩蔽和平稳。在中国，“因新闻源为维护其地位进行着上对下的组织传播，而非信息交流的目的，因此受众多为被动性接受新闻，受众和媒介之间是‘仰视’的视角。在具体的新闻报道中，中国受众喜欢接受一面的陈述、诉求情感的信息和明确的结论……对媒介信息从来抱‘迷信’的心理。”① 而西方受众则强调独立，个性张扬，好恶分明，对传者的批评较为热衷，双方的冲突就较为公开化和激烈。此外，西方受众对媒介内容表现出一种更强的主动参与精神和理性思维，“由于新闻源起的目的在于更快更多地获知个人所需的信息，因此西方受众更加习惯于将媒介视为一种为我所用的有效工具，对媒介的视角是‘平视’的。在这个基础上，平民与商人的广泛参与，使受众的心理基础显示成熟的存在，善于选择媒介，选择信息，感受与分析能力都很强。对于新闻报道，西方受众习惯于两面都说的新闻，通过自己的理性在新闻含蓄的意向里找到自己的独立见解和判断”。②

第二节　人际传播中传受者的心理互动

传受者心理互动模式表明，大众传播是一个非常复杂的传播过程。它包容了体内传播、人际传播和组织传播。仅以人际传播为例，在传者一方，至少有 6 组人际沟通形式：记者与采访对象；主持人与嘉宾及现场观（听）众；传播机构内部的上下级、同事之间；以及传者同广告人；传者与报刊发行者和销售者之间。除外，作家、编导人员、艺术家、演员等在深入生活和进行艺术创作中也会产生各具特色的人际沟通和心理互动。正是以上各类认识主体之间的种种沟通及其心理互动才使传播业得以生存和发展。

① 李楠《中西受众心理比较初探》，《新闻知识》，1999 年第 10 期。
② 李楠《中西受众心理比较初探》，《新闻知识》，1999 年第 10 期。

在大众传播活动中的各类人员的人际沟通中，以新闻记者（包括记者型的节目主持人和编采人员）与采访对象之间的心理互动最为重要。因为新闻传播是大众传播的主体，而新闻采访又是新闻传播的基础、起点。

新闻采访学认为，“新闻采访是一场探求事实真相的战斗”。而大众传播心理学则认为，新闻采访是记者与采访对象之间的一场心理战，是双方尽快地了解对方的心理特点，采取有效的策略，为达到各自目的的一场心理较量的过程。记者与采访对象之间的心理互动主要表现在两个方面：认知互动和情感互动。

一、记者与采访对象之间的认知互动

记者和采访对象之间的认知互动是二者心理互动的第一个阶段。这是一个处于主导地位的记者努力寻求与采访对象相互重迭的认知结构的过程，也是二者认知自我和相互认知的过程。

记者与采访对象之间的认知互动在质量和深度上由浅入深分为三个层次：

（一）浅层次上的互动

记者以获取新闻素材为目的，与采访对象就事论事，缺少心灵的碰撞，表现出“人走茶凉”、时过境迁便烟消云散的冷淡关系。记者和采访对象的认知结构重迭面很小，仅限于采访中所能触及到的部分，或者虽然二者的认知结构还有相交的部分，但因交往过浅，还未能挖掘出来。如图 7—2 所示：

（二）中等层次上的互动

记者在采访活动中能有意识地与采访对象进行心理上的沟通，并力求把握采访对象的个性特征。记者和采访对象都能被对方的某些品质，如记者的敬业精神、采访对象的先进事迹所感动。因而双方配合默契、情感融洽。二者认知结构的重迭部分比第一个层次要大得多。如图 7—3 所示：

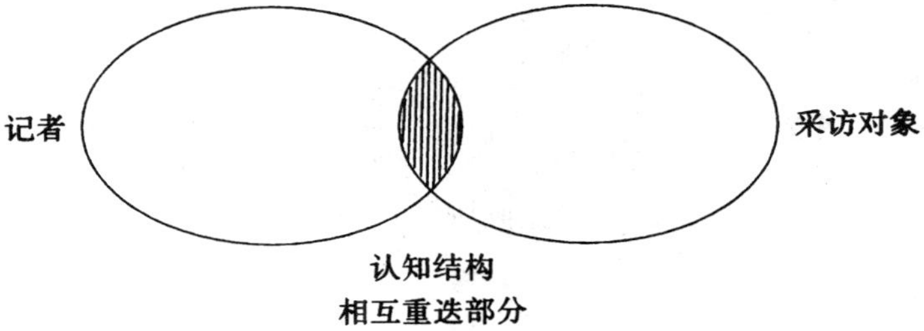

图 7－2

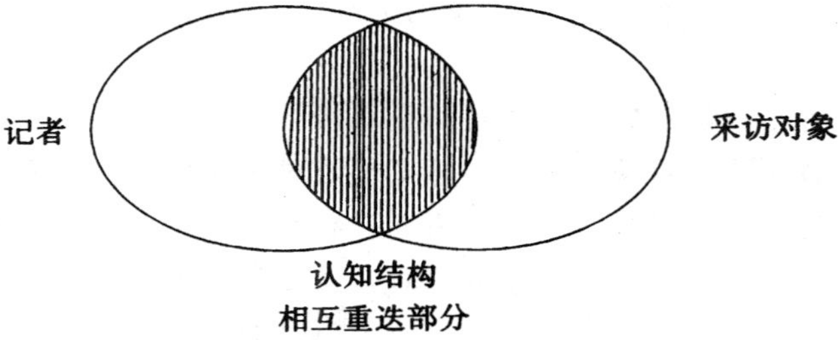

图 7－3

（三）深层次上的互动

记者扎根于群众之中，与普通百姓心心相印、息息相通。他们把采访活动作为了解百姓、为百姓服务的一个途径；而百姓也把他们视为亲人、知心朋友。他们与百姓的认知结构有着广泛的重迭处。如图 7—4，他们与普通百姓水乳交融、休戚与共。

河南人民广播电台经济专题处处长兼节目主持人陈明同志就是这样一位典型。他主要负责对农民的报道。他对普普通通的农民，有着真诚的认同感和深厚的感情。他“见了农民话就多，地头一坐，也不嫌脏，抽着烟，天黑了也不走。他爱人不让他买菜，因为他能和卖菜的老农聊起来没完。”他把自己融入了老百

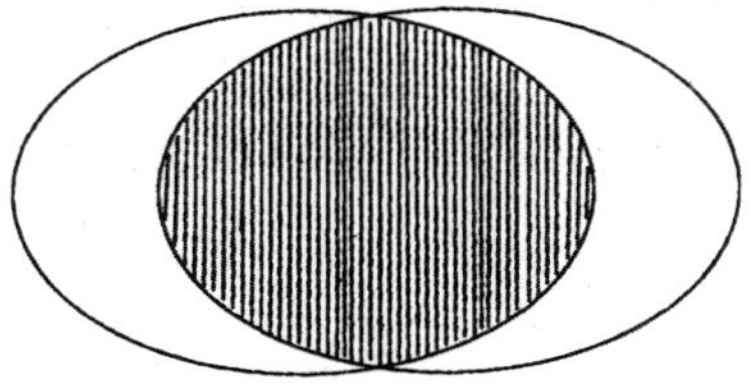

图 7－4

姓之中。有人称赞他是“山民的儿子”，对此，“他感到很光荣”。①

记者与采访对象的认知互动是双向互动。然而，以往我们更关注记者对采访对象的认知。其实采访对象对记者心理的触动也是很大的。中央电视台记者陈晓卿在和同事们拍摄一部反映“希望工程”的电视纪录片《龙脊》时，就曾为一个小学生的话而震撼。他在《记忆龙脊》一文中记述了当时的心情：

“一次，我们跟随着几个学生上山挖竹笋，早晨 6 点上山，10 点半才爬到有竹笋的地方。那是一片原始森林，根本没有路，又遇上下雨。我们摄制组人员狼狈不堪，几次我都感到天旋地转。下午 4 点当我们快接近山下的时候，我实在走不动了，四仰八叉地躺在一块大石头上休息。看着面前采竹笋换菜金的孩子们，我问他们：‘你们看陈叔叔的工作辛苦吧？’一个名叫学香的六年级女生回答说：‘不辛苦，我们天天都这样。’她平静的话让我半天转不过神来，太出乎我意料了！我以前一直以为我工作已经非常卖力了，没想到在他们眼中我的工作是那么平常。这个叫学香的孩子怎么也不会想到她的一句话多么深刻地影响了我今后的生活。”

---

① 陈明、贾世秋《认同别人是一种快乐》，《现代传播——北京广播学院学报·人文社会科学版》，1996 年第 2 期，第 47 页。

类似的感受许多记者都曾有过。正是人民的期待、教育才鞭策我们的新闻工作者生产出更多的精品来回报人民。

二、记者与采访对象之间的情感互动

“人际关系的本质是一种情感交换。”[①] 情感交换即情感互动。记者和采访对象之间的情感互动是建立在认知互动基础之上的。它属于二者之间心理互动的第二个阶段。认知互动为求共识，情感互动为求共鸣。

（一）情感因素在采访中的作用

1. 激活动机、启动认知。

有研究者认为，在劝服或者态度变化的过程中，传播内容中的感情和非理性因素的影响大于理性的和客观的因素。之所以如此是因为人的情绪情感具有两极性，表现在对人的智力活动起到增力或减力的作用。所谓增力是指适量的情感因素可以起到激活动机、启动认知的作用；反之则会干扰记忆、迷乱思维，不能自已。在采访活动中，记者和采访对象都需要以适度的情感来激发自己的认知活动。

意大利著名的记者法拉奇是一位谙熟“情感因素”内蕴的高手。她能熟练地使用“情感手段”攻破一个个叱咤风云的政界人物的防线，激活他们接受采访的欲望并启动他们的智力活动。现剖析一例予以说明。

20 世纪 80 年代初，法拉奇曾对邓小平进行过一次成功的采访。据说性格内向、从不愿宣扬自己的邓小平先生，起初并不愿意接受这次采访。但法拉奇精心设计了一个极富人情味的开头。这次采访是这样开始的：

法拉奇一见邓小平就说：“明天是您的生日！”（引起对方回忆）

---

① 章志光主编、金盛华副主编《社会心理学》第 282 页，人民教育出版社，1996 年 4 月版。

小平同志有些惊讶："我的生日，我的生日是明天吗？"

法拉奇肯定地答道："不错，邓小平先生，我是从您的传记中知道的。"

小平同志接着说："既然你这样说，就算是罢！我从来不记得什么时候是我的生日，就算明天是我的生日，你也不应祝贺我啊。我已 76 岁了，76 岁是衰退的年龄啦！"

法拉奇立即把话接过来："邓小平先生，我父亲也是 76 岁，如果我对他说那是一个衰退的年龄，他会给我一个耳光呢。"（把邓小平与自己的父亲联系起来，给人以父女相称的温情）

小平同志笑了笑："他做得对。你也不会这样对你父亲说话的，是吗？"（共识，以父辈口吻交谈。）

对话不多，但人情味浓浓的。交谈时间不长，仅几分钟，却已激起小平同志谈话的愿望，并启动了记忆的闸门。下边，试用情绪的激活模式来分析情绪情感在采访中的功能。

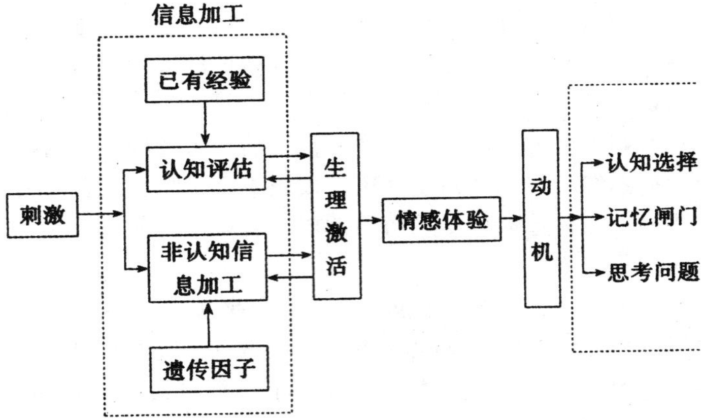

图 7—5　情绪的激活模式①

① 参看刘金平《情绪的激活模式研究》，《河南大学学报·社科版》（开封），1995 年 4 月，第 29 页。

刺激：法拉奇关于邓小平生日的话题。

信息加工主要由两部分组成：

其一，认知评估，即对刺激的评价。这种评价来自个体经验。虽然邓小平记不起自己生日的确切日期，但是根据已有经验、回忆、评估法拉奇的话，表示认同。又因他与法拉奇父亲同龄，所以父辈面对儿女的要求很难拒绝，更何况她的口气又那么真挚、由衷。

其二，非认知信息加工，它来自遗传因素，包括神经系统各种水平的活动状况及与神经系统相联系的内脏器官、内外分泌腺体的活动和机体内的生物、化学电的变化。

认知评估和遗传因素同时起作用，导致生理激活和情感体验(如小平同志的“惊讶”、“笑了笑”以及谈话的话调、表情等)。这些“感于外而动于内”的情感体验引出了小平同志愿意接受采访的动机，以及因这种动机而激起的认知、记忆、思维等心理活动的出现，于是双方同时进入了一种愉快的采访情境之中。

2．营造相互感染的氛围。

人的行为是个体因素与环境因素相结合的产物。环境因素有物理环境和社会环境。采访环境是社会环境的一部分，是主体予以规定和把握的环境，是认识主体眼里的世界。这个“世界”，常常表现出某种氛围：轻松愉快的、激动人心的、严肃沉重的等等。这种氛围的形成与当事人的情绪情感状态分不开。情绪情感具有极强的感染力，它会使处于其中的所有人都不自觉地产生与这种氛围相协调的行为。记者和采访对象之间的情感互动，会创造出某种理想的气氛，并推动采访活动的顺利进行。

人民日报高级记者孟晓云在这方面深有体会。她在《追逐长远的魅力》一文中讲述了自己是怎样被革命老前辈的革命乐观主义精神所感染、所激动，并写出了荣获 1991 年全国第二届现场新闻一等奖的作品《半个世纪后的聚会》。文中有这样一段：

“……52 年前，为了共同的追求，集合在宝塔山下女子大学的一群十七八岁的少女，如今已成为年逾古稀的老人，又欢聚一堂，追忆他们所走过的征程。这本是一个会议新闻，也许一二百字就可以打发。但是，当我走进会场，看见的却是这样一种场面：她们有的坐着轮椅，有的拄着拐杖，白发、皱纹、泪花都激起我无限感慨，人生有几个50年！她们辉煌的岁月已经过去，在她们投奔延安的时候，我还没有来到这个世界。那种如火如荼的年代，对我来说，只是一种理智的叙述，对她们来讲却是激荡的生命。她们的笑声、掌声、歌声无不感染着我，她们的眼泪和沉思无不引起我内心深处的共鸣。她们今昔的故事给人们许多人生的启示。我用女儿的情怀，朋友的真诚，记者的责任去理解和感知她们。我很快进入了角色，进入了她们的心灵世界。随着她们一起兴奋、激动、流泪。于是我记录下这一宝贵的历史瞬间”。①

（二）记者的情商对采访对象的影响

情商（Emotional Quotient，简称EQ）是与智商（Intelligence Quotient，简称IQ）相对的一个心理学概念，是1990年由美国心理学家首先提出来的。所谓情商是一种驾驭自己的能力，包括驾驭自己的情绪、思想、意志等和控制、协调自己的心理活动，以便实现自己的愿望；经大量实验证明，在人的成功的要素中，智商约占20%—40%，而情商则为60%—80%。

在采访活动中，记者的情商主要表现在记者善于控制采访对象的情绪情感和驾驭自己。

情感的激发虽然对采访活动十分有益，但是前者被激活的程度与后者的效果并非完全呈现正相关。记者与采访对象情感互动的程度有一个量的要求，即所谓倒U形。意思是情绪强度在一定水平之内，随着情绪强度的增强，活动效率会提高，而当超过

① 孟晓云《追逐长远的魅力》，《市场报》，1996年10月31日。

这个水平时，情绪强度增强反而会降低活动效率。这说明，就一般情况而言，在中等强度的情绪情感状态里，工作效率最高。在采访活动中，情绪情感的“度”，主要是由记者把握的。记者对这个“度”把握的水平的高低可以反映出记者情商的水准。比如：当采访对象没有谈话的欲望时，记者应不急不躁，耐心引导；当采访对象情绪激动时，记者要冷静，帮助对方平静下来；而当采访对象无理取闹，发脾气时，记者能克制住自己。总之，无论采访对象处于何种情绪状态，记者都能真诚、热情、冷静地对待，并运用自己的智慧，把对方的情绪引入正常的轨道。

中央电视台《焦点访谈》的记者、主持人敬一丹有一次在洪水过后的灾区采访一位烈士遗孀。当烈士遗孀声泪俱下的时候，她也难以控制自己的情绪，声泪俱下。后来编片子的时候，几乎找不到敬一丹平静的神态和不流泪的镜头。摄像以半开玩笑的方式说：“我拍摄敬大组采访一位烈士遗孀，两个人一块哭，我都分不清谁是烈士遗孀了。”① 作为记者的敬一丹，由于在现场没法控制自己的感情，没有意识到自己的角色，从而使采访有些失控。可见，作为一个理智的、有职业感的记者，不管在任何现场、任何复杂的场景下，都应该有把握情绪情感的能力。

在采访活动中，记者和采访对象之间的认知互动和情感互动不能截然分开。根据“认知——感情相符理论”，“人们总是试图使其认知与其感情相符……。”② 倘若出现不相符的情况则会产生不平衡感，产生改变现状的压力。认识主体通过改变认知因素或者情感因素就可以消除紧张感，恢复平衡。记者在采访活动中，应注意调节自己和采访对象在认知与情感上的不平衡。特别应消除认知偏见和情感定势。记者的认知偏见容易引起采访对象

① 敬一丹《99个问号》，中国广播电视出版社，2004年1月。

② 章志光主编、金盛华副主编《社会心理学》第48页，人民教育出版社，1996年4月。

的反感，而情感定势又容易遮住事实真相，导致采访失败。

第三节　传者与受者的人格互动

一、大众传播心理学中的一个核心问题

赫莱特（J.E.Hullett）于1996年提出了一个建立在符号互动理论基础上的传播模式。这个模式被赫莱特称之为工作模式。它总结了在传者和受者关系方面的一些研究成果。

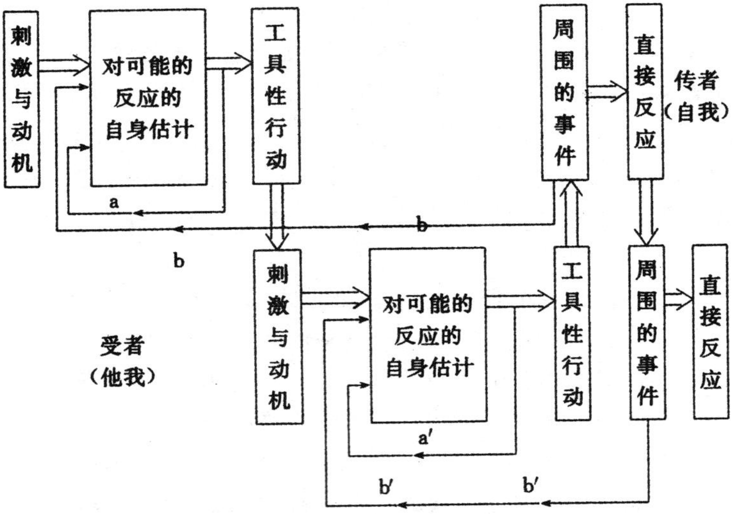

（⇒：行动展开的方向，→：反馈，a、a′：内向反馈，b、b′：人际反馈）

图7—6　赫莱特模式[①]

① 参看刘昶《西方大众传播学》第77页，三联书店（香港）有限公司，1990年10月。

赫莱特模式把大众传播、人际传播和内向传播结合在一起，从不同的结构层次、不同的阶段反映出传者和受者的互动过程，既有内隐的心理互动，又有外显的行为互动。这个模式说明：首先，大众传播不能脱离人际和内向传播而孤立存在；其次，在大众传播活动的全过程，始终存在着传者与受者之间的心理和行为互动。而传者与受者的心理互动正是大众传播心理学的一个核心问题。回顾本书从第二章到第六章所介绍的西方现代心理学的五种理论，即生物论、行为论、精神分析论、人本论、认知论及其与大众传播的关系，便可证明这个观点。

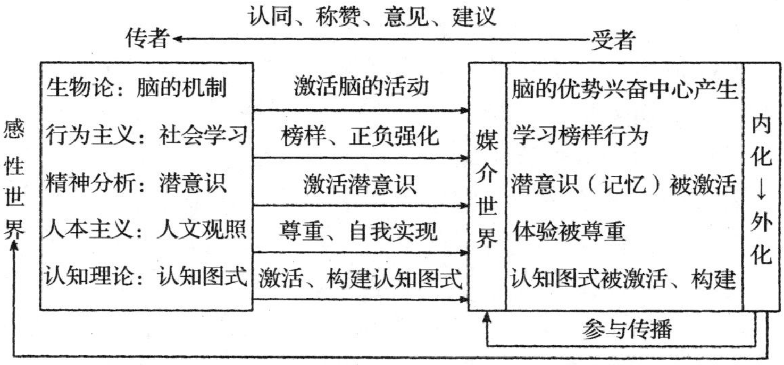

图 7—7　现代心理学理论与传受者的心理互动

从图 7—7 可以看出传者对受者心理的影响涉及到生理层面：脑的机制；心理层面：意识和潜意识；行为层面：选择榜样、尊重受众等等。而受者也可采取能动的行为给传者以积极的反馈、反应和参与，以推动大众传播业的发展。传者与受者的心理互动包括认知、情感、态度、行为、人格等方面，其中以人格互动更为重要，因为它在人的各种心理活动中带有综合性和统领性的作用，所以研究传者与受者的人格互动应当是大众传播心理学的一个核心中的核心问题。

二、传者和受者的人格及其结构

（一）人格和人格结构

人格即个性。《中国大百科全书·心理学卷》把人格解释为“个体内在的在行为上的倾向性，它表现在一个人在不断变化中的全体和综合，是具有动力一致性和连续性的持久自我，是个人在社会化过程中给人以特色的身心组织。”《简明大不列颠百科全书》认为“人格……有一个共同的核心意义，即指个体独具的各种特质或特点的总体”。

有人认为“人格”对于人是一个包罗万象的概念。它大而无宕，难以把握。当论及某个人或其作品或其业绩时，如果不上升至人格似乎缺少高度、深度，但若归类人格又感到抽象、空洞，说了好似没说。这种认识源于对“人格”意义认识的不足，同时也说明人格的确是一个非常抽象的、有高度概括性的一个概念。联系新闻传播活动，在新闻从业人员、被采访或被报道对象以及广大受者（人民群众）之中，既有成就卓著者，又有芸芸众生，甚至还有人类的败类。他们的区别有千种万条，但是从“人性”层面上看，归结到一点就是他们人格的优劣。所谓人格，不是某些个别心理素质无序的迭加，而是某个人全部的心理素质有机的整合。它反映出“一个人的全部精神面貌”，表现出“一个人不同于他人的全部的心理特征的总和。”“人格”有优劣、高尚、低下之分。那些“铁肩担道义”的记者与那些热衷于有偿新闻的记者最本质的区别就在于人格的高下。

人格，拥有相当丰富的内容，包容了人全部的心理素质。为了表述人与人之间人格上的区别，必须从人格结构入手。我国老一辈心理学家孙本文先生认为：“人格结构是由各种心理特征和性格表现配置而成的。”① 他将这种配置用“特质”表述，并依据各种特质的性质，分为六个方面的要素②。

1．知能的特质即智慧与才能；

2．意志的特质即推动力及其恒久性；

3．感情的特质即气质亦即情绪表现的特殊状态；

4．应付社会环境的特质即自我表现，包括内驱力的强弱；

5．感受社会影响的特质即社会性；

6．品格的特质即德性。

（二）传者和受者的人格结构

1．传者的人格结构。

传者的人格结构包括两方面内容。其一是个体的人格结构，如记者、编导人员、作家、艺术家、演员等个体都有不同于他人的人格特质。其二是群体的人格结构，是由各类媒体成员长期养成的固有的思考方式和行为方式的集合。它与媒体的性质、地位、作用等有关，也受媒体的阶级性、民族性、集团性、地域性的制约。日常我们所说的“媒介人”、“电视人”、“报人”、（广播、电视台的）“台风”等就属于这一类。研究传者的人格结构重点在群体。

社会主义媒体人的人格结构，受其社会制度的制约，具有鲜明的党性。作为党的耳目喉舌，其人格结构有其独有的特点。在此基础上并结合孙本文对人类的人格结构要素的归类原则，可对媒体人即传者的人格作如下归纳：

第一，有敬业精神（属于孙本文提出的人格结构分类的第五条，即感受社会影响的特质，社会化程度高），有强烈的社会责

---

① 沙莲香主编《社会心理学》第 364 页，中国人民大学出版社，1992 年 10 月。

② 沙莲香主编《社会心理学》第 364 页，中国人民大学出版社，1992 年 10 月。

任感，感受社会刺激的敏感度高，能全身心投入本职工作。有理想、信念、奉献精神强。

第二，有感情（属于孙本文提出的人格结构分类的第三条，即感情的特质），热爱生活、热爱人民、善解人意、有同情心，有助人为乐的愿望和行为。

第三，品德优良（属于孙本文提出的人格结构的第六条：品格的特质，即德行），公正无私，言行一致；真诚待人、谦虚谨慎；嫉恶如仇，富有正义感。

第四，自强、自律（属于孙本文提出的人格结构的第二条：意志特质和第四条：应付社会环境的特质），执著、顽强、百折不回，理智、冷静、克制力强，严于律己，宽于待人，自信乐观。

第五，聪慧（属于孙本文提出的人格结构的第一条：知能的特质，即智慧和才能），知识结构合理、全面，业务能力强，有才华，记忆力、想象力、学习能力、创造力俱佳，能迅速掌握当代最先进的科技成果，能说会写，有深刻的社会洞察力，反应快，有特殊才能，看问题较全面、辩证。

2. 受者的人格结构。

作为社会主义传播业中的受者，其人格结构（主要指群体）也应具备与传者相应的优化配置，否则他们的双边活动就无法进行，或者说比较难沟通。下边试列举几点：

第一，有强烈的社会责任感，关心社会，关心国家的命运，对社会活动有参与的愿望和行动。

第二，有激情，热爱生活，关心他人，有同情心和助人行为。

第三，有一定的文化素养、道德修养、文化水平，愿意接受新事物，有一定的社会观察力。

需要说明的是，（1）无论传者还是受者，以上所列举的人格结构内容只是理论上的、理想化的，是一种努力的目标。（2）以上各点在现实表现上是以综合形态反映而非所列举的单个表现。

三、研究传者与受者人格互动的意义

（一）人格互动是心理互动的动力

传者与受者的人格互动制约着他们的整个心理互动的价值定向和实际效果。解释传者个体成就大小的原因很多：有遗传的、发展的、学习的、思想的、情绪的、动机的、环境的等等。但在各种原因中，以人格因素最为重要。因为它不仅是对人的各种素质的综合描述，而且它还是人的各种行为的动力系统，它对人的心理活动会起到推动、促进或制约、抑制的作用。

（二）人格互动是“真实我”向“理想我”过渡的张力

每一个传者和受者的自我的人格体系，都是由“真实我”(个体本质存在的内在状态)、“现实我”（个体存在的外在状态）和“理想我”（个体存在的未来想象状态）这三个部分组成的。而“真实我”、“现实我”与“理想我”之间是有距离的，这一距离表示着自我的张力程度。每一个有理想有抱负的传者和受者，都希望尽快地从“真实我”走向“理想我”。正如新精神分析学派代表人物霍妮所说的：“对正常人来说，真实的自我总是竭力朝向自己的理想化状态不断进取。这种人格发展的过程既符合实际又充满生机。”然而，传者和受者个体从“真实我”向“理想我”的转化，必须是在传者与受者的人格互动过程中实现。因为传者与受者人格互动的过程也即传播活动的实践过程，只有在传受双方的心灵相互碰撞时，他们才会发现自我的不足（如媒体报道中的被批评者），才能找到“理想我”的参照体（如英模人物），才能激发出从旧我向新我转化的动力。

2004年夏天，由中央和地方新闻媒体组成的任长霞事迹新闻采访团来到河南登封，寻访英雄成长的轨迹。登封市公安局局长任长霞面对黑恶势力的浩然正气、她的优秀品质和出色才干，使得采访团的记者们深受震撼。可以说，这次采访对于记者们，也是一次心灵的洗礼。对照英雄，《北京晚报》、《北京青年报》、《京华时报》等媒体的记者说出了很有代表性的话："扪心自问，我和长霞的距离在哪里?"在"真实我"和"理想我"的差距中，他们强烈感受到英雄人格——"理想我"的召唤。作为记者，这种"理想我"就是要树立良好的职业道德和职业精神，深入群众、深入实际，"写作的灵感不是在文件里和会议中，而是在田间地头，在典型人物的事迹里，在火热的生活中，任长霞时刻提醒我们：勿忘人民"。①

四、传者与受者的人格互动

在大众传播中传者和受者是对立的统一体。其中，传者居于主导地位。他决定着传播的方向，影响着传播的效果，因此，他在大众传播中起着重要的导向作用。一般我们把导向更多地理解为媒体的内容，其实，这只是看到了问题的表面，隐藏在媒体内容后边的是传者的人格。凝聚着传者人格的传媒精品是最有生命力的，也是最有说服力的。正如古希腊哲学家亚里士多德所言："说话人的品格是一切劝服的手法中最有说服力的。"俄国著名的教育家乌申斯基也表达过同样的意思："只有个性才能作用于个性的发展和形成，只有性格才能养成性格"。

（一）传者人格对受者的影响

1. 以折射出人格力量的作品来打动受者。

传者与受者的心理互动是通过媒体进行的。传者和受者之间虽然是物——心相连，但是受者可以透过那些负载着传者人格的精品去感受传者的人格力量。

我国当代著名记者穆青以《县委书记的好榜样——焦裕禄》、

① 《人民日报》，2004年6月7日，第4版。

《为了周总理的嘱托》等一批讴歌普通劳动人民的优秀新闻作品，激励了几代人，艰苦奋斗、无私奉献。这些“浸灌”着他与英模人物之间掺着血与泪的情深厚意的作品，是他高尚人格的体现。穆青同志“从事新闻工作50年来，虽身居高位，但他的心却深深地根植于人民群众的沃土之中，他甘做人民的儿子，真诚地与人民同甘苦、共患难、齐爱憎。他热爱人民，人民也深深地挂念着他。至死不忘周总理嘱托的农民科学家吴吉昌在病危之际嘱咐老伴：‘我要走了，别的什么也不用带，只要把‘老穆’送我的两本挂历带着’；‘老坚决’潘从正为了让‘老穆’看看自己的劳动成果，垂暮之年，千里迢迢给他挑来两棵手栽的樱桃树；‘除险英雄’任羊成，从广播里听说北京降温，特地从河南林县打来长途电话，嘱咐‘老穆’要多穿衣服，小心别着凉……”①

他与人民群众的深厚情感，他从劳动人民中汲取的乳汁，使他的人格得以升华。他又把这种与人民大众的血肉之情融化于人物通讯的字里行间之中，去撞击人们的心灵，给读者以人生的启迪，使读者的人格也得到净化和升华。

个体有人格，媒体也有人格。有观众对中央电视台开办的《焦点访谈》栏目“发扬正气、疾恶如仇”的个性给予了充分的肯定。认为该栏目的记者和编导人员有强烈的社会责任感，他们勇于揭发社会上丑恶的现象，并穷追猛查，务要彻底而后快，表现出他们对人民的事业高度负责的精神。

2. 以折射出人格力量的实际行动来影响受者。

恩格斯指出：“一个人的性格不仅表现在做什么，而且表现在他怎样做。”在本职范围内，完成报道任务是一种“做法”，而超越本职工作，不仅用笔为百姓呐喊，而且还身体力行为百姓解忧，这又是一种“做法”。这后一种“做法”需要付出更大的代价。

---

① 付海军《记者的幸福》，《中国记者》，1997年第6期，第25页。

被广大读者誉为“百姓的郝记者”的《哈尔滨日报》的女记者郝志宏，把自己几乎全部的时间、精力都献给了她的读者，唯独没有留给她的儿子和她自己。

当记者 13 年，她只在家过过 4 个除夕。当别人在家吃年夜饭时，她却在跟着电视维修工人走街串巷或登上北去的列车与乘务员叙家常。她当记者年年都有新故事，而每件新故事都是与普通百姓紧密相连。为了帮助几乎陷入绝境的刘家兄弟，她连晚饭都没顾上吃，乘车来到刘家调查情况，并将兜里全部的 47 元多钱留给了他们，而自己却因没有几毛钱的车费，不得不步行回家，当凌晨一点多到家后，又不顾饥饿和疲劳，一气呵成饱含深情的通讯《人间不幸更见手足情》。刘家的不幸因而被许多人知道了，善良的人们捐款达 16 万多元，给这个不幸的家庭带来了全新的生活。

她曾为百姓购买大粒盐到处奔波，曾为农民进城卖瓜被滥收费到处呼吁，她还为因投递工作耽误了录取通知书而未能上学的工人子弟提笔上书，当有农民妇女被一伙商贩无理围打时，她不顾个人安危，挺身上前保护这位妇女，怒斥打人者。一桩桩一件件实实在在的事，经过她的努力，都件件落实了。她这种为百姓殚精竭虑的精神，她的人格魅力深深打动了百姓的心。当人们赞扬她时，她说：“既然当记者，就要替老百姓想，就要为老百姓干实事”。①

郝志宏与百姓同呼吸共命运的事迹，仅仅是我们这个社会里成千上万优秀的新闻工作者的代表。正如有记者所说的：“记者，不只是写稿，而应有参与服务的意识和推动实际工作的意识。只有这样才能把党的温暖、社会主义制度的优越性送到广大受众的心坎上”。

---

① 晨阳《百姓的郝记者》，《中国记者》，1997 年 4 月，第 29 页。

（二）传者对受者心理的负面影响

传者对受者的心理互动，其主导面是好的，但也有负面影响。主要表现在两个方面：一是在市场经济大潮的冲击下，有的媒体为取悦于受者，不同程度地存在着媚俗、猎奇、迎合、浅薄等方面的问题。在一些娱乐媒体对明星的报道中，“其他放两边，绯闻摆中间”、“盯住下半身”成为其报道原则。更为严重的是，某些媒体为吸引受众，不惜违背职业道德，捕风捉影、道听途说、刻意制造假新闻，极大地损害了媒体的公信力，造成恶劣的社会影响。像“李雪健病逝”、“张国荣复活”等就是典型例证。其实，广大群众对这种低俗甚至恶俗的娱乐新闻是极为反感的。另外还有个别媒体如某音像公司生产黄色制品，毒害青年、毁坏家庭。二是在传者队伍中有少数道德败坏者，热衷于有偿新闻。有人当欲索财不成，便用丑化企业的报道的卑劣手法置企业于死地。在广告宣传中也有极少数人，不顾百姓生命安全，为伪劣药品张目，导致购买者的死亡。虽然以上问题只是少数传者所为，但是他们的恶劣行径降低了自己的人格，损害了媒体的声誉。

（三）受者的人格对传者的影响

大众传播是传者与受者的双边活动，两者缺一不可。诚然，大众传播的导向取决于媒体，但是如果没有受者的积极参与，大众传播就会失去对象和受体。因此，受者参与的积极性、主动性，既是大众传播的有机构成部分，又是影响大众传播效果的重要因素。

受者人格对传者的影响主要表现在：1．在受者中有一部分人，他们有强烈的社会责任感，关心国家的命运和前途，关心他人的生活状况，关心对子孙后代的教育。他们不仅有这种意识而且还有强烈的参与感和实际行动，他们的行为对媒体的发展至关重要。他们积极响应媒体的宣传，主动参与媒体组织的各种活动。特别难能可贵的是，他们把媒体所披露的一些素昧平生者的困难视为自己的困难，能出钱出力，出谋划策，以爱心呼唤人间真情。对于见义勇为者，他们或参与打击坏人，或出款给予支持，在这些普普通通百姓身上所反映出的高尚的人格力量是对传者工作的最有力的支持和最大的鼓舞。2．受者主动提高文化素养、道德水平，努力提高接收媒体中传递的新知识、新的道德规范、新事物的能力。使传受者能认知共识、情感共鸣、行为同步，相互之间形成水涨船高的态势，推动传播业的健康发展。如果没有百姓在文化、道德、价值观等方面的全面提高，传者的意图只能是一厢情愿。3．受者是人民群众中的一员。他们既是媒体信息的解读者，又是传播活动的信息源。他们以高尚的人格、满腔的热情、无穷的智慧不断地开拓进取创造出来的新生活是净化传者灵魂的参照体。在 2003 年北京非典疫情严重时，《健康报》摄影记者王燕松奔赴广州第一人民医院重症监护病区进行采访。一开始他有点顾虑，但在采访中，他发现有一个病人呼吸衰竭，难受地折腾着。此时，只见呼吸科副主任赵子文走上前去，毫不畏惧地握着病人的手，耐心地安慰，鼓励他战胜病魔。看到他这么接近病人都安然无恙，王燕松在恐惧面前一下如释重负。“不报道好这些可歌可泣的医护人员，就是我的失职；畏惧病魔，就是记者的耻辱。”王燕松不由自主地靠近病人，猛按快门，记下了这感人的一幕。正是赵主任这种不顾安危的崇高精神，使王燕松的灵魂受到深深的震撼，出色地完成了这次采访任务。

思考题：

1．试析传受者心理互动的功能和模式。

2．简析传受者的心理互动的特点。

3．简述记者和采访对象之间的认知和情感互动。

4．什么叫人格？传者和受者的人格结构各是什么？你对此是怎样认识的？

5．分析传者和受者人格互动的意义及表现形式。

第八章　大众传播中特有的心理现象

第一节　特有的心理现象的意义及其内涵

一、研究特有的心理现象的意义

研究在大众传播活动中传受者特有的心理现象的意义，简言之，是为了构建科学、系统的大众传播心理学。

在本书第一章里，已就大众传播心理学在我国产生的必要性和可能性作了简要的分析。在改革开放日益深入发展的今天，我国的大众传播业为胜任重要的历史使命，亟需大众传播学在更深层次，即人的心理层次上予以指导，这就为大众传播心理学的建立提供了必要性；同时又由于大众传播学和心理学的学渊关系以及二者在“研究人”这个层面上的相通之处，则为构建大众传播心理学提供了可能性。但是有学者论证：就我国目前的条件，“还无法形成系统的传播心理学。”① 其主要原因在于“这门学科尚无自己特定的研究对象和课题。”② 因而探寻在大众传播心理学研究领域内“特有”的研究对象就成为构建这门学科的首要问题。在探寻这种特有的对象的过程中，研究者应力求使这种研究具体化，对研究结果能用语言符号进行表述，使人们能够对之进行认知和操作。如果对大众传播心理学对象的界定，仅仅作“是研究传受者心理活动的特点、规律及其生理、心理机制的科学”

① 刘晓红《试论心理学在传播研究中的作用》，第 11 页。
② 刘晓红《试论心理学在传播研究中的作用》，第 11 页。

这样一种抽象的、笼统的概括，而缺少对传受者特有的心理活动的具体描述和分析，那么这门学科就失去了自己的特色。

二、“特有”的心理现象的内涵

所谓“特有”是指某些心理现象只存在于大众传播活动中，而不与其它领域（如传播学、心理学）共有。换句话说，这类心理现象既不属于传播学，也不属于心理学研究的范围，而必须是大众传播心理学独有的研究对象。例如，像“注意”这种心理现象存在于任何有人的领域里。注意的几个特征：注意的分配、注意的广度、注意的转移等，在人们从事各种活动时都会有所表现。比如“注意的分配”，人们在听报告、搞卫生、收听广播时都存在一心二用的现象，这就是注意的分配。严格讲，这类研究不属于大众传播心理学特有的研究对象，而应归到应用心理学里。但是要想把研究的触角深入到“特有”的这个层次，还必须首先从传播学与心理学的相互联系、相互影响上入手。有研究者将此种研究归为两大类①。

第一类是在传播学研究范围内涉及到的大量与心理学有关的内容，包括心理因素影响传播活动和传播活动对心理因素的影响这两个方面。前者如“可读性研究”（探讨阅读材料的难易度与读者水平的关系）、“认知图式的研究”（认知图式的差异是人们对同一事件做出不同解释的重要内因）；后者如传播活动对受众的认知、态度、社会化等方面的影响。

第二类是与心理学有关的传播学研究。其中占较大比重的是运用心理学理论解释传播现象（现在的研究大多属于这一类）。例如，读者、听众使用媒介的动机；在使用媒介过程中出现的情

---

①　参看刘晓红《试论心理学在传播学研究中的作用》和其《试论传播心理学的研究内容》，《新闻心理学论文集》，北京广播学院出版社，1996年2月。

绪情感反应、群体压力对决策的影响等。

当人们对以上这两类问题研究到一定的程度时，就可以着力探讨作为科学的、系统的大众传播心理学自己独有的研究对象。如本章将要讨论的“心理感应”，特指电视观众与现场采访记者之间的心理互动现象。又如“晕”话筒（镜头）更是电子传媒作为独特的刺激物对采访对象的影响。这类心理现象在其它领域里是没有的，故称之为“特有”的心理现象。但是这种心理现象和前面所提到像“注意”、“态度”一类“非特有”的心理现象，有时容易分化，有时则不易分辨。像“可读性研究”似乎既可理解为“独有”，也可理解为“非独有”。正因为如此，所以造成大众传播心理学研究对象的模糊性和分辨的艰难性，以至于到目前为止，仅仅找到了几种所谓的在大众传播活动中独有的心理现象。造成这种现象的原因可能有几个方面：第一，我们对传播活动中独有的心理现象的界定过窄、过严。上边提到的第一类和第二类研究中的某些内容是否可以归入传播心理学的范围？当然，究竟是哪些内容，还有待于进一步的研究。比如班杜拉的社会认知理论。尽管这个理论的理论框架是“社会认知理论”（属于社会心理学范围），但是由于大众传播媒体的介入，使得影响人们进行社会认知的刺激物由人际影响转为媒介影响，因而当使用社会认知理论去解释“人们从媒介中学习社会生活”时，就赋予了该理论以新的内涵。又如有关记忆问题的研究，记忆作为人的认知过程的一个重要环节，固然属于心理学的研究范围，但是在使用媒介时，人们的记忆会有新的特点。如“看电视过目即忘现象”，又如电视新闻的排序对观众记忆和理解的影响，再如电视广告对人们联想的诱发等等。人们的记忆在大众传播活动这种特定的情境中与在非大众传播中的表现形式和特点肯定有差异。把对这些差异的研究归入大众传播心理学的研究范围是否能被接受？第二，就我国大多数研究者目前的水平（包括理论研究水平和实证研究水平）及所掌握的资料还不足以发现存在于大众传播活动中的那些“独有”的心理现象。

不过，无论是哪种原因，当务之急还得循着这门学科研究的最基本的路子走，即运用心理学理论去分析传受者心理活动的特点和规律。也许，随着传播业的发展和研究者理论素养的提高，当我们积累了足够多的知识经验时，以上问题便迎刃而解了。

对于在大众传播活动中“非特有”的心理现象，本书在前几章里已进行了较多的阐述，本章仅就几种目前已被视为“独有”的心理现象作一尝试性的分析。

第二节　简析几例“特有”的心理现象

一、心理感应

“感应”指“因受外界影响而引起相应的感情或动作……。”① 心理感应有广义、狭义之分。广义指因刺激引起的相应的心理反应；狭义主要指电视观众和电视记者之间的心理互动。作为大众传播活动中特有的心理现象，心理感应是取其狭义的意义。具体讲，心理感应是指电视观众与在新闻片或纪录片中进行现场采访的记者之间出现的特殊的具有期待性的心理互动现象。

之所以说它是“特殊的”是因为，1. 这种心理感应表现出电视观众与广播听众及报纸读者的区别。电视新闻以其特有的画面的真实感（这一点报刊上的新闻摄影也有相似性，二者只是在“动”与“静”上有区别）、以及电视记者能“走入画面”、走进现场，使得电视观众与电视记者之间较之广播听众与广播记者、报刊读者与报刊记者之间更具有仿人际互动的感觉。记者的音容

① 中国社会科学院语言研究所词典编辑室编《现代汉语词典》（修订本）第 407 页，商务印书馆，1996 年 7 月版。

笑貌、一举一动，观众都能尽收眼底。因而，电视观众与电视记者之间的心理感应更直接、更强烈。2. 心理感应反映出电视观众在观看电视新闻片、纪录片与观看电视剧时的收视心理上的差异。“观众在看艺术类节目的时候，他们并不追究事件是否确有其事，也不注意拍摄者的在场，他们接受这类节目在假定性的前提下展开的叙事。而在纪录片、新闻片中，假定性这堵墙被推翻了，不管你表达得多么精彩，隐匿得多么巧妙，观众都会有意无意地感知摄影机及取材人的现场存在，都会对事件的真实与叙事的忠实发出双重馈问”。①

之所以说“心理感应”具有期待性，是因为电视观众与电视记者之间的心理感应是以观众的期待为动力的。当电视观众观看记者的现场采访时，往往会情不自禁地对所反映的新闻事件产生强烈的参与感（如跃跃欲试或积极思维），并同时对电视记者的采访行为不由自主地进行评判。因为观众自己不能走进屏幕，所以他们就把个人的某种期望寄托于自己的代言人——记者的身上。渴望自己的躯体和思想能被记者延伸到新闻现场（这是观众潜在的自我表现的意识）。如果现场记者能够较好地表达出观众的期待，观众便会心满意足；反之，观众则会或产生疑惑，或忿忿不平，甚至忽视了新闻事件本身的进展而迁怒于记者。

举一例加以说明：1996 年 9 月 1 日《东方时空》播出一条新闻：在一片汪洋的洪水中，有位战士要求去解救被洪水围困的群众。他带了一些绳子准备给水中的乡亲，以便让他们靠牵绳子到达安全地带。可是当他艰难地游至离岸边很远的地方时，突然被一个大浪拍击入水，便再也没能爬起来……。虽然电视画面上没有出现记者的身影，但是摄像机的镜头一直对着那个在水中上

① 王纪言《电视报道者的“我在场”意识——兼谈观众收视新闻节目时的心理感应》，《新闻心理学论文集》第 107 页，北京广播学院出版社，1996 年 2 月。

下沉浮的“黑点”（战士的头），直到黑点完全消失。画外音讲（大意），他（这个战士）为了解救被洪水围困的群众而英勇地牺牲了。可是观众却在想，“为什么没有人去救他？为什么不多派几个人去？为什么没有防范措施？为什么不能采用划船或其它更有效的办法？现场的记者哪去了？难道他们的任务就是在岸边架起摄像机专门拍摄那位战士光荣牺牲的过程？（如果记者对现场发生的事件能作一些具体的解释，可能会减少观众的疑问）”观众的这些疑问反映了观众对记者（也包括现场其他人）的一种期待。而这种期待又引出了另一个问题，即电视记者如何处理双重角色及其角色冲突的问题。所谓双重角色是指电视记者既是电视人、职业人，又是社会人、普通人。他们应当有强烈的职业角色意识，但又不能忘却自己也是普通百姓中的一员。所谓角色冲突是说，电视记者在新闻报道现场，有时会遇到无法兼顾观众对其作为职业人和社会人双重角色的期望而产生的内心冲突。作为职业人、电视人，在新闻现场他们主要的任务是拍摄新闻事件发生、发展的过程。但是作为社会人面对某些被报道的人或事件（特别是对受难者或灾难性事件的报道），应当抱什么态度和采取什么行动？作为社会人的观众容易产生希望记者能代表他们对受难者作出援助或救援的行为，而不是仅仅停留在用摄像机作冷冰冰的记录。从理论上讲，观众的这种期待是应当肯定的。在有条件的情况下，记者也应当尽力而为、取信于民，以实现为人民服务的宗旨和体现人道主义精神。事实上，许多记者也是这样做的。他们“显示出人间的温暖和职业的道德力量。”比如：

在 CBS 的《60 分钟》节目里，主持人挺身而出，从罪犯手中拯救出两个被拐骗的菲律宾少女；

在日本纪录片《大地之心》里，由于报道者的介入，赵小敬夫妇终于破镜重圆，演出了人间悲欢离合的动人一幕；

在拍摄《德兴坊》过程中，编导江宁曾背患病的王凤珍老人四处寻找医院；

在拍摄《呼唤》过程中，为了癌症患者有一块练功的宝地，编导宋继曾整天等候在市政府；

……①

“任何时候，电视的取材者不能忘记自己与被摄对象处于面对面的直接关系中，不能忘记自己作为社会人与职业人的双重身份，尤其是不能为了满足自己或观众的猎奇心理而忘记了自己的社会职责。”②

但是，记者也有自己的难处。许多事情他们难以兼顾职业人和社会人的双重角色，同时又不便（多数情况也不可能）直接向观众道明原因。于是这就使电视报道者常常如履薄冰，顾此失彼，造成强烈的内心冲突和巨大的心理压力。出生在约翰内斯堡的凯文·卡特曾因其在摄影（虽然他不是电视记者，但他遇到的角色冲突与电视记者没有区别）上的卓越成就获得了1994年度普利策摄影新闻奖。然而，当“他获奖的消息刚一透露，就被抗议的浪潮蒙上了阴影。抗议主要来自《时代》周刊的读者，是针对他的获奖作品苏丹饥荒的拍摄过程。”③ 图片上有一个苏丹小姑娘无力地爬向联合国食品分发站。她饿得头已经抬不起来了，四肢着地，艰难地挪动着，而“有一只秃鹫正耐心地等待在她的身后，等待着她无力挣扎时刻的到来”④。

“当时在拍了那张照片后，卡特把伺机吃掉小姑娘的秃鹫轰

---

① 王纪言《电视报道者的“我在场”意识——兼谈观众收视新闻节目时的心理感应》，《新闻心理学论文集》第112页，北京广播学院出版社，1996年2月版。

② 王纪言《电视报道者的“我在场”意识——兼谈观众收视新闻节目时的心理感应》，《新闻心理学论文集》第112页，北京广播学院出版社，1996年2月版。

③ 巩小强编译《自杀——只因他看到的太多了》，《北京青年报》1994年11月21日。

④ 巩小强编译《自杀——只因他看到的太多了》，《北京青年报》1994年11月21日。

走了，但却把小姑娘留在原地没有管。”卡特的一个朋友说，“这是新闻记者永恒的难题——你是仅仅记录正在进行的事情呢？还是也卷入其中？”①

卡特为此万分痛心。他终因看到的杀戮、死亡、愤怒、痛苦太多心理再也承受不了这巨大压力的折磨，在事业正如日中天之际服药自杀了。其实，面对大规模的屠杀、饥荒，他又能做什么呢？读者当然并不知道，他当时没有去管那个小姑娘，“是因为联合国告诫在那一地区的所有记者，不要触摸当地人，以避免疾病的危险”。②

总之，受众对记者的期待很多很多，记者有时能尽力而为，但有时也无能为力。尽管如此，观众与电视记者之间的心理感应既促使记者为满足观众的热切期望而奋力工作。同时也使他们的人格得到了净化和完善。

二、心理真实

“心理真实”一词来自 R·J·Harris 撰写的《大众传播的认知心理学》一书。是指“人们通过媒介获得的对于社会真实的认识，是人们关于社会知识的心理结构。”这个定义恰好解释了“心理真实”之所以被认为是在大众传播活动中，人们独有的心理现象的理由。

对于第二点，即“心理真实”是“人们关于社会知识的心理结构”，有研究者对之进行了阐释。认为在现代社会里，大众传播活动同教育传播活动在传播特征上存在着差异（如在目的性、计划性、在有无同一价值取向和统一教科书等方面），因而导致“大众传播和教育传播在构建心理结构的机制和内容上都可能存

① 巩小强编译《自杀——只因他看到的太多了》，《北京青年报》，1994 年 11 月 21 日。

② 巩小强编译《自杀——只因他看到的太多了》，《北京青年报》，1994 年 11 月 21 日。

在着不同的规律”①。进而得出“心理真实是大众传播活动中特有的心理现象，是传播心理学的研究课题”② 的结论，这种分析是很有道理的。

对于第一点，即“心理真实”是人们通过媒介获得的对于社会真实的知识，有研究者对这一命题进行了注解：“我们从媒介获得的经验，是我们构造关于这个世界的知识的基础，我们由此获得的‘心理真实’，将成为我们各种行为的基础并对我们的生活产生诸多影响。与其说电视是对真实世界的具有一定精确程度的反映，不如说这已成为判定真实世界的比较标准。我们从媒介所看到的世界比它所反映的世界本身更真实。”③ 这段话对“心理真实”解释的逻辑是：我们获得的对真实世界的真实认识即心理真实，是通过能在一定程度上精确反映客观世界的媒介世界获得的。从在大众传播活动中特有的心理现象的角度看，“心理真实”的确有其独到之处。它反映了大众传播心理学的一个基本的命题，即传受者的心理是客观现实以媒体为中介在其头脑中的主观反映。然而，深究这个概念的内涵，发现有其不够科学的一面。首先，用“心理真实”这个概念来表述传受者的主观反映；其次，原作者认为“我们从媒介所看到的世界比它所反映的世界本身更真实”。对这两点似有可商榷之处。

用“心理真实”来表述传受者借媒介世界去认识真实世界的心理效果是真实的，并不完全符合实际。诚然，不论哪种制度下的传播从业者，尤其是新闻从业人员，为了给受者提供真实世界的信息，不仅历尽艰险、疲于奔命，甚至有的人付出了宝贵的生

① 刘晓红《试论传播心理学的研究内容》，《新闻心理学论文集》第32页，北京广播学院出版社，1996年2月。

② 刘晓红《试论传播心理学的研究内容》，《新闻心理学论文集》第32页，北京广播学院出版社，1996年2月。

③ 刘晓红《试论传播心理学的研究内容》，《新闻心理学论文集》第32页，北京广播学院出版社，1996年2月。

命，使我们了解了这个世界的真实面目中的某些部分。但是，同样无论哪种制度的传播业都不讳言，现代社会的人们“生活在媒介所创造的虚拟的环境——假世界中”①。虚拟环境的造成有不可避免的一面，因为媒介内容的产生是传者主观认知的产物，它必然会打上传者本人的以及他所生活的时代的、他所代表的阶级的、集团的、阶层的意志。另一方面，这个虚拟环境中的虚假成分有时是人为造成的，小到假报道、假广告和脱离实际的电视剧，大到被某些财团所控制的媒体。比如自诩“独立超然与不具成见”的美国新闻媒体，事实上作为一种“盈利事业”、“传媒公司本身已日益形成一股财阀势力”，其传播倾向便不言自明了。在海湾危机中，美国的“电视新闻中充满了加油和打气，却很少看见珍贵的立场超然的报道。连起码的客观表态都不顾，电视记者迫不及待地站在美国政府一边”② 便是明证。即使不从媒体性质，仅从媒体表现如电视的拍摄技巧上看，为了突出某个事件的某个人物或某种意义，也会不由自主地把一个事实“编制为一个戏剧性的节目”。1951 年 4 月 11 日，社会学家朗戈夫妇分析了在芝加哥欢迎麦克阿瑟将军归国的游行队伍的电视转播，指出电视对游行队伍欢迎的再现（放大将军的形象，有选择地拍摄观看游行的狂热人群），与前去观看游行的群众所经历的“现实”（等得腰酸腿痛、不耐烦，将军的身影一晃而过）有很大的出入 。③

对于 2003 年爆发的美伊战争，西方很多媒体都进行了直播，但是由于战争带来的客观条件的不允许（比如记者无法真正进入战争第一线），更多的直播不是对战争和事件本身的直播，而是在演播室中经过处理和选择的直播。于是人们看到大量的“战争

---

① 郭镇之《大众传播的议程设置功能》第 1 页。

② MARTIN A. LEE & NORMANSOLOMON《不可靠的新闻来源》，第 16 页，中华书局，1995 年 6 月版。

③ 参看［日］藤竹晓原著，李江林、樊诗序编译《电视的冲击》第 44 页，北京广播学院出版社，1989 年 11 月。

秀”充斥在CNN、NBC、ABC上，他们把对新闻事件的客观报道戏剧化了。在报道中常常看到的是一边是激烈的交火、横卧战场的尸体、焰火表演般的夜间空袭，一边是战区公路上的车水马龙和民众一如既往的就餐和购物。表面上媒体带给人们有关这场战争的信息是充分的、全面的，但是媒体所图解的当代战争画面给人造成的奇特感觉，极大地模糊了战争的残酷性。而实际上，战争的残酷性并未因此而有任何改变。在这里，对新闻事件以戏剧感的报道制造出受众的“心理真实”，让许多并没有亲身参与和目睹这场战争的观众们仅凭经过选择的图片和影像资料来认识这场战争。

美国著名的新闻工作者和社会评论家李普曼（Walter Lippmann）在其《舆论学》里，对媒介所造成的虚拟世界进行了鞭辟入里的分析：“由新闻界提供的图像常常是不完整和扭曲的”。他在《公众意见》的前言中，特意提到柏拉图的寓言：洞穴中的囚犯从面前的墙上永远看不到真实的世界，只看得到世界的反映，然而，这些反映就是囚犯们的世界。李普曼指出，“我们就像这些囚犯一样，也只能看见媒介所反映的世界，然而，这些反映便是构成我们对世界的图像的基础。”① 从这个理论出发，“心理真实”就站不住脚了。至于“我们从媒介所看到的世界比它所反映的世界本身更真实”则就更无从谈起。

从以上分析可以看出，“心理真实”作为传播活动中的特有的心理现象有其合理的一面，但也有不够全面、准确的另一面，当然，对此还应作进一步的分析和研究。

三、“晕”话筒（镜头）现象

“晕”话筒（镜头）现象，主要出现在大众传播活动中的采访阶段。面对记者的采访，特别是伸话筒和给镜头时，有的采访

---

① 郭镇之《大众传播的议程设置功能》第1页。

对象被话筒（镜头）搞“晕”了，一时出现意识狭窄、情绪紧张、不知所措的窘态。这类情况，报刊记者采访时也会遇到，不过相比之下，电子媒介对采访对象的压力更大。中央电视台有位记者非常形象地描述了那些被采访者的种种情态：

“比如在街上采访吧，当你举着话筒选择好采访对象拦住他提问时，他的脸涨得通红，连连后退，羞得恨不得有个地洞钻进去，真让我们白费时间和感情。可也有人就愿往镜头里钻，你不采访他，他追着你非要说上几句，搞得我们哭笑不得。

有时我们要采访什么省长呀、市长呀等大人物，心里也挺紧张的，估摸着人家当领导的肯定出口成章，对答如流。有时候，确实如此。但也有例外，当我们都坐好，灯光一亮，你猜怎么着？他比记者还紧张，他让工作人员在前方高举着一张大纸，上面写着他讲话内容的大字，和一般人一样，面对摄像机，他很不习惯……”①

为什么被采访者会出现这种心理状态？按照勒温（K·Lewin）心理动力场的观点，人的行为是遵循 B＝f（P·E）公式进行的。其中 B 表示行为，P 表示个人的内在因素（由个体的动机、需要、个性特征、知识经验等方面构成），E 表示情境因素。它是社会环境的一部分，是被主体所认知的环境。行为公式表明，人的行为是一个复杂的能量系统，是个体内在因素与环境因素交互作用的结果。据 Howers 等人的研究结果表明，“一般变异归因于个人的百分比为 13，归因于情境的百分比为 10，归因于人与情境相互作用的百分比为 21”②。此结果说明，人与环境的单独作用与二者的交互作用相比，后者是行为变异的最大原因。用勒温的行为公式来分析“晕”话筒（镜头）现象，可以看

---

① 孔颖《当我把镜头对准您……》，《北京晚报》，1996 年。

② 王亚南《情境心理学的若干问题》，《心理学动态》（京）1996 年第 4 期，第 44 页。

出不同的被采访对象面对由话筒和镜头介入的情境（即采访环境）会产生不同的行为。那些生性腼腆、个性内向（P 因素）者，面对话筒和镜头（E 因素）时比较容易紧张，出现所谓“晕”话筒（镜头）现象（行为 B）。但也有人相反，他们生性好表现自己，个性外向，面对同样的情境（话筒、镜头的介入）不仅不“晕”，反而很冷静，很自如。这两种人，面对相同的情境（E），行为迥然（B）是由于其个性差异（P）造成的。

可以想见，大部分人初次面对摄像机镜头时都会有不同程度的紧张情绪，有的采访对象不善言谈，不善社交活动，或者性格内向，或者对采访的问题没有思想准备（随机采访）都会产生紧张的心理状态。越是紧张，越谈不成。对于这类采访对象，记者和主持人要设法消除他们的紧张情绪，可用语言、神态等因素使对方放松，在平静的心态下接受采访。先从轻松的话题谈起，待采访对象消除紧张情绪后，再谈正题。或者提出问题后，让对方有思考的余地，然后再开机录像。对于电视采访，如有的采访对象一看到摄像机前面的红灯亮了就紧张，记者可以关掉红灯，在采访对象不知不觉中开机拍摄，往往能取得较好的效果。崔永元曾经在主持的《实话实说》中经常邀请一些普通平民参加节目。有的采访对象一看到摄像机前面的红灯亮了就紧张，后来崔永元就尝试让摄像关掉红灯，在采访对象不知不觉中开机拍摄，结果取得较好的效果。有一次录像录到大概快 40 分钟了，崔永元站在观众席前觉得有人拉自己衣服，回头一看是个大娘，她指着表说快点开始，我们待会儿还要回去呢。崔永元说好，我们抓紧，实际上当时已经录了 40 多分钟，都快录完了。

为避免被采访人出现晕话筒（镜头）现象，记者在采访前应尽量与被采访者多接触、多交流。在彼此尊重、相互信任的基础上，打消被采访人怕“露丑”的顾虑，使他们“忘记”话筒和镜头的存在，能以真情实感投入采访活动中，从而使采访效果真实、自然、贴近生活。这在《东方时空》等一些成功的节目中已经得到了有效的验证。

思考题：

1．研究大众传播活动中传受者特有的心理现象有什么意义？

2．你对在大众传播中传受者特有的心理现象是怎样认识的？

3．简析“心理感应”的内涵。观众与记者之间的心理感应对电视新闻报道有何意义？

4．简介“心理真实”的内涵。谈谈你对“心理真实”的认识。

5．什么叫“晕”话筒（镜头）现象？记者应怎样帮助被采访对象克服“晕”话筒（镜头）的问题？

6．你认为在大众传播活动中还有哪些特有的心理现象？

第九章 网民的心理和行为

网民的心理和行为即网民的在线心理和行为。从本书所使用的概念体系看，采用传受者心理和行为比较合乎逻辑。本章之所以使用网民的心理和行为是为了符合约定俗成的社会认同。

研究网民心理，刻不容缓。2004 年 7 月 20 日，中国互联网信息中心（CNNIC）发布的第 14 次《中国互联网络发展状况统计报告》显示我国上网用户总数已达 8700 万[①]。继续保持着世界网民数量第二的位置。全世界每九个网民中就有一个中国人，我国是名副其实的互联网大国。

不过，目前我国互联网还处于一个极其幼稚的阶段，[②] 还存在许多问题，例如我国互联网的普及率还很低（网民只占我国总人口的 6.2%，为全球平均水平的一半）[③]，企业网站多而应用少，网民的构成和素质还有待于提高等等。但是，毋庸置疑，互联网对我国的政治、经济、文化，特别是对人的心理和行为的影响之广、之深，任何传统媒体难以望其项背。互联网的发展无可阻挡。有专家认为，“在未来 10 年，互联网将进入中国的主流社会”[④]，“一切终将网络化，世界终将网络化。”[⑤] 于是会不会使用

---

① 陈筱红《国内网民每周上网 12.3 小时》，《北京青年报》2004 年 7 月 21 日。

② 仲伟志《温元凯：我非常乐观》，《经济观察报》2003 年 10 月 13 日。

③ 赵亚辉《中国互联网美丽数字的背后》，《人民日报》2004 年 1 月 16 日。

④ 仲伟志《温元凯：我非常乐观》，《经济观察报》2003 年 10 月 13 日。

⑤ 黄继新《无线互联是理想》，《经济观察报》2003 年 12 月 29 日。

网络将成为判断一个人是处于社会之中的还是处于社会边缘的分水岭。

第一节　网络特点及网民的心理和行为

一、网络——一种崭新的生存方式

（一）虚拟与现实的对立统一

使用电脑者“无疑已经跨入了人类历史上前所未有的一个崭新的空间”，这个空间叫作 Cyberspace，港台译作“异次元空间”[①]。其实就是我们通常称之为的“虚拟世界”，与之相对应的则是“现实空间”或称“现实世界”。

自人类产生那天起到上个世纪 90 年代，人类一直生活在可视、可见、可触、可摸的现实世界中，并形成了一整套习惯化了的生活方式。当我们的生活正在迅速地被互联网覆盖的时候，当我们沉浸于将人类的多种传播形式（人际、组织、大众）前所未有的汇集到一个平台——互联网上的时候，我们发现，这里的确是一个全新的、消灭了传统的时空界限的、远离现实的迷人的空间。这个空间正悄然地、然而神速地改变着人们传播、储存、使用信息的方式；改变着人们原有的生活方式；改变着人们感知世界的方式。每天上网已经成为一部分人生活中不可或缺的内容。他们通过敲击键盘进入网络世界，感知着以数码形式复载着的精神产品（以往的精神产品必须以物质作为载体），满足着永不衰竭的欲望，改变着人的表达情感方式，如网友、网恋、网上婚姻，甚至有人在网上刊登私人广告：不寻求长期关系，只期待一夜情；改变着人们的人际交往方式：通过 E—mail 通信，在 BBS

---

① 严峰　卜卫《生活在网络中》第 4 页，中国人民大学出版社，1997 年 12 月。

上讨论问题，在玩网上游戏中建立“敌、我、友”的关系；改变着传统的教学方式：未来的网上图书馆是大众走向知识的桥梁，远程教育使教育普及率大大提高，非常时期（如非典）互联网技术帮助师生做到了“停课不停教，停课不停学”；改变着人们看病、治病的方式：互联网可以将一个人所有的医疗信息在任何时间、地点都轻而易举地获得，并让医生在千里之外为病人看病、做手术；改变着人们的话语方式：互联网上有一套自己的语言、非语言的表现系统。

总之，网络是人们在现实生活之外的又一个新的生存方式。沉溺于网络生活的例子不胜枚举。如某大学生抛弃了现实生活中的女友，选择了网络游戏，一副耳机、一张网卡、一瓶水、一包饼干，对于他就是一个世界。

与虚拟世界对应的是现实世界，这两个世界是对立统一的关系。从后现代视域出发，用后现代话语表述，则虚拟世界是对现实世界的反叛、解构，它摧毁界限，远离现实，体现着一种对立。但这二者又统一于一个统一体，即人类社会之中。虽然虚拟对现实的较量已经开始，但是“虚拟社会里发生的问题还得跑到现实社会里来解决”。[①] 因而这两个世界是对立统一的，是一种“辩证的反”[②]。对于现代人而言，二者缺一不可。

（二）网络特点

以往，研究者对网络的特点有过多种描述，诸如，虚拟性、匿名性、再造性、实时性、海量性、互动性、广泛性、开放性及超越时空性等等。这些特点又可以归纳为虚拟性、海量性、互动性及超越时空性。这四个方面既密切关联又相对独立。

---

① 王涌《COM：我们可以拒绝在线吗?》，《经济观察报》，2003 年 12 月 29 日。

② 吴水平《网络传播学——一种形而上的透视》第 4 页，中国广播电视出版社，2004 年 6 月。

1. 虚拟性。

在现实世界，人际交往需要通过言说与倾听，信息的共享靠的是可听、可视、可触摸的语言、表情和身姿等来进行。然而凭借现代信息技术的互联网在人们面前呈现的则是一个与现实世界完全不同的具有很强的隐匿性和不确定性的虚拟世界。这个世界是因交往双方在语言、表情、行为等方面出现的感觉经验的缺失（有限性）而造成的。

互联网的虚拟性消解了交流双方的身份属性（如师生、医患、长幼、传者和受众、作家与读者、演员与观众的社会角色在网上模糊了，甚至颠倒了）；性别角色混乱了（不知道网友的真实性别）；人们的个性特征看不清了。特别是在以“MUD 为代表的网络游戏中，游戏者的一个最大特点就是把自己认同为别人，甚至在同一时间可以化身为完全不同的许多个人”。[①]

2. 海量性。

有人认为，互联网上的信息像奔腾不息的长江大河，无穷无尽。这是因为以数码形式存在于网络之中的信息摆脱了以往精神产品必须以物质（纸张、画布、胶片、唱片）为载体的束缚，它们通过超文本的方式进行链接，进行无穷的指涉，于是超文本的链接成为一部永远写不完，也读不完的大书。[②]

网络的海量性、超文本链接，和虽经任意涂改然而不留任何痕迹等特点，改变了人们在现实中的线性的不容读者随意变动的阅读习惯。人们对阅读的进程、方向和结果拥有大量的选择性。这种阅读方法，彻底打乱了传统的阅读习惯，没有顺序、没有起点和终点。阅读的内容随着读者的兴趣不断变化着，于是阅读的中心被消解了。

---

① 严峰　卜卫《生活在网络中》第 55 页、第 12 页，中国人民大学出版社，1997 年 12 月。

② 严峰　卜卫《生活在网络中》第 55 页、第 12 页，中国人民大学出版社，1997 年 12 月。

3．交互性。

与现实社会中的人际沟通相比，网络传播中的交互性起码有两点不同，其一，交往双方有更强烈的平等意识；其二，网络上的沟通显示出一种全方位（包括时间、空间、心灵深处）的交互作用。现实社会是一个等级社会，每个人必须按照角色期望扮演自己的社会角色。“通常，人对人的认识局限于社会角色提供的价值标准之中，角色容易使人产生社会差别意识，产生人看人的尊卑等级定势”。① 然而在网络传播中因个人面目被隐匿，“人与人之间的交往仅限于纯文本的交流，每个人只有各自的 ID 号，而没有在现实生活中的各种约束和限制，每个人的地位都是平等的，并不存在等级的高低贵贱之分”②（虽然网民也有准虫、爬虫、小虫、大虫、飞虫等类别之分，但这主要根据网民使用网络，特别是网络游戏的水平划分的，与现实社会的社会地位有本质不同）。尤其是在现实社会中处于被领导、被管理或其它弱势群体的人，更加渴望在网络里尝试当领导、当管理者、当强势群体的欲望，来弥补在现实生活中的缺憾，求得心理平衡。当然，更多的人在进入网络沟通后，在与不相识的人进行交流时，能够摆脱现实生活中角色地位的差异，把自己摆在与对方平等的地位上。有研究者认为，在网络中，我们每一个人只不过是“超文本中的一个节点而已……这些节点没有等级，没有高下，没有谁拥有特权地位……”③ 网民在颠覆了社会角色的同时能体验出一种全新的（在现实生活中根本得不到的）、非中心化的（在网络上每个网民都是小小的中心）、心灵获得自由解放的感受。在这种

① 王怡红《人与人的相遇——人际传播论》第 4 页，人民出版社，2003 年 2 月。

② 程乐华《网络心理行为公开报告》第 17 页，广东经济出版社，2002 年 4 月。

③ 严峰 卜卫《生活在网络中》第 12 页、第 27 页、第 4 页、第 14 页、第 66 页、第 26 页，中国人民大学出版社，1997 年 12 月。

氛围中，网民之间的交流、互动会更加真诚（没有面具），更加深入，更加随心所欲。

网络的互动是全方位的，是超时空的。消解任何界限的网络，为网民的心理互动带来了极大的方便。他们可以通过一对一、一对众的交流方式，与世界上任何角落的个体、组织及大众在任何时间进行对话，并能实时获得千百万人多种多样的反馈。例如，辽宁黑社会头目刘涌案件专题，在终审的最后两天里引来了十几万条网民的评论。① 又如，1995 年探险家威尔·斯蒂格开始 2000 英里的北极之旅，当时有 35 个纽约布鲁克林区四年级小学生在电脑前与之“同行”。在 6 个月时间内，孩子们在屏幕前追踪探险队的行程，同他们进行面对面的交流，饱览北极冰天雪地的奇异风光，分享探险队的欢欣和艰难困苦。这个事实表明网络上的交互性，不仅仅是跨越时空的，“而且还跨越了学科，跨越了国界，跨越了代沟”。②

4．超越时空性。

“互联网是一个通过虚拟的手段消灭传统的时间和空间界限的场所”③，是一个无限庞大而自由的文本空间。这个超越时空的文本带来了网络沟通的无限广阔性，网民交往的无限广泛性。

在互联网上的无纸化的学术杂志、无砖瓦的会议室、图书馆里人们可以举办超级论坛、超级笔会。全世界的书都存在这里，全世界的人都可以随时随地地坐在这里讨论问题，④ 毫无顾忌地高谈阔论。他们还可以跨越时空与历史上任何国家、任何时期的哲人进行心灵的沟通。人们还可以开启各类知识的网页，获取人

① 黄继新《虚拟实力》，《经济观察报》，2003 年 12 月 29 日。
② 严峰　卜卫《生活在网络中》第 12 页、第 27 页、第 4 页、第 14 页、第 66 页、第 26 页，中国人民大学出版社，1997 年 12 月。
③ 严峰　卜卫《生活在网络中》第 12 页、第 27 页、第 4 页、第 14 页、第 66 页、第 26 页，中国人民大学出版社，1997 年 12 月。
④ 严峰　卜卫《生活在网络中》第 12 页、第 27 页、第 4 页、第 14 页、第 66 页、第 26 页，中国人民大学出版社，1997 年 12 月。

类的精神食粮。比如，在互联网围棋协会（LGS）的主页上，有围棋教科书，有对围棋老师的介绍。你还可以登陆到 LGS 服务器上，“观看全世界在某一时刻通过 LGS 展开的全部棋局，并任意选择对手，与他们决一雌雄。”① 在美国加里福尼亚基诺城的纽曼小学，9 岁的杰伊通过电子邮件同 800 英里外科类拉多大学的比尔·切诺维兹教授一起切磋复杂的几何学问题；纽约长岛东山小学的五年级学生在互联网上同专家们讨论天体物理学、波黑战争和麻醉毒品带来的社会问题，以及如何处理好他们与新西兰、荷兰、南非“键盘伙伴”（通过互联网结交的从未谋面的朋友）的关系。② 通过互联网，人们在心理上会变得愈来愈近，越来越亲密，而同时在现实生活中人与人之间的面对面的直接接触的机会和时间却变得越来越少，越来越远。

二、网民的心理和行为

网络给人们带来的新的生存方式，必然会引起人们产生新的心理和行为。人们在网上的心理和行为往往与之在现实世界中的心理和行为表现出相悖的特点。在虚拟的网络中人们的信仰容易产生也容易失去，如有的青年将网络视为新的图腾，新的崇拜对象，从而疏远了上帝；人们对精神产品的价值观念发生了根本的变化（例如，在互联网上，任何拷贝和复制既极其简单又悄然无迹，会使人们把无偿获得精神财富视为理所当然）；人们对实用价值和审美价值发生了颠倒（比如，中国人写毛笔字，自古以来偏重审美与价值取向，在互联网的冲击下，来了个 180 度大掉

① 严峰　卜卫《生活在网络中》第 12 页、第 27 页、第 4 页、第 14 页、第 66 页、第 26 页，中国人民大学出版社，1997 年 12 月。

② 严峰　卜卫《生活在网络中》第 12 页、第 27 页、第 4 页、第 14 页、第 66 页、第 26 页，中国人民大学出版社，1997 年 12 月。

头，不仅丢掉了毛笔，今后还可能逐步丧失写字的习惯）。[1] 除此之外，我们在网上进行购物、购票、读书学习、交友恋爱、对社会角色的认同等习惯都会与现实生活中表现出根本的不同（即异位对应）。由于人们在互联网上的心理和行为表现是其在现实社会中的欲望、需求、动机、情感以及各种社会关系的折射，[2] 所以人们在虚拟世界中的表现往往更彻底地揭示出人的本性（按弗洛伊德的观点即本我）。当我们把个体在现实和虚拟世界中看似相反的个性综合起来就会发现，人的个性更加丰满、更加立体化，也更加真实。

当人们摆脱了现实世界的桎梏，通过网络使自我获得充分的张扬时，还需要及时地调节、整合、控制自我的释放，以免在茫茫无垠的虚拟世界中迷失自我、异化自我，陷入网络而不能自拔。

在互联网上，人们的心理和行为表现形形色色，有正面的也有负面的，本节主要阐释以下几点：

（一）自我表露

表露自我（self－disclosure）又可译为“暴露自我”、“自我开放”。意思是个体向他人讲述有关自己的信息，即将纯属自身的真实、重要、隐秘的私人细节和内心想法向他人显示的过程。这也是一个认识自我的过程。作为具有躯体的心理和社会独特特征的同一身份的自我，在现实社会中要想摘下面具，赤裸裸地向他人、向社会显示自己的“真实、重要、隐秘的私人细节”往往需要极大的勇气。因为他们必须随时承担来自他人的、社会的种种责难和压力。但是人们的欲望是难以压抑的。比如，有的人忍受不了“本我”的煎熬，迫不及待地想向世人暴露自己的隐私；

---

① 王文元《有一天我们不会写毛笔字》，《人民日报》（海外版），2003 年 12 月 1 日。

② 严峰 卜卫《生活在网络中》第 76 页，中国人民大学出版社，1997 年 12 月。

有的人不愿意受制于人，希望体验统管他人的快乐；有的人厌倦了自己的社会角色，想在变换角色中展示自己才华；有的人在现实生活中屡屡不顺，希冀在网上飞黄腾达；有的人缺少知心朋友，期望在网上找到知音、恋人，寻找新的归属。在数字时代的虚拟社会里，由于互联网的独特性质，正好给人们提供了满足这些欲望的条件。互联网的隐匿性使人们可以在不为他人所知的情况下，敢于随心所欲地暴露自我、张扬自我、宣泄自我，有意识地在网上颠覆自己的社会角色，充当一回自己心目中的上帝。如，学生当了老师，患者变成医生，教徒升为主教……“我有一个朋友，白天是复旦大学某实验室的一位腼腆、收入菲薄、倍受学生尊敬的一个教师，……晚上则摇身一变，成为‘令狐冲’，变成魔法高强的巫师，手中拥有生杀予夺大权，获得从未有的自尊”。① 有一个中学生向记者坦言为什么迷恋网络时讲，他感觉不到家庭的温暖，在学校里由于学习成绩差，许多老师对他另眼看待，但是在网络游戏里他却能体验到从未有的温暖和快乐。当他过关斩将时会有人为他喝彩；当他取得成功时，会有人向他表示祝贺。在游戏的虚拟世界里他才认识到自己的价值。② 由于人们在虚拟世界中的表现是其真实人格的构成部分，所以有意识地观察自我在网上的心理和行为，有助于人们更全面、更深刻地认知、体验自我，发展自我。

（二）自我迷惘

网络在满足人们自我开放、自我表露的同时，往往又使人们陷入了迷惘（confusion），这是一种分辨不清、无所适从、束手无策的心理状态。③ 自我迷惘有两种程度，轻者表现为困惑、无

---

① 严峰　卜卫《生活在网络中》第 56 页，中国人民大学出版社，1997 年 12 月。

② 唐金龙《他从虚拟回到现实》，《人民日报》，2004 年 7 月 13 日。

③ 参看林祟德《心理学大词典》第 816 页，上海教育出版社，2003 年。

奈、自卑及对网络的依赖；重者则表现为陷入网络，难以自拔，以致患上网络成瘾症。

1．困惑、无奈、自卑。

网民在网上的困惑、无奈、自卑表现在许多方面，如初学者因不熟悉网络操作程序而动辄得咎；因不会使用网络而自卑；因网络堵塞而焦虑；因在网络中迷失方向而困惑；因混淆网内网外而受骗上当等等。有人讲，精彩和无奈是孪生兄弟。当网民通过无穷的链接在奔腾不息的信息的海洋中痛快淋漓地畅游时，常常会不由自主地迷失方向。比如，原打算查寻天文方面的知识，但找来找去，却来到了足球的网页上。“我原来想找什么？为什么会来到这里？”是许多网民经常会出现的无奈和困惑。因而，上网时需要不断地问自己，我的目标明确吗？我能够控制住自己吗？我的注意力稳定吗？我的意志力够坚强吗？

在使用网络方面，可能最感到自卑的是孩子们的家长和学生们的老师，特别是其中的年长者。对许多家长和老师来说，他们在传统教育中的威严、话语权和主导地位，在网上发生了根本性的变化。有研究者认为，在后喻时代（指生活在信息时代的孩子具有许多上几代孩子们不具备的优点，他们已经有能力影响成人世界，并且已经对成人世界发挥着影响），① 网络使儿童飞快地成熟，使老师飞快地老化。他们还总结了一个使老师、家长心颤的公式：人类掌握计算机的能力同年龄成反比。② 互联网使孩子们成为自己的“老师”，成为他们的家长甚至老师们的“老师”，这已为无数事实所证明。看来在这个领域，老师们、家长们接受再教育已迫在眉睫。

2．对网络的依赖性。

网络搜索引擎的发明，给获取知识带来了无与伦比的快捷、

---

① 牛金荣《后喻时代》，《北京青年报》，1998 年 10 月 5 日。

② 严峰　卜卫《生活在网络中》第 27—28 页，中国人民大学出版社，1997 年 12 月。

方便、准确，同时也给一些懒人带来了粘贴、拼凑、扒窃的机会。网上阅读与读书截然不同——浏览代替了阅读，形色匆匆、浅尝辄止、“顺流而飘”代替了慢慢咀嚼、掩卷思考、摘记重点。想方设法节省神经能大概是人的天性。只须用鼠标轻轻一点，便可获得精神大餐的方便，使有些人更加向往“不劳而获”；而网络的开放性，版权和属名的不规范性又给那些投机取巧者提供了机会。于是写作似乎变得越来越“轻松”，撰写论文再不必冥思苦想，只要将别人的成果改头换面就行了。于是不少人的“记忆力”便逐渐衰退，思维也愈加迟钝，于是这些人便更加依赖网络。

3．陷入网络。

对网络的依赖性过强，使用时间过长，就有可能陷入网络不能自拔，并患网络成瘾症。有研究者通过调查发现，这种病症与吸毒、赌博成瘾一样，对外界刺激丧失了控制力。网络成瘾症的基本症状主要有“网络操作出现时间失控，而且随着乐趣的增强，欲罢不能，难以自拔。患者多沉溺于网上聊天或互动游戏，并由此忽视了现实生活的存在，或对现实生活不再满足。刚开始只是精神上的依赖，渴望上网漫游冲浪，而后发展成为生理的依赖，表现为情绪低落、头昏眼花、双手颤抖、疲乏无力、食欲不振等。”① 从临床表现看，这种病症包括五种类型：色情网络成瘾症（如迷恋色情文学、音乐、图片、电影和色情聊天等）；网络交际成瘾症（如用 MUD、聊天室等在网络上进行人际交流）；网络强迫行为症（如强迫性地参加网上赌博、网上拍卖或网上交易）；强迫信息搜集症（如强迫性地从网上搜集无用的、无关的或者不迫切需要的信息）；计算机成瘾症（如不可抑制地长时间玩计算机游戏）。多种情况下，以几个类型的混合型为多，单纯

① 程乐华《网络心理行为公开报告》第 259 页，广东经济出版社，2002 年 4 月。

的某个类型较少。[①]

从年龄看，患病者多在 15 至 45 岁之间，其中未成年人的患病比例远远高于成年人，而且其后果难以想像。有报道说，一名 15 岁少年，因沉迷网吧不能自拔，精神极度空虚，服用大量安眠药以减轻痛苦，在神志不清的情况下，竟亲手将母亲杀死。[②]

（三）找回自我

1．树立网络可控的信念，作网络的主人，找回做人的尊严。

2003 年 3 月，美英对伊战打响后的短短 7 天里，因误伤导致美英联军损失了五架飞机，死亡 30 多人。有专家在分析拥有世界上装备最精良的美军与如此多的误伤之间的内在联系时一针见血地指出：原因就在于“过分依赖高科技武器”。同理，网络与精良的武器装备这些由人创造、制作出来的高科技产品一样，具有双刃剑的作用：使用得当，它可以乖乖地为人类服务；反之，人类极易被其奴役。在许多家长因孩子沉溺于网络（特别是游戏机）变得神魂颠倒、茶饭不思、荒废学业而痛心疾首时，“成长网网友”银缚娃娃却另有一番见解。

他说：“我喜欢玩游戏，但并不迷恋。

曾经多少次梦想着自己就是那些游戏里的人物，扮演着属于自己的角色，何尝不是呢？一次又一次，我渐渐知道这世上还有许多事等着我去做，游戏里配角主角反派角色都有自己该做的事。也许生活中，我们每一个人都是主角，演绎着自己的种种……游戏使我有了一种强大的责任感，这世上还有许多事情等着我去完成呢”。[③]

---

① 参看程乐华《网络心理行为公开报告》第 261 页，广东经济出版社，2002 年 4 月。

② 张洪军《暴力管教无助戒除网瘾》，《北京青年报》，2004 年 2 月 7 日。

③ 银缚娃娃《游戏好处真的比坏处多》，《人民日报》，2004 年月 3 日。

这振聋发聩的话语，有力地说明人是能够控制网络的，只有真正做网络主人的人才能有人的尊严。

2．重新进行角色定位，理直气壮地履行教师的职责。

面对网络对教育已有的和即将产生的巨大影响，老师们（包括家长们）不必自叹弗如，但需要及时调整心态，重新进行角色定位。从威严的高高在上的智者形象，变为学生的良师益友，放下架子，不耻下问，虚心向学生（孩子）学习，但不能忘记自己的职责。应当充分利用自己的知识经验和人格魅力去影响学生。要知道到目前为止，互联网还不能全部取代教师的作用。正如有人所言：“一个幽灵一般的电子数码老师和一个肉身的老师都能传授知识，但似乎只有后者才能传授知识以外的东西。”① 这些知识以外的东西，包括教师的人品、教师的经验，对于正处于生理、心理急剧变化的青少年而言，还是非常重要的。即使使用网络也如此，例如指导学生怎样发现问题、提出问题，怎样在网上找到他们所需要的知识以及怎样理解和内化并进而评价和使用这些知识，解决这些问题。特别是学生实现自己的社会化过程仅靠网络是不够的，还需要教师在现实生活中言传身教，理直气壮地履行教师的职责。因为面对面的、直接的人际交往是建立所有人际关系（包括网络上）的基石，也应该是所有游戏娱乐的起点。

3．虚拟社会终究替代不了个体的现实生活和特定的社会环境。

传播学者所谓的“媒体等同”② 的观点，只是个体的一种心理感觉，而不是说媒体所反映的世界就是真实的现实社会。比如，孩子们在网上与前往北极的科学家对话，在屏幕上看到了北极的风光、恶劣的天气、艰苦的生活，这并不等于他们亲自参与

---

① 严峰　卜卫《生活在网络中》第 32 页，中国人民大学出版社，1997 年 12 月。

② “媒体等同”指美国传播学者巴伦·李维斯、克利夫·纳斯经过几十年的实验研究发现，从人们思考和感觉的角度看，媒体等同于现实生活。

了探索北极的实践活动，并得到了真实的感受，因为间接的认识代替不了直接的经验。儿童的社会化还要在现实生活中得以实现。有的孩子将虚拟世界视为现实生活，向往电影中的“蜘蛛侠”，跳楼者有之；模仿电视剧里的“小燕子”，上吊者有之。结果是白白断送了宝贵的生命。一个人只有真正体验到自己在现实社会中存在的价值，即既能了解自我，又能接受自我，才能找回自我。不同的文化背景、民族习俗可以对个体的同一行为产生不同的价值认定。而个体赖以生存的人文环境和自然环境是相对稳定的，只有当个体的行为得到特定的现实环境中人们的认可和接受，他才可能表现出良好的适应能力和生活趣味。不可否认互联网的确给我们提供了接触世界的机会和更为广阔的认识空间，但它终究替代不了个体的现实生活和特定的社会环境，如果沉迷于此反而会影响其社会化的发展，并可能诱发种种心理障碍或疾病。

4．帮助网瘾患者回归社会。

根据公安部副部长白景富介绍，我国 800 万网民中，70％是 30 岁以下的青少年。又据某地教育部门统计资料显示，初中低年级、小学高年级去网吧的比例高达 60％。① 所以挽救未成年网瘾患者已迫在眉睫。对这个问题，已有许多教育工作者提出了一些行之有效的措施和建议。总的看，有两大方面：一是抓外因，包括网络环境、网络内容，老师（家长）对学生（子女）的教育、引导；一是抓内因，提高学生的认识水平，调动学生的主观能动性，自觉摆脱网络陷阱。对这两方面的问题可以换一个角度再作进一步的阐释。

（1）堵与疏相结合。未成年人的心理和生理正在发育时期，还很不成熟，缺少抵御色情及其它不良信息的能力，所以坚决堵

① 张洪军《暴力管教无助戒除网瘾》，《北京青年报》，2004 年 2 月 7 日。

住黄色网站，非常必要。为进一步加强和改进未成年人思想道德建设，信息产业部已发出通知，要求互联网、手机等新兴信息传播载体依法加强市场管理，净化网络环境，规范信息通讯服务行为。2004年6月18日至7月17日，中国围剿淫秽色情网站初见成果。全国已有300多家黄色网站被关闭，公安部还开设了举报热线。① 但只有堵是不够的，必须同时加强对青少年的思想疏导，让学生树立作电脑主人的意识。正如美国哲学家曼纽尔·卡斯特（ManuelCastells）在回答“每个人应当怎样去适应这个网络社会时”所指出的：“首先要培养‘自我编程能力’，人是历史上最好的计算机。”所谓“自我编程能力”，就是正确选择、分析、处理信息，使其为我所用，就是要作电脑的主宰者。还有研究者认为，有这样几种人容易陷入网络：缺乏关爱（如单亲家庭），缺少交流（像父母工作忙顾不上），生活空虚（没有朋友）等。他们在现实生活中的苦恼、不满得不到宣泄和有效地解决，于是就到网上去寻找快乐，这些人最容易沉迷网络。这就需要老师、家长关心孩子，使他们在现实生活中得到温暖，愿意与他人交流，从而减少上网时间和对网络的依赖。

（2）商业利益、教育目的和学生的兴趣相结合。

互联网作为媒体，作为信息产业的一部分，有关企业、游戏厂商，通过网络赚钱无可厚非。但是有良心的企业家、厂商必须认识到互联网作为媒体还承担着教育的功能。青少年爱玩是天性，如果将青少年的心理需求与对青少年的思想教育与企业家赚钱有机地结合起来，就会收到三赢的目的。

江苏省高邮市界首初一实验班学生陈金星的话很有代表性。他在《用游戏来学习，岂不美好》一文中对游戏设计师说：

“我们这些人正处在求知好奇的年龄，尽管老师、家长们强

---

① 《中国围剿淫秽色情网站》，《人民日报》（海外版），2004年7月17日。

烈反对，但面对各种游戏的诱惑，抵抗力还是很差的。大家虽然都知道游戏有害，你越是限制，我们的好奇心就越强烈，最后越陷越深不能自拔。

如何远离这个‘魔鬼’，还我们一块成长的净土，建议您设计出这些软件：1）背英语单词的，您可以运用游戏的特殊手段，由语音说出一个单词，然后通过‘枪击’等方法，在众多的字母中瞄准组成这个单词的字母‘射击’，在规定的时间里完成一定数量的若干点或分，并过关升级。2）用数学或物理知识设计一种游戏，循序渐进，通过解方程式、几何题开门过关。3）利用各种知识设计一种游戏，比如，以中国和世界名著中的典故或人物填题闯关，等等。使我们在娱乐中学习，在学习中提高”。①

（3）社会、心理、生理三种因素的结合。

网瘾症属于一种精神障碍疾病，单靠说教是戒不了的，需要治疗。心理学家认为，医学模式远非单一的模式。健康心理学存在的重点中心理论是“生物心理社会模式”，意即“这种三和弦——在特定环境中致病因素与机体之间的相互作用——成为被更多人接受的疾病模式。”② 就是说，任何一种疾病的产生，不仅仅是传统的生物医学模式，而是由一个人的生理、心理和社会因素相结合造成的。比如，某个患网络成瘾症的孩子，其基因中可能有患此病的缺陷，而后天的生活环境也不好，如父母离异，缺少关爱，心理上又有不良的性格特征，如孤独、内向，不愿与人交往。这三种因素相互作用，共同“发威”，孩子极易深陷网络。如果其中有的因素不存在，如家庭温暖，老师关心，或生性乐观，朋友众多，即使基因有问题，也不一定患此疾病。因而，加强网络管理和社区、学校、家庭教育相结合，并及时对患病者进

---

①　人民日报，2004年7月13日。

②　［美］Phillip L. Rice著，胡佩诚等译《健康心理学》第34页，中国轻工业出版社，2000年10月。

行药物治疗，孩子容易戒断网瘾，重新回归社会。

第二节　网民的心理生活空间

一、网民的心理生活空间的构成

（一）勒温的“心理生活空间”

随着互联网在我国的迅猛发展，对网民心理和行为的研究也日益受到人们的重视。目前，国内外对网民心理的研究，已涉及许多方面，诸如：网上的印象修饰（即个体如何驾驭自己的在线表现）；网上的角色扮演；网上的性别角色的刻板印象；网上的利他行为；上网受挫、网上失控、网上冲突及网上的宣泄和攻击性行为；网上的团体竞赛、团体互动及网上的从众现象；网上的强迫症、焦虑症和网络的心理治疗，等等。

以往不少人对受众心理的研究习惯于这样一种思路：媒介刺激的何种特点对受众心理产生了何种影响。比如，新闻纸的文字具有滞留性，可反复阅读，有助于培养读者的逻辑思维；广播声音富有弹性，易于联想，为听众想像力的发挥提供了广阔的天地；而电视声画并存，则有益于观众形象思维的发展。虽然，这种一对一（即某种媒体的某个特点对应于受众的某种心理现象）的分析方法，也属于一种最基本的、有一定效果的研究方法，它体现出存在决定意识的唯物主义思想。但是，从根本上看，这种方法还没能摆脱行为主义的刺激反应的机械唯物论的巢穴，明显地带有单维性、被动性和静态性的不足。它强调了媒体对受众心理的制约性，却忽视了受众对媒介刺激主动认知的过程和能动的反作用。那么怎样的研究才是多维的、主动的、动态的呢？这是摆在我们面前的一个新课题。

传播学的先驱者之一，德国心理学家库尔德·勒温（Kurt Lewin）“在格式塔思想路线下”“根据物理学中出现的部分决定于整体的场现象，提出了‘场理论’，用以研究心理现象……”“根据场论，行为必须用个体的心理场来解释。”[①] 勒温的“场理论”为我们探求受众的心理提供了一种全新的思路。

勒温在场理论中提出了“一个重要的概念叫‘生活空间(life space)’。所谓‘生活空间’是指人的行为，也就是人和环境的交互作用。其公式如下：

(行为) B=f (生活空间 Ls) =f (人 P·环境 E)”[②]

由于“生活空间”和“心理生活空间”内涵相同[③]，所以这个公式也可理解为：

(行为) B=f (心理生活空间 Mls) =f (人 P·环境 E)

在这个公式（即模式）里，B 表示行为，f 表示函数，P 表示个体，E 表示环境。该公式表明：人的行为（或心理生活空间）是个体 P 与环境 E 的函数，即行为（或心理生活空间）“随着个体和环境这两个因素的变化而变化。”[④] 这个公式同样可以解释受众的行为或心理生活空间。其中 P 为受众，E 为媒体环境。运用勒温的场理论分析受众的心理或行为（前者是内隐的，后者是外显的）可以看出，这种研究思路带有多维性（即不仅研究受众，同时也重视媒介环境）、动态性（受众的内在因素与媒介环境因素之间是相互作用的）、主动性（受众不仅接受媒介刺激的影响，同时还可以反作用于媒介）。显然，这种研究方法比刺激反应模式更能真实地反映出受众心理的复杂性、变动性和主观能动性。本节拟运用勒温的场理论，对网民的心理生活空间的

---

① 高觉敷主编《西方心理学的新发展》第 195 页，人民教育出版社，1987 年。

② 黄希庭著《心理学导论》第 146 页，人民教育出版社，1991 年。

③ 车文博在《西方心理学史》第 435 页中有这样一段解释：“心理场(Psychological field) 或心理生活空间（或生活空间）(mental life space) 是勒温提出的拓扑心理学中的一个基本概念。”浙江教育出版社，1998 年。

④ 库尔德·勒温著、竺培梁译《拓扑心理学》中文版译序第 4 页，浙江教育出版社，1997 年。

构成及其特点作一尝试性的分析。

（二）网民心理生活空间的构成

在第一个问题里我们已经介绍了勒温的行为公式，现将此公式迁移于网民的行为，则为：

（网民行为）B＝f（网民的心理生活空间 mls）＝f（网民 P·网络 E）

从公式中可以看出，网民的心理生活空间是由两部分构成的：网民和网络环境。

1．P：网民个体。

网民个体① 是构成其心理生活空间的认识主体。网民个体的诸种因素主要有生理的和心理的两大部分。生理方面有年龄、性别等遗传因素。因年龄和性别的不同，会造成网民对网络内容需求上的差异（像儿童更渴望上网玩游戏，而女性则可能更注意网上购物）及其使用网络中的性别差异。有研究者认为，网络生活空间的使用者有性别差异，“例如，有些时候男人的谈话比女人要长，而女人倾向于用更多的语言填充物——相对来说没有意义的词汇和短语用于打破沉默。”“在谈话中女性经常好提问并表现出同意意向”。②

心理方面包括：网民的网络需求、动机；网民的认知结构、

---

① “在勒温看来，生活空间既指个体的，也可指团体的。一个团体的心理生活空间是包括团体和为这个团体而现实存在的环境。”引自高觉敷《西方心理学的新发展》第 196 页，人民教育出版社，1987 年。本文仅指网民个体。

② ［美］Patricia Wallace 著，谢影、苟建新译《互联网心理学》，中国轻工业出版社，2001 年。

知识经验、动作思维[①] 的能力；网民的在线情绪状态；网民的个性特征及上网的心理健康状况，等等。下边仅简要分析网民的需要、网民的个性这两个方面。

（1）网民的需要。

按照美国人本主义心理学家马斯洛（A.H.Maslow）的观点，人类的需要可以分为三大类别、七个层次[②]。A、基础性需要包括：生理需要、安全需要；B、心理性需要包括：归属和爱的需要、自尊需要、认知需要、审美需要；C、自我实现的需要。目前我国网民使用网络主要为满足心理性和自我实现的需要。由于网络具有虚拟性、交互性、实时性和海量性等特点，所以与传统媒体相比较，它可以更充分地满足网民较高层次的多种需求。像在网上交友、谈恋爱（属归属和爱的需要）；通过敲击键盘传递自己富有创意的观念，希望得到网友的尊重、爱戴，并获得“斑竹”（即版主）的地位（属于自尊的需要）；查看新闻、下载软件（属于认知的需要）；撰写网络小说、参与对文艺作品的讨论（属于审美的需要）；在虚拟世界中体味人生真谛，获得人生的高峰体验（属于自我实现的需要）。

（2）网民的个性。

网民的个性与其在线行为直接相关。以提问的方式为例，有位网民深有体会地说：“有的人，或许因个性，或许因修养，提问老套，回答干巴。两封信后，交流就如上锈的轴承一般艰难辗转，话不投机半句多，放弃。有的人，先声夺人，教训你如何做

① “动作思维”就是在思维过程中依赖实际动作作为支柱的思维。动作思维也称为实践的思维。其特点是：任务是直观的，以具体形式给予的，其解决方式是实际动作。操作电脑时的思维活动主要属于动作思维，是在操作电脑中进行的。（引文选自《心理学》第 161 页，华东师范大学心理学公共必修心理学教研室编，华东师大出版社，1984 年。）

② 参看黄希庭的《心理学导论》第 193 页，人民教育出版社，1991 年；孟昭兰主编的《普通心理学》第 370—371 页，北京大学出版社，2001 年。

人。此君显然不是来寻友，而是来满足平日里积蓄太多的表现欲。”① 再者，不同气质类型人的网上行为有明显的差别。譬如，面对同样的网络环境：网络拥堵、滞后时间增加的情况，胆汁质者一般较之粘液质者情绪更易受挫，自控力更弱。他们倾向于将愤怒指向网上聊天的伙伴，甚至有时还会出现网上攻击行为。不过因文化差异，日本人比美国人对谈话滞后的容忍度更高②。另外，性格不同者的网上行为也有很大的区别：为人善良、有社会责任感的网民即使在网上虚拟世界里，也能处处表现出助人为乐。“例如，网上由来已久的志愿行动，成千上万的人利用自己的空余时间与网站工作人员一起向网民提供帮助，维护服务器，帮助新上网的用户，还有调和网上论坛的气氛，等等③”。

而个性残忍、把自己的快乐建立在别人痛苦之上的人，利用在线匿名手段，骗取他人的信任，诱使被骗者进入自设的圈套，并在现实生活中对之施以暴力行为的案例也曾被披露于报端。虽然在网上虚拟环境中，多数网民企图以化名的方式“隐藏”自我，然而他们的个性仍然可以透过其绰号、化名或替身图像表现出来。如一位游戏者所解释的：“很多人在刚开始游戏时，表演的是与自己全然不同的人物，但最后，大多数人还是禁不住把自己的个性带了进来”。④ 有研究者经过调查发现，“即使在最为匿名的 IRC 世界里，也至少有一半的人以自我为原形创造自己的化身，这离真实的自我并不遥远，而且还是理想中的自己。”“人

① BVT 推荐《我知道你在网上干了什么》，北京青年报，2000 年 7 月 7 日。

② 参看［美］Patricia Wllace 著，谢影、荀建新译《互联网心理学》第 131 页，中国轻工业出版社，2001 年。

③ 参看［美］Patricia Wllace 著，谢影、荀建新译《互联网心理学》第 131 页，中国轻工业出版社，2001 年。

④ 参看［美］Patricia Wllace 著，谢影、荀建新译《互联网心理学》第 131 页，中国轻工业出版社，2001 年。

们为自己选择的绰号已经成为你驾驭自己形象的一个组成部分。"①

2．E：网络环境。

网络环境即网民的心理环境，是指能满足网民需要的、并在其头脑中实际发生作用的环境。这个环境与网民的交互作用构成了网民的心理生活空间，即网民的行为。下边对网络环境的界定作如下阐释：

（1）环境、心理环境、网络环境、网民的心理生活空间这几个概念之间的关系。

通常，我们把"环境"理解为客观存在的自然环境和社会环境。但是，在勒温的"心理场"中所说的"环境"，"不是指纯粹客观的环境，而是指心理环境"②。因而本文中的"环境"和"心理环境"内涵相同。以此类推，对网民而言，网络环境即网民的心理环境。因勒温的"心理生活空间"是指人的行为，也就是人和环境的交互作用。故而，网民的心理生活空间也即网民的行为，也是网民和网络环境交互作用的结果。

（2）网络环境可以满足网民的需要。

网民的心理生活空间之所以与广播听众和电视观众各自的心理生活空间有质的区别，就在于网络环境与广播、电视环境在满足受众需要的程度上的殊异。网络环境在形式上的虚拟性、交互性、实时性及所提供信息的海量性、丰富性是传统媒体所望尘莫及的，它可以满足受众更高层面的和更广泛的需求。

美国马里兰大学 Robert H. Smith 商学院知识和信息管理中心主任帕特·华莱士（Pat Wallace）对网络环境中的各种具体环境又作了如下七种分类：万维网（www）、电子邮件、非同步讨

① ［美］Patricia Wallace 著，谢影、荀建新译《互联网心理学》第 32 页，中国轻工业出版社，2001 年。

② 库尔德·勒温著、竺培恩译《拓扑心理学》中文版译序第 4 页，浙江教育出版社，1997 年。

论论坛、同步聊天室、MUD多用户地牢游戏、图示世界、互动的影像和声音①。这些具体的网络环境可以满足受众在传统媒体中所不易或不能获得的多种影像需求。比如在生活中“斯蒂文是一个没有朋友、腼腆害羞、极不自信的大学生”，但在多用户地牢游戏中，他获得了从未有的自信。他说：在这种游戏里，“我就是万能的上帝，游戏的每个玩家都对我心悦诚服。”② 又比如中国文学社法文部的张先生，奉命赴万里之遥的非洲岛国——马达加斯加工作。其思念妻儿之情全凭网络传递。他感叹：“天涯咫尺，我们虽远隔重洋，却没有一分和一毫的距离感。”这种感觉“真是妙不可言”!③

（3）网络环境是指对网民心理实际发生影响的环境。

网络环境是指对网民心理实际发生影响的环境，这句话有三层含义。

其一：网络环境具有时间因素。勒温坚持对行为的分析应该用当前的场（field at the time），这个“当前”的场含有时间因素，“它是指在特定时间内影响个体的心理因素的总体。”④ 对网民而言，只有那些此时此刻对其心理产生影响的网上环境，才被视为这个网民在此时此刻的网络环境。网络这种媒体，对于那些根本不懂网络，或因致残（如双目失明或缺少手指）而无法直接接收网络信息的人，是不能构成其网络环境的；有的人可以认知并把握网络，但目前因某种原因，如某女研究生因担心网络吞噬自己太多的时间而拒绝网络，那么，就当前而言，网络也不能成为她的网络环境；再有，有人可能具有认知和把握网络的潜能，

---

① ［美］Patricia Wallace著，谢影、荀建新译《互联网心理学》，第5页。

② 库尔德·勒温著、竺培恩译《拓扑心理学》中文版译序第201页，浙江教育出版社，1997年。

③ 张家昭《儿子网上认老爸》，北京青年报，2000年9月6日。

④ 高觉敷主编《西方心理学的新发展》，人民教育出版社，1987年。

但他们表示永远不上网。新华社曾发过这样一则消息《美国并非人人钟情因特网》，文中指出，据2000年统计“一半美国成年人（9400万）至今没有上网”①，对这些人来讲，网络环境与他们可能永远无缘。

其二，网络是每个网民眼中的网络。网络环境对网民实际发生影响的过程，也就是网民对网络环境的认知和把握的过程。不同的网民对同一网络环境的认识有个体差异。如有人认为网络“是人们发泄和争斗的场所，”但也有人认为网络“是彼此陌生的人相见、发展友谊甚至产生爱情的场所，”②当然也会有人认为以上这两种场所均为网络环境所有。同一网民在不同的时间内对同一网络环境可能会有不同的认识。例如，有两位网迷因上网聊天而相识相爱，然而当见面时发现双方最爱的人都是男人时，他们对虚拟性的认识较之在网上谈恋爱时会更加刻骨铭心。

其三，网络环境还包括当前虽未被网民意识到、但确实对之当前产生影响的事实。网络环境“并不限于个体看见和了解的环境，它还包括个体当时虽没有意识到、但却有‘影响的’事实。”③ 例如，一位刚刚失恋、心情怅然的青年，在网上动辄火冒三丈，回应网友尖酸刻薄、甚至谩骂。在意识中，他认为是其网友侮辱了他，其实，真正引起他发火动怒的是潜意识中因失恋而生的愤怒和无奈。

二、网民的心理生活空间的特点

根据勒温场论中提出的整体观和动力观的思想，我们可以相

---

① 王家荪、周咏缗《美国人看网络》，《人民日报》（海外版），2000年10月16日。

② ［美］Patricia wallace 著，谢影、苟建新译《互联网心理学》第151页。

③ 库尔德·勒温著、竺培恩译《拓扑心理学》中文版译序第2页，浙江教育出版社，1997年。

应地推论网民的心理生活空间也具有整体性和动力性的特点。

（一）网民心理生活空间的整体性

“心理生活空间”这个概念是勒温场论中的一个十分重要的术语，它是对人的行为方式中的“B”（即行为）的又一种表述，它们都是由个人 P 和环境 E 所构成的。这里就出现了一个问题：把 B=f（P·E）演化为 B=f（心理生活空间 Mls）=f（P·E）有没有必要？增加“心理生活空间”这个术语是不是叠床架屋、多此一举？其实不然，增加这个术语，恰恰反映出勒温场论的整体观思想。为了强调形成人的某种行为中的人和环境之间如胶似漆的关系，勒温特意提出了“心理生活空间”这个概念。勒温在其《拓扑心理学》专著中对自己为什么提出这个术语作了如下解释：“在心理学中，通过大致地区分个体（P）和他的环境（E），人们能够开始描述整个情境。每一心理事件取决于个体的状态，同时也取决于环境，虽然个体和环境的相对重要性在不同个案中有所不同。因此我们能够把适合于每一心理事件的公式 B=f（S）陈述为 B=f（PE）。近年的实验工作越来越多地表明心理学的所有领域中的这种双重关系。每一门科学心理学都必须考虑整个情境，即个体和环境两者的状态。这意味着必须找到方法，用共同术语把个体和环境描述为同一情境的组分。在心理学中我们尚没有包括这两者的术语。因为情境这个术语通常用来表示环境。下边我们将使用心理生活空间这个术语来表示确定某一时刻个体行为的事实总体。”① 从这段文字中，我们可以体会到勒温使用“心理生活空间”这个专门术语的主旨，即强调个体和环境是同一情境中的组合。P 和 E 在“所有领域中”都具有这种双重关系，它们在人的每一种行为中都是你中有我、我中有你的水乳交融的关系。任何将二者割裂开的意图，都是不能容忍的。以勒温

① 库尔德·勒温著、竺培恩译《拓扑心理学》第 11 页，浙江教育出版社，1997 年。

的整体性原则分析网民的心理生活空间，可以得出这样的结论："网"是网民眼中的"网"，民是"生活"在网上的"民"；有"网"无"民"，网就没有存在的价值；而有"民"无"网"，就无所谓"网民"。从理论上认识这个问题有重要的现实意义。比如，当我们研究网络时，不能只看见"网"而看不见"民"；在强调完善网络技术、净化网络内容时，切不可忽视对网民素质的提高；在加强对网民网德教育的同时，又不能忘记对网络的管理。总之，网络传播的发展，必须连网带民齐抓并管。

（二）网民心理生活空间的动力性

依据勒温关于场论的动力观，网民的心理生活空间具有动力性特点。"勒温用向量概念表示场或生活空间中动力作用的方向和力度。"[①] 所谓"动力"是指因网民的需求所产生的心理趋向与网络环境对网民具有的吸引力之间的合力。在这个合力中网民的需要、动机等具有明显的方向性；而网络环境则更多地表现出吸引网民的力度或强度。不过，由于网络的主人——网民的需求"决定场中每个部分的动力姿态"[②]，所以网民行为的动力更多地取决于网民行为的方向性（或曰指向性）。

1．网民的心理生活空间的方向性。

勒温认为在人的心理生活空间里存在着"向量（vector）"，它"是一种有方向的吸引力或排斥力。引力的向量使个人趋向目标，斥力的向量使个人背离目标。"[③] 依此推论，在网民的心理生活空间里也存在着包括引力和斥力的向量。需要说明的是，引力和斥力只表示网民网上行为的指向性，它们本身并不包含最终结果的好坏。引力和斥力都可以既导致正面的效果，同样也都可能出现负面的结局。网民的心理生活空间的方向性具体表现在三

① 车文博《西方心理学史》第438页，浙江教育出版社，1998年。
② 车文博《西方心理学史》第438页，浙江教育出版社，1998年。
③ 车文博《西方心理学史》第437页，浙江教育出版社，1998年。

个方面：无方向（寻找目标）、引力（指向目标）和斥力（脱离目标）。

（1）无方向（寻找目标）　当网民还未形成某种明确的需要，或者虽然已具有了某种需要，但是还没能找到可以满足这种需要的网络环境（即目标）时，就会随意点击、在网上漫游，直到找到合适的目标，再将行为的方向指向那个目标。例如，某人欲通过网络教学提高自己的业务水平，于是他就会在网上寻找虚拟大学和自己所需要的专业网站。

（2）引力（指向目标）　当某个网络环境符合网民的需要时，他便被吸引，经点击进网，并在此滞留。例如山东省青州市黄楼镇有位叫李鸿儒的农民，他有一个强烈的愿望（把中国的花卉推向世界）和一个明确的目标（“把世界上所有做花卉生意的花卉供应商联成一个大的供应网站，形成一个世界上最大的花卉集散中心。”[①]）。终于，他在国际互联网上找到一个专门销售花卉的网站，于是，他便毫不犹豫地指向并长久地滞留于这个网站。这属于正面的社会效应。

而有的网民有意寻找网上漏洞，进行窃取他人的信用卡、银行帐号等的罪恶勾当。这种网上犯罪行为，因利益驱使，同样带有很强的方向性，但其社会效果却是负面的。

（3）斥力（脱离目标）　当某个网络环境不能满足网民的需要，甚至被网民厌恶时，在他的心理生活空间中便出现了斥力，其行为表现是暂时或长久脱离网络。比如有的网民认为“网上无所不有，色情、暴力、政治、脏话一应俱全”，[②] 便采取不点击这类网站的躲避态度（这属于斥力的正面效应）；但也有网民担心被网络侵占的时间过多，影响自己的学业、工作及与家人的正

① 艾辛《农民李鸿儒——上网卖花》，《北京青年报》，1997 年 8 月 28 日。

② 晓郭《拒绝网络》，《人民日报》（海外版），2000 年 8 月 4 日。

常生活，便放弃网络，这属于斥力的负面效果（因为“倒脏水不应连孩子一起泼掉”）。网民的心理生活空间中的引力和斥力不是一成不变的，是在运动中相互转移的。随着网民原有需要的满足和新的需求的产生，引力和斥力会发生方向上的移动。一个比较典型的事例是世界第一黑客（现在媒体都把闯入电脑和入侵电话系统的人描述为黑客——hacker[①]）的改邪归正。美国的米特尼克曾经是个臭名昭著的电脑罪犯。蹲过 5 次班房之后洗心革面，成为最优秀的“反黑”专家，甚至连美国国会也把他请去，让他提供一些网络安全的建议。[②] 米特尼克行为的 180 度大转弯，表明在他的心理生活空间中，原有的引力（电脑犯罪）转变为斥力(脱离电脑犯罪)，这是因为他的需求发生了逆向转变：从当一名黑客转变为作一名维护网络安全的卫士。

2．网民的心理生活空间的力度

网民的心理生活空间的力度主要指来自网络环境的对网民具有吸引力的力量的强度。与传统媒体相比，网络环境在满足网民的需求上具有无与伦比的优越性，在吸引网民的力量上有很强的力度。譬如网络信息的海量性、实时性强烈地吸引了美国国会的委员，他们最终批准在因特网上公开斯塔尔关于克林顿绯闻的报告。这致使报告公布的第一天，全球至少有 2470 万人在网上阅读了该报告[③]。正是网络的虚拟性和交互性的特点，使网民得以在匿名情况下进行新的角色扮演，从而满足了网民自我个性的张扬、体验平等相待的喜悦和弥补在现实生活中缺少朋友交流等方面的缺憾。当然，对网民个体来讲，不同的网络环境对他们吸引的力度是有差异的：有的人迷恋网上游戏；有的人则沉醉于网上交友；还有人喜欢在网上浏览新闻；而有的则更钟情于从事网络

---

① 思文《黑客是一种特殊的网民》，《北京晚报》，2001 年 3 月 26 日。
② 颜亮《世界第一黑客改邪归正》，《市场报》，2000 年 8 月 17 日。
③ 何刚《“第四媒体”说长道短》，《人民日报》，1998 年 10 月 8 日。

商务活动。网络环境的引人入胜，使自控力强的网民，得以利用网络为自己服务；而对那些意志力薄弱者则有可能是一个很深的难以自拔的陷阱。有实例为证：英国有一名担任秘书之职的妇女，因上网成瘾而被解雇①。据最新统计，全球两亿多网民中，就有1140万人患有不同程度的网络综合症②。

综上所述，网民的心理生活空间的方向性决定网民具体选择什么样的网络环境；而网民的心理生活空间的力度，则表明网民在某个网络环境中滞留时间的长度和其认知、情绪情感等心理活动投入的程度。

三、几点启发

（一）研究网络传播应注意宏观和微观研究相结合

在互联网于全球迅速发展之时，从宏观上探讨网络传播对于人类社会的政治、经济、文化发展的影响，无疑非常必要，而且也很有意义。但是当我们解析这种影响时，不能不承认，人们对这种影响的认知、理解和认同是网络媒体得以实现的重要的心理基础。因而，从微观上探索人们在接受网络传播时的心理和行为的特点及规律，不仅不会影响网络传播的宏观研究，反而会增强这种研究的社会效应。

（二）网络传播的发展应与网民素质的优化同步提升

在网民的心理生活空间中，网民素质是具有动力性质的，尤其是网民的需要、动机、价值观则更为重要。因为它们决定着网

---

① 汤民国《英国一妇女上网成瘾丢饭碗》，《北京青年报》，2000年8月25日。

② 许栩《当心网络综合症》，《市场报》，2001年3月2日。“网络综合症”：网民达到一定长度的上网时间，同时伴有生理上的异常症状，如失眠、头疼等，还伴有心理上的问题，如情绪上的烦躁、生活兴趣的降低，还会有痛苦的感觉。做普通的物理检查时查不出异常现象，这种症状就是网络综合症。

民对网络环境的认知和选择，从而导致网民某种特定行为的产生。网络这种媒体，说到底，只是一种传播工具。它有双刃剑的功能，正如菜刀一样，既可以切菜，又能够杀人，关键在于使用者的动机和需要。理智地使用网络，做网络的主人，那么，它带给人们的将是工作效率和生活质量的提高。但是如果缺少成熟、健康的心态，就容易成为网络的俘虏：在虚拟和现实之间迷失自我，甚至患上网络心理疾病。还有一小撮人，怀着险恶的动机，在网上进行犯罪活动，害人害己。他们已被网络异化了。

人是网络的创造者、使用者和促使其发展者。离开了人，网络只不过是一台无生命的机器；而离开了高素质的人，网络不仅不能发展，还有可能给人类社会带来灾难。所以，在大力推进网络发展之时，切不可忽视对网民整体素质的提高。

（三）净化网络迫在眉睫

网络环境是由网络技术和网络内容组成的。这两个方面都会对网民产生影响，其中又以内容的影响更广泛、更深刻。据毕业于美国麻省理工学院的爱特信（ITC）中国工商网络的总裁张朝阳博士介绍，“实际上，内容为主（CONTENT IS KING）目前已经成为美国互联网络企业的经典的经营法则。”① 事实证明，高技术与健康的内容相结合可以产生巨大的积极的社会效应，而高技术若与不健康的、甚至有“毒”的内容相结合，将会对社会产生极大的负面影响。于 1998 年破获的、迄今为止世界上最大的一桩互联网儿童色情网站案，足以说明这个问题：“200 多名犯罪分子遍布世界三大洲 12 个国家，遭受性虐待的儿童至少 1000 名，侦获的儿童色情照片超过 100 万张，涉嫌浏览该色情

---

① 陈剑锋《你在网上看到了什么》，《北京青年报》，1997 年 7 月 30 日。

网站的人多达数百万人！”[①] 在我国，虽然网络发展的时间不长，但是网络内容中的问题也不少。

正如一位全国政协委员指出的：“网上虚假信息屡见不鲜，不健康的甚至黄色的内容日见增多；一些虚拟化社区语言粗俗、格调低下；有的网站炒作过度，广告用语亟待净化；网上交友不负责任；网络上颓废、消极、缺少诚信的情绪已引发社会问题，损害了网络的健康发展。”[②] 看来，净化网络已迫在眉睫。

加强对网络的管理，一方面需要有关部门通过技术手段对网上反动的、黄色的、封建迷信的内容进行查堵；另一方面还应尽快制定、完善有关网络的法规，加强网站的自律和法律意识。再者还须积极引导网民，加强社会责任感，约束自己的网上行为，对于青少年网民还应帮助他们提高抵制和防范网上黄毒的能力。

思考题：

1. 阐释虚拟空间（社会）与现实空间（社会）的关系。
2. 简析网络的主要特点。
3. 分析网民的心理和行为的主要表现。
4. 你认为帮助网瘾者回归社会的主要途径是什么？
5. 你怎样理解网民的心理生活空间的构成？
6. 网民的心理生活空间有哪些特点？

---

① 徐冰川《头号色情网站侦破内幕昨被披露》，《北京青年报》，2001 年 1 月 12 日。

② 罗钦文《关注网络》，《人民日报》（海外版），2001 年 3 月 23 日。

主要参考书目

1.《心理学导论》（上、下册），［美］Rita L.Atkinson 等著，车文博审订，台湾晓园出版社有限公司，1994 年 6 月版。

2.《弗洛伊德主义论评》，车文博主编，吉林教育出版社，1992 年 9 月版。

3.《心理学》，郑肇桢著，商务印书馆（香港）有限公司，1984 年 11 月版。

4.《西方心理学的新发展》，高觉敷主编，人民教育出版社，1987 年 12 月版。

5.《人格心理学》，陈仲庚、张雨新编著，辽宁人民出版社，1986 年 9 月。

6.《现代心理学史》，［美］杜·舒尔茨著，杨立能等译，人民教育出版社，1981 年 9 月版。

7.《认知心理学》，王甦、汪安圣，北京大学出版社，1992 年 4 月。

8.《人类的认知》［美］司马贺著，荆其诚、张厚粲译，科学出版社，1986 年 11 月版。

9.《视觉心理学》，R.L. 格列高里，译者彭聃龄、杨焜，北京师范大学出版社，1986 年 11 月版。

10.《社会心理学》，［美］弗里德曼等著，高地等译，黑龙江人民出版社，1985 年版。

11.《中国人的心理》，［美］M.H·邦德主编，云南人民出版社，1990 年 10 月。

12.《社会心理学》，章志光主编，金盛华副主编，人民教育出版社，1996 年 4 月版。

13.《传播心理学》，韩向前编著，南京出版社，1989 年 5 月版。

14.《社会心理学》，沙莲香主编，中国人民大学出版社，1992 年 4 月版。

15.《心理学导论》，黄希庭著，人民教育出版社，1992 年 2 月版。

16.《阅读心理学》，张必隐，北京师范大学出版社，1992 年 9 月版。

17.《广告心理》，［日］仁科贞文著，李兆田、任芝译，中国友谊出版社，1991 年 12 月版。

18.《广告攻心战略——品牌定位》，［美］艾·里斯等著，台湾刘毅志译，中国友谊出版公司，1991 年 12 月版。

19.《艺术心理学》，高楠著，辽宁人民出版社，1988 年 1 月版。

20.《电视的冲击》，［日］藤竹晓原著，李江林、樊诗序编译，北京广播学院出版社，1989 年 11 月版。

21.《传播学概论》，［美］威尔伯·施拉姆、威廉·波特著，陈亮、周立方、李启译，新华出版社，1989 年版。

22.《传播学的起源、研究与应用》，［美］沃纳丁·赛弗林、小詹姆斯·W·坦卡特著，陈韵昭译，福建人民出版社，1985 年版。

23.《大众传播模式论》，［英］丹尼斯·麦奎尔和斯文·温德尔著，祝建华、武伟译，上海译文出版社，1987 年版。

24.《大众传播学诸论》，［美］梅尔文·德弗勒、桑德拉·鲍尔一洛基著，杜力平译，新华出版社，1990 年 9 月版。

25.《传播学原理》，张国良主编，复旦大学出版社，1995 年 12 月版。

26.《西方大众传播学——从经验学派到批判学派》，刘昶著，三联书店（香港）有限公司，1990 年 10 月版。

27.《传播学引论》，李彬著，新华出版社，1993 年 10 月版。

28.《新闻信息概论》，李元授著，武汉大学出版社，1994 年 6 月版。

29.《不可靠的新闻来源》，［美］MARTINA.LEE（马丁·李），NORMAN SOLOMON（诺曼·苏罗蒙）著，杨月荪译，台湾正中书局，1995 年 6 月版。

30.《未雨绸缪为 21 世纪做准备》［英］保罗·肯尼迪，新华出版社，1994 年 4 月版。

31.《经济述评自析集》，艾丰著，人民日报出版社，1995 年 2 月版。

32.《郭玲春新闻作品选》，郭玲春，新华出版社，1991 年 10 月版。

33.《跨世纪中国广播电视改革与发展》，罗弘道、刘玉峻主编，中国广播电视出版社，1994 年 8 月版。

34.《新闻心理学概论》刘京林著，北京广播学院出版社，1995 年 8 月第 2 版。

35.《新闻心理学论文集》刘京林、周光荣主编，北京广播学院出版社，1996 年 2 月版。

36.1995—2004 年，《现代传播——北京广播学院学报·人文社会科学版》。

37.1995—2004 年中国人民大学复印报刊资料《心理学》。

38.《生活在网络中》严峰、卜卫著，中国人民大学出版社，1997 年 12 月。

39.《网络传播学》吴风著，中国广播电视出版社，2004 年 6 月。

40.《网络心理行为公开报告》，程乐华编著，2002 年 4 月。

41.《人与人的相遇——人际传播学》王怡红著，人民出版社，2003 年 2 月。

关于附录 1 和附录 2 的说明

刘晓红同志是中国社会科学院新闻与传播研究员。多年来，她从事传播心理学方面的研究，曾发表过《试论传播心理学的研究内容》和《试论心理学在传播学研究中的作用》两篇论文。上述第一篇已收入由我和周光荣主编的《新闻心理学论文集》里，现将其第二篇作为附录收入本书。

卜卫同志是中国社会科学院研究员。她对于儿童使用媒体问题颇有研究。曾发表过《关于儿童媒介需要的研究——以电视、书籍、电子游戏为例》以及《进入地球村——中国儿童和大众传播》等论文和专著。本书对于儿童媒体需要的研究涉猎不多，但对中国这个有着 3 亿青少年的大国来说，这是一个非常重要的问题。为了扩大本书的研究内容，故将其《关于儿童媒介需要的研究——以电视、书籍、电子游戏为例》作为附录 2 收入本书。

附录 1

试论心理学在传播学研究中的作用

刘晓红

内容提要　本研究分为两个部分，第一部分举例介绍了与心理学有关的传播学研究，第二部分对这些研究中心理学的作用进行了分析。这些分析力图描绘心理学在现有传播学研究中所扮演的角色。

早期的传播研究主要由心理学者（和社会学者）进行，因此一些现在归入传播学研究“里程碑”的研究，实际上是心理学研究，如 1946 年至 1961 年间由霍夫兰领导的“耶鲁传播与态度改变计划”。从本世纪 60 年代初，开始出现由传播学者所进行的大规模传播研究，这些研究被认为是心理学研究向传播学者易手的转折点（罗瑞、德弗勒著，王高音译，1993）。但心理学并未和心理学者一起退出传播研究领域。传播是几乎无所不在的人类活动，因此传播研究很难不涉及心理问题。事实上，在一些传播学研究中存在着与心理学研究的联系，这是传播学研究者都能注意到的事实，只是两者的系统化关系不明确：即心理学在传播学研究中起什么作用，是研究工具还是研究范式或存在着一个传播心理学，这是本论文要讨论的问题。

对此，本文将从两个方面进行描述和分析：

1. 心理学在传播学研究中的位置。

2. 心理学在传播学研究中的作用。

首先要说明两点：

1. 本文所说的传播，主要指大众传播。但随着时代的变迁．大众传播和人际传播的界限已不像开始界定时那么清晰；大众及大众传播的概念也在改变（Livingstone，1993），因此本文中的大众传播的确切含义，可能随所采用的文献的时代不同而有所不同。

2. 本文所讨论的传播学研究，主要指效果研究，因为正像德弗勒所说，由于种种原因，过去大部分的大众传播研究都是论述传播效果问题的。

一、心理学在传播学研究中的应用

对这个问题，准备从两方面来描述，一是看哪些传播学理论与心理学有关，二是看各类传播效果研究中心理学的位置。为节省篇幅，对传播学界熟知的研究和理论，不作一般性的介绍，重点讨论其与心理学有关的部分。

（一）与心理学有关的传播学理论（举例）

1. 与认知一致性理论有关的模式。

现在通常被作为传播模式提到的纽科姆的 ABX 模式，是社会心理学中关于人际关系的理论，源于海德的结构平衡理论（可表示为 P—O—X 模型），因为讨论的是人的传播行为，因而被作为传播模式。实际上，奥斯古德的认知一致性理论、费斯廷格的认知失调理论以及海德的 P—O—X 模型均可作为传播模式。这一组理论，均是从人有保持自己的认知一致性倾向这一前提出发所作的研究（周晓虹，1993），统称为认知一致性理论，属于社会认知理论。这类理论的基本理论假设是：人的认知结构是平衡、和谐的，一旦出现不平衡、不和谐，就会产生一种趋力，去改变这种状态，重新恢复认知系统的内在一致性（朱智贤，1989）。这种追求认知一致性或降低认知失调程度的倾向，就导致传播行为的发生。

在纽科姆的 ABX 模式基础上出现的韦斯特利——麦克莱恩

模式，是一个真正为大众传播研究所作的模式，这一模式的理论基础，也是认知一致性理论。

2．马莱茨克模式。

这是一个基于社会心理学理论的模式，在这个模式中，包含了在此之前社会心理学对传播者、讯息、媒介、接受者这四个传播要素及其相互关系的全部研究结论。

除上述两个模式外，康斯托克的电视对个体行为影响的模式是较纯粹的心理学模式。其他与心理学有关的模式，可参见郭镇之文（1996），该文列举了许多与心理学有关的模式。

3．使用与满足理论。

经与教育心理学的学习动机理论比较后本研究发现，使用与满足理论是一个动机作用系统，用动机理论来解释这个模式，可以更清晰地说明该模式的各要素及相互关系。试套用学习动机理论（冯忠良，1992）解释如下：原模式中的人类基本需求，转化为媒介使用需要，这一需要与对媒介使用活动结果的期待一起，构成媒介使用动机，这是媒介使用动机的基本结构。媒介使用动机将在媒介使用活动的开始、进行、完成的全过程中发挥作用。其作用机制是：媒介使用动机由问题情境激发，在学习动机系统中，问题情境指学习者面对可以解决但又不能轻易解决的学习任务而挑起学习者认知冲突时的学习情境；在媒介使用动机系统中，既可指类似的学习情境，也可指受众对其所在当时环境的主观感知，如焦虑、无聊、孤独等（卜卫，1996）。问题情境造成受众内心的冲突或空缺感；受众就会产生平息冲突、填补空缺的愿望，这种愿望就是媒介使用需要的体现。媒介使用动机的另一构成成分——媒介期待，由能够满足媒介需要的具体媒介使用行为（或其他非媒介使用行为）而产生，期待引导受众将行为指向特定的媒介使用（或其他）活动，这时，媒介使用动机由潜在的状态转为活动状态，受众开始使用媒介（或从事其他选定的活动）。当活动结束后，体验期待是否满足，问题情境是否消失，如已消失，则本次媒介使用活动完成，如未消失，则重新选择其他的媒介或非媒介使用活动。

媒介使用活动结束后，将因结果的好坏而对受众的媒介需要产生影响，并调整媒介期待。媒介需要随受众所在客观环境（如阶级、阶层、种族、宗教、家庭等）对人的要求不同而有所区别。

当然，也可能在某种特定的媒介使用习惯（条件反射）或病态依赖性（无法自我控制的使用）的驱使下产生媒介使用行为。

4．态度改变理论。

（1）1946 年至 1961 年间则霍夫兰领导的“耶鲁传播与态度改变计划”

该项研究及其结论在诸多的传播学著作中作为传播学研究介绍（罗瑞、德弗勒著，王嵩音译，1993；翁秀琪，1992；赛弗林、坦卡特著，陈韶昭译，1985）。但在社会心理学著作中，也可见到关于这个研究的介绍（周晓虹，1993；John，1986）。从霍夫兰是心理学者，及开始从事该研究时传播学并未作为一个学科正式提出来看，该研究应属社会心理学。但从霍夫兰研究的内容及在传播学研究中的历史地位来看，该研究确实可作为传播学研究的“里程碑”（罗瑞、德弗勒著，王嵩音译，1993）。但诚如周晓虹的评价（1993），这项长达十几年的研究，未能建立有关传播和说服过程的任何系统理论，与投入的精力相比，影响是有限的。该研究三个主要被引用的结论是：单方面论据和双方面论据的说服效果、信息来源的可信性对效果的影响、首因效应和近因效应。这些结论主要应用于广告、宣传等传播活动中。

需要说明的是，该研究属人际传播而不是大众传播（罗瑞、德弗勒著，王篙音译，1993）。

（2）麦奎尔的免疫理论，也与霍夫兰的研究有类似的情况，只不过其影响力不如后者。

（3）态度改变的精细加工可能性模式（EML 模式）

EML 模式也属于社会心理学理论（John，1986），是对受众在说服性媒介内容影响下改变态度的过程的理论描述。其基本思想是，媒介信息可改变人们对人、事的知识，但不必然改变人的态度和行为。如果受众有接收动机和处理媒介信息的能力，且通过对媒介内容的接受后产生赞成的想法和意见，则对态度和行为有持久的影响。一旦态度改变，见之于行动时可能需要学习新技能，需要获得自我效能感知。

构成该理论结构的三个重要观点是：A. 态度改变分为中心通道和边缘通道；B. 不同情境中，任一因素（如信源的可信度）可以在中心或边缘通道起作用；C. 虽然中心和边缘通道均能导致态度改变，但在改变的样式（manner）上有重要的不同。如果传播目的在于持久的态度和行为改变，则中心通道是首选策略。如果目的是即时形成新态度，即使这种新态度是一时性的（如美国的马拉松募捐电视节目导致的捐款行为），边缘通道也是可以接受的（Petty&P，1994）。

该理论可作为传播学中研究媒介内容对改变态度的影响的理论框架。

5. 班杜拉的大众传播的社会认知理论。

班杜拉是著名的社会心理学家，并非传播学者，其社会认知理论（在社会学习理论基础上发展而成）在社会心理学理论体系中有重要地位，是解释各种主要的人类社会行为的重要理论。因此，“大众传播的社会认知理论”（Bandura，1994）和原社会认知理论有什么异同，是本研究关心的问题。笔者注意到在该文最后的致谢部分，作者谈到该文的内容主要取自《思想和行为的社会基础——社会认知理论》一书（1986）和 Empirische medien psychologie 一文（德文，试译为《经验主义媒介心理学》——笔者注），遂将《大众传播的社会认知理论》一文与《思想和行为的社会基础——社会认知理论》一书的主要内容进行了比较，发现该文的主要理论框架仍是其原社会认知理论，并未因大众媒介这个元素的介入而改变。班杜拉在文中谈到，由于大部分的理论是在媒介技术大发展以前建立的，因而对符号化（symbolic）环境在人们生活中日益增加的作用未给予充分重视。他谈到，鉴于以往的模式主要从人们直接的生活环境中生成，因而这种模式的影响有很大的局限性。影视技术的加速发展，使模式大大超越了人们的日常生活经验。通过吸取这样的模式，观察者本人也将超越自己的日常生活局限。在该文中，笔者没有发现对从日常生活中习得的模式与从影视媒介中习得的模式的比较研究。另外，该文提出了影响扩散的双重和多重模式，本研究在此不讨论。

上述的分析是想说明，班杜拉的大众传播的社会认知理论与反映他全部社会心理学思想的社会认知理论并无本质的不同。该理论广泛深入地研究了人类社会行为（如侵犯、性别角色社会化、利他行为等），揭示了人类社会行为学习的基本过程，是解释人们从媒介中学习社会生活的主要理论。

6．接收分析（reception analysis）。

接收分析被认为是80年代以后受众研究领域的新趋势。可分为三个研究传统：文化研究传统、社会心理学传统和认知心理学传统（翁秀琪，1993）。有研究者认为，接收分析作为受众研究的一种研究方法，主要特征在于其方法论上的意义（卜卫，1996），即在研究受众接触媒介的活动中，从以媒介讯息为中心（如魔弹论）和其以后的以受众为中心（如使用与满足理论）转向以两者及其相互作用为中心。翁秀琪（1993）把这种转向与阐释学和文学批评的发展脉络进行了比较，认为这一趋势并非传播研究者的独创之见，在阐释学和文学批评领域里，有关谁有最后阐释权的讨论，也经历了从文本（作者）到阐释者（读者），最后再到编码与译码的整体分析的过程。

从心理学观点来看，受众从媒介内容中获得意义的过程是一个学习过程。受众所获得的意义不等于媒介中原来的内容，而是受众通过一系列内部心理加工过程获得的主观经验，在媒介接触中最终获得什么样的经验不但取决于媒介内容本身的性质和结构，还取决于受众原有的认知结构，即特定性质和结构的媒介内容和受众特定的认知结构相互作用，决定了受众最终从媒介讯息中所获得的意义。

（二）心理学在传播效果研究中的应用

在传播效果方面，人们一般关心以下问题：传播对人们观念、知识的影响，媒介中的暴力与人的侵犯性行为的关系，对媒介内容的恐惧反应，媒介的娱乐效果，媒介广告对人的影响，媒介对公众健康的影响，媒介对人的认知能力的影响或相互关系等。下面选其中几项介绍。

1. 关于传播对人们观念、知识的影响的研究。

可以归在这个题目下的研究有：受众在看新闻时，获得了什么；媒介内容对妇女、少数民族、老年人等如何描述，这种描述是否形成了受众的刻板印象，这种刻板印象又是否影响了受众对这几种人的态度及受众本人（主要是儿童）的社会化。

上述的研究，大都可分为两个阶段。前一阶段是考察媒介如何转述社会真实，采用的手段主要为内容分析。一般得出两个结论，一是媒介内容中所描述的现实是怎样的，如媒介中的女性比男性年轻、女性的职业种类比男性少等；二是媒介所描述的现实与实际符合的程度或者是否是不健康的。

后一阶段是研究媒介接触是否在受众头脑中形成了与媒介内容类似的观念，这种观念是否会影响受众的态度、社会化及其作用机制等。这一阶段的研究主要是考察媒介内容的影响过程和机制。例如，钟蔚文（1992）的关于“从媒介真实到主观真实”的研究，是典型的这一阶段的研究。该研究把从媒介真实到主观真实的过程看成是获得知识的认知过程。从知识学习的角度研究受众的主观真实形成的规律。

也有一些研究只作其中的某一阶段，如翁秀琪（1994）关于“我国妇女运动的媒介真实和‘社会真实’”的研究。Harris

（1994）在《大众传播的认知心理学》大部分章节中介绍的研究，都属第一阶段的研究；前述的钟蔚文（1992）关于“从媒介真实到主观真实”的研究，属第二阶段的研究。

在这两个研究阶段中，第二阶段的研究，即观念或态度形成机制的研究，需要分析受众的心理和其他社会特征，分析媒介内容的哪些特征是对影响受众具有意义的特征，以及媒介内容与受众心理结构的相互作用过程，因而是心理学问题。

2. 关于媒介暴力对人的影响的研究。

媒介暴力对受众的影响，一般从以下方面提出问题：（1）在各类媒介中有多少暴力内容。（2）受众接触媒介暴力的程度如何。（3）接触媒介暴力的后果以及公众对于媒介暴力的真实想法和感觉。第一方面的研究，主要通过内容分析进行；第二方面的研究，主要由受众调查解决；第三方面的研究，主要是心理学研究。以下重点介绍第三方面的研究。

对媒介暴力的影响效果，人们主要关心是否会增加受众的侵犯性行为倾向。电视是研究关注的重点。其影响一般分为三个心理水平：认知、情感、行为。

对行为的影响指暴力节目内容是否会引发或强化侵犯性行为，对此问题的研究一般有五种心理学假说或理论：宣泄（catharsis）、激发（arousal）、去抑制（disinhibition）、模仿（imitation）和敏感度降低（desensitization）。研究手段主要有：实验室实验、田野实验、相关分析、小组追踪研究或纵向法（longitudinal panel studies）、自然环境实验法和干扰法（intervention studies）（Gunter，1993）。

对认知的影响指媒介中的暴力内容是否会影响人们对真实社会现实的认知和观念。一般先用内容分析考察媒介内容中的暴力数量和等级。然后分析媒介暴力内容的多少与受众对现实的感觉是否一致。根据培养论的观点推论，两者应一致。但这种一致性未得到广泛接受和证实（Gunter，1993）。研究已经发现，电视节目中暴力内容的数量不是检测其影响的有效和充分的指标。因为电视节目内容与受众对该内容的感知有很大差异，以同样频次和时间接触媒介的受众，其观念可能非常不同。这也许说明，培养论这种推论性的理论框架，不是说明这个问题的最佳方法。但笔者暂时也没有见到有关的心理学研究。

对情感的影响主要指观看电视暴力节目后的恐惧和焦虑反应。恐惧反应通过自我报告、对受众观看暴力内容时的面部反应的录像记录、生理唤起水平测量和行为测量（例如，在观看了蛇的镜头后，询问儿童是否愿意看真正的蛇）确定。这方面研究的问题有，什么样的事件或刺激能够引起恐惧反应（如危险和伤害、对自然现象的扭曲等）；影响恐惧反应的因素（如受众观看暴力节目的动机、媒介刺激与实际生活中刺激的相似性等）(Joanne Cantor，1993)。在恐惧反应方面的一个重点课题是考察儿童恐惧反应与其发展阶段的关系及应对策略。也有研究对皮亚杰的儿童四个智力发展阶段的划分在儿童对媒介恐惧反应的预测力上进行了考察（Joanne&G，1984），这种研究不但对传播学研究有意义，而且丰富了儿童心理发展理论。以上关于情感影响的研究均是较典型的心理学研究。

3. 媒介对人的认知能力的影响或相互关系。

（1）与注意有关的研究。

张令振、彭耽龄（1990）在《学前儿童电视注意选择性研究的理论与方法》一文中，介绍了电视注意研究的四种方法：视觉定向法、眼动记录法、理解和再认测验法、干扰法。这四种方法均是认知心理学所采用的实验研究方法。有关电视注意问题的研究主要讨论儿童的电视注意与电视视觉和听觉特征的关系、和理解的关系、图式的作用、观看环境的作用、影响注意转移和保持的因素、儿童视觉注意的发展等。

（2）认知卷入问题研究。

认知卷入这个概念最早由克鲁革曼在广告研究问题中提出，

现已成为一个被社会心理学、广告学和传播学领域经常研究的课题，并被作为比较媒介效果的重要因素。一般认为受众中的高卷入者和低卷入者之间在注意的方式、处理媒介信息的过程方面存在着差异（Stewart&Ward，1994）。本部分主要介绍博恩斯和安德森著、张令振译的《看电视的认知卷入程度低吗?》一文(1991)，目的在于把该文所介绍的研究作为在生理水平上研究与传播有关的认知心理学问题的代表。

有观点认为，观看电视是一种消极被动（即低卷入，观众的意图、计划、策略、选择性等在观看电视时很少起作用）的活动，阅读是相对主动的活动。上文从生理层面揭示了观看电视是一种主动认知加工活动的命题。该文通过证明电视注意与非电视注意均享同一个加工机制来证明上述命题。证明的具体手段是从脑电波的变化、眼球活动方式、左右脑的主导机制和心理投入量等四个方面比较观看电视与阅读活动的差异。证明的逻辑是，人脑的活动，例如观看电视或阅读，会引起脑电波的变化，研究者通过测量两类不同活动中的脑电波活动的多少，来确定两类活动是否有差异，即两类活动在需要意识努力的程度上是否不同。β波代表大脑的一种兴奋唤醒状态，α波则在清醒、安静、闭目时出现，因此研究中用α波减少、β波增加来表明脑活动增加，如注意的努力增加了。以往的一些研究发现阅读比观看电视α波减少、β波增加，但以后的研究表明，观看或阅读内容的复杂性是导致脑电波差异的根本原因，即从脑电波显示的差异中，无法区分阅读和观看电视节目这两种活动，从而证明了两种活动为同一加工机制。以往研究在方法上的缺陷，导致了观看电视是消极被动活动的错误结果。

（3）图式理论的应用。

心理学研究表明，图式（关于认知图式和社会图式的异同，见本文注释2）影响人们的知觉、记忆和理解等心理过程（张必隐，1992；彭聃龄等，1990）。图式理论已在传播学研究中得到了应用。

这方面研究的主要内容有：受众在不同的文化传统中形成了什么样的社会图式，这些图式对受众理解媒介信息有何影响（Harris，1994），受众的图式包括哪些方面（一般有：关于语言的知识、人物姿态的含义、社会关系和各种媒介内容的结构等）（Carmen，1985；吴翠珍，1994），图式的影响（如对媒介内容的选择性知觉、对媒介内容的记忆、理解等）（钟蔚文，1989），媒介接触经验对图式的影响，以及在媒介教育中如何利用儿童在接触媒介过程中形成的认知图式等（Carmen，1985）。

（4）与记忆有关的研究。

记忆是认知过程的一个重要环节，在有些情况下，可用记忆内容作为习得的标志。在媒介研究中，常用对媒介内容的记忆情况来表示对媒介内容的获得和理解，同时判断媒介内容本身的特征。常用的测量记忆的方法有：自由回忆、线索提示回忆、再认等（E1izabeth，1994）。

在媒介对人的认知能力的影响或相互关系方面的研究还有：视、听两通道在媒介接触中的规律（Seth，Santa，1993），视、听、视听结合的电视播出效果的研究等（Ann，Neuman，1994）。

二、心理学在传播学研究中的作用

前面从两方面描述了心理学在传播学中的应用，但所提到的研究并不是传播学与心理学关系的全部情况，这也不是本文追求的目标。本文的目的，是从较有代表性的研究中，分析心理学在传播研究中的作用。

传播活动对个人的影响最终表现为对人心理的影响。这些影响可归纳为四个方面：（Harris，1994）行为（如侵犯行为的习得）、态度（如对艾滋病患者的歧视改为同情）、认知（包括知识、认知能力。前者如对妇女角色的认知，后者如广播和电视对想像力的影响)、生理（如看足球时心跳加速)。另外，心理因素还作为中介因素影响传播效果，如图式对处理媒介信息的影响，或受众个人对某一传播内容的观点（赞成、一般、反对）对传播效果的影响。

心理现象是心理学的研究对象，因此心理学介入传播研究是必然的。传播活动中的某些心理现象可直接应用心理学已有理论去解释，如社会心理学的态度改变理论、观察学习理论等；有些则需要作心理学应用性研究。但由于传播问题涉及多层面，如文化的、社会的和心理的层面，因此，心理学不可能单独完成对传播现象的解释。下面就具体分析。

1. 关于模式。早期的研究注重全面地解释传播活动的全过程。因此，各种理论常以模式的形式出现。企图用心理学框架完整解释全部传播现象的模式可以马莱茨克的大众传播过程模式为代表。但由于“首先，因为大众传播研究的不同途径设计到互不相容的不同侧重点，有时涉及到前后矛盾的理论。因此，任何一个全面性模式都可能混淆各种科学的探讨，不能正确说明现实真实的思想状况。第二，一个单一的全面性模式可能会无形中肯定一种单一分立的传播过程的存在，即由作为信息来源的社会传向作为受众的社会。在许多场合，我们无法辨别这种分立的传播过程……”（温德尔、麦奎尔著，1981；祝建华、武伟译，1987)。从现在的研究状况可以更清楚地看到，传播活动是一种非常复杂的现象，这种复杂性不仅体现在要对这一现象作出解释时需涉及多种因素，更重要的是这些因素间的关系是多层面的，从文化层面到生理层面，因此必然需要不同的科学领域去研究。实际上，这也是传播学理论繁多的重要原因之一。心理学只能从某一角度或某一层面上对传播现象作出解释。20 世纪 60—70 年代，传播研究“已从寻求对整个大众传播过程的一般理解逐渐转向研究这个过程的具体方面”（温德尔、麦奎尔著，1981；祝建华、武伟译，1987)，作为完整模式的心理学解释，也不再是研究者追求的目标。但作为对某一传播行为各因素关系的解释，例如媒介使用行为的使用与满足模式，则可以帮助研究者清晰地表述这种关系。

2．关于范式。德弗勒认为：传播学的研究不能在理论的真空中开始，需要一系列有关社会、个人及两者之间关系性质的基本设想加以引导。这种基本设想可用范式（paradigm）这个术语来标明。心理学范式是用来解释传播对个人影响时采用的范式。其中认知范式（具体指个人一致性理论——本文注）是用途较广的一种（与神经生物学法、行为主义和精神分析相比较）（德弗勒、洛基奇，1989）。基于或部分借鉴于这个范式的研究有前述的源于个人一致性理论的各种模式、德弗勒和洛基奇的媒介依赖论等。德弗勒和罗瑞（1988）在回顾了传播学研究数十年的历史后指出（在1993年出版的两作者同一著作第三版中，删去了下面关于范式的讨论——本文注），有关传播效果的理论都不逾越认知范式的范畴。但认为从70年代开始意义范式成为主流，原因在于附庸认知范式的理论未能有效地解释人们普遍认为和感觉到的媒介强大的影响力（德弗勒、洛基奇，1989）。对此现象有两种解释：一是确实不存在强大影响力；二是鉴于媒介影响存在于非常复杂的社会系统中，因此无法用一种有意义的方法测量出。但也有观点认为，原因在于以往采用的自我报告方法，导致了无法有效地解释人们对媒介信息的处理过程。这些学者认为，具有真正解释力的传播学理论，应当包括各个层面的研究，既包括文化环境层面上的解释，也包括信息加工机制层面上的解释（Geiger，Barbara，Newhagen）。另外，从认知范式向意义范式的转向的另一原因，是认为认知范式理论只解决短期、直接效果，意义范式理论解决长期、间接效果（德弗勒、洛基奇，1989）。从下面第3点的分析中将会看到，意义范式下理论，为媒介对人的影响提供了一种理论假设，而这种影响是否真的发生以及发生的条件、过程等复杂问题，需要认知心理学理论去研究和解释。每种理论或范式，只在它有能力解决的问题范围内起作用。

3. 意义理论和心理学理论在媒介对人们观念、认知的影响研究中的作用分析。意义理论范式下的研究的主要手段是内容分析，再由内容去推论效果（罗瑞、德弗勒著，王嵩音译，1993；Greenberg，1993）。例如，在性别问题研究中，人们关心的问题是在媒介内容中是否有性别歧视现象，并假定如果长期接触有歧视的内容，必然影响人们对妇女的态度及儿童对自己的性别角色的认识。这一假定的理论基础是研究媒介影响意义及行为的四种理论，即李普曼的报刊意义构成功能、格伯纳的培养论、肖和麦考姆的议程安排功能和德弗勒与普莱克斯的媒介影响语言的功能。如果研究仅在内容分析的层面上进行，就不涉及心理学问题。虽然我们可以把长期接触某一类媒介内容对人们的影响看成是社会化的过程，但能够解释媒介内容对人社会化影响的理论——社会学习理论，也只在发生媒介接触时，才能起作用。因为尽管媒介中存在着那样的内容，但受众是否接触了含有该内容的媒介，受众接触该媒介的动机、态度的倾向性，原有的认知结构等因素，将最终决定该类内容能否真正影响受众的社会化（有研究者将内容和影响间关系的推论称为“自动效果论”，并概括出了影响媒介效果的8个因素，呼吁“重新打开黑匣子”。具体请参考：Herbert，1993）。另外，媒介内容仅是社会化的一个影响因素（尽管它能间接影响其他因素），社会化的其他因素：社会文化、家庭、学校和同辈群体将与媒介内容共同起作用。

当研究的关注点在施拉姆所称的“黑匣子”时，心理学开始起作用，即研究对媒介信息处理的心理机制问题。例如，是什么原因导致观看暴力节目增加了（或未增加）受众的侵犯性行为倾向；媒介内容中表述的观点为什么没有原封未动的变成受众自己的观点；为什么同一个镜头会引起某些人的恐惧反应，而另一些则没有或程度不同等等。

两者的关系是，内容分析的内容，即分析媒介中的哪些因素，需要利用已证实的假设确定，心理学研究的结果可为内容分析提供这种假设。采用经证实的因素的内容分析的结果，具有较强的推论作用。但推论的范围，只在假设证实时的那部分受众中。

从上面三点分析可以看出，心理学没有能力对传播活动作全面、系统性解释，其主要作用是解释传播对人的影响的心理机制。

另外，本文没有对心理学方法在传播学研究中的应用问题进行专门讨论。传播学研究应用着很多方法，其根本原因是传播现象需要从各个层次来研究，这样就有了人类学方法、社会学方法……心理学方法等，在每一类方法中，还有很多具体的技术和手段，在研究时采用何种方法，取决于如何提出问题，每一具体问题都有最适合的一种或一组研究方法和手段。

三、对传播心理学学科地位的再探讨

在《论传播心理学研究内容》一文（刊于《新闻与传播研究》1995 年第 1 期）中，笔者曾对传播心理学的学科地位问题进行过讨论，结论是作为体系的传播心理学尚未形成。经过上述分析，本研究仍得出同样结论。分析如下：

1. 从第一部分的介绍中可以看出，对传播活动中心理现象的研究，可分为两种类型：直接应用已有心理学理论解释传播现象，和对传播活动中的心理现象所作的心理学应用研究。前者主要为传播学领域所做，如用班杜拉的观察学习理论来解释观看媒介暴力与侵犯性行为倾向的关系；后者主要为心理学领域所做，如彭聃龄、岗特等人的电视新闻收视效果研究。将心理学理论应用于传播研究，可以更深刻地理解传播现象，但这种应用本身，是传播学研究不是心理学研究；而对传播现象的心理学应用研究，则属心理学研究领域。尚不能发现一组特定的研究对象和研究课题需要一个特定的学科——传播心理学来研究。

2．从传播学研究中所涉及的心理学分支来看，主要有社会心理学、认知心理学，还有部分个性心理学、发展心理学内容。在使用这些分支对传播活动中心理现象所进行的研究之间，并未发现系统性的联系，因此，把这些研究简单地汇集在一起，不能构成系统的传播心理学。

从上面两点分析来看，目前还无法形成系统的传播心理学。但不妨把传播心理学这个术语，作为所有与传播活动有关的心理学研究或应用的统称。

四、结论

概括上述分析，试对心理学在传播学研究中的作用作出以下描述：

1．从心理学理论体系出发构造对传播活动的全面、系统性解释（这种努力主要出现在早期的传播学研究中）已证明不是研究传播现象的有效途径，但对某一传播行为作出解释的心理学模式，是有效的。

2．心理学无论是否作为范式，都只能在它可以解决问题的范围内起作用。

3．心理学在传播学中的主要位置，是解释媒介对人的行为、情感、认知、生理的影响机制。

4．从目前情况看，构建系统的传播心理学，时机尚未成熟。

五、本研究的缺陷和努力方向

本研究是从已有的研究文献中归纳已有的心理学与传播学的联系，部分地说明了以往研究者在心理学应用于传播研究方面所做的努力，但未能从根本上说明心理学在传播学研究中可能有哪些作用以及为什么有这些作用。更科学的做法应当是：对传播现象进行活动分析，而不考虑这种活动在某个理论框架中是如何被解释的或在该理论框架中的位置，将现象从理论中还原出来，得出在所有的传播现象中，哪些是必须从心理学的角度入手去研究，哪些是不必要从心理学的角度去研究的结论。在此基础上，才能真正了解心理学在传播研究中的作用，才能更自觉、更有效地从心理学的角度解释传播现象。这是关于传播学与心理学关系研究继续努力的方向。

（作者单位：中国社会科学院新闻研究所）

注释

1. 社会认知、社会认知理论、认知、认知心理学的区别和联系。

在传播学研究文献中，经常出现“认知”的字样，分析发现，人们在使用这个词汇时的内在含义是不同的。在传播学研究中出现的“认知”常可能是以下四种含义之一：社会认知、社会认知理论、认知和认知心理学。下面试介绍这四个概念的联系和区别。

社会认知（Social Cognition）指个体在人际交往中，对人、对己、对群体行为的认识，有时也称社会知觉（Social Perception）。社会认知有时被作为对社会认知的研究的简称或对社会认知理论的简称。

社会认知理论（Social Cognitive Theory）或社会认知心理学，“是所有侧重从人的内在认知过程入手来解释社会心理和社会行为的研究方法及相应学说的统称”（周晓虹，1993）。前面谈到的认知一致性理论，即属社会认知理论。

认知（Cognition）是由一系列心理能力组成的复杂系统，它的结构指组成认知的各种成分（如感觉、记忆、想象、思维、言语等）及相互关系；它的过程指接受、解释、组织和提取信息的活动；它的功能指各种认知成分及过程在知识获得与应用中的不同作用（彭聃龄，1990）。但有时也被作为认知心理学或其研究方法的简称。在传播学研究中提到认知时，有时是指认知的各种成分，有时则是指对认知过程的研究。后者如钟蔚文在《认知与传播研究》一文中谈到“传播研究大体上来说，并不是十分‘认知’的”，“认知”一词，即指对认知过程的研究。

认知心理学（Cognitive Psychology）有广义和狭义含义，其狭义指用信息加工的观点和术语说明人的认知过程的科学，又叫信息加工心理学。目前西方心理学文献中所称的认知心理学，大都是指狭义的认知心理学（朱智贤，1989）。它的研究对象就是人类认知。

“认知心理学是一种重要的心理学思潮和研究心理学的范式，而不是一个狭隘的心理学派别”（彭聃龄，1990），它侧重研究人的认识过程，从这个意义上说，认知心理学和社会认知理论是同一类学术思潮。但两者的发展过程不完全相同（彭聃龄，1990；周晓虹，1993），且有不同的研究对象，认知心理学更多地研究非生命物体和抽象概念的信息加工，社会认知理论更多地研究人和社会的信息加工（菲斯克、泰勒著，1984，张庆林等译，1989）。

2. 图式（Schemata）和社会图式（Social Schemata）。

在传播学研究中，有关于图式理论的应用，但有时指一般意义上的图式，有时则是指社会图式。

图式（schemata）是以记忆表征为基础的心理结构和加工机制。记忆中表征的知识指现实世界中的各种概念知识，这些知识的各要素相互联系、相互作用，形成了具有一定心理结构的网络。图式影响人们的知觉、记忆、理解、推论、注意等认知过程。各种概念知识都可以用图式来表征，如宇宙天体、粒子运动、生物现象、社会事件等，图式还可以表征不同抽象水平的知识（彭聃龄，1990；张必隐，1992）。

社会图式（Social Schemata）它的基本原理同图式，但重点研究四类图式：

(1) 他人图式 (person schemata)：对影响他人行为的他人个性特征和目的的认识。(2) 自我图式 (self schemata)：个人自己的个性、外表和行为的各种信息。(3) 角色图式 (role schemata)：个人在社会中位置的信息。(4) 事件图式 (events schemata)：在特定情境中典型地会发生什么事情的共同知识。社会图式主要研究上述四种图式在知觉新信息、回忆旧信息和运用信息进行推理中的作用（菲斯克、泰勒著，1984，张庆林等译，1989)。

参考文献

博恩斯，J.J，安德森，D.R. 著，张令振译：《看电视的认知卷入程度低吗?》，《北京广播学院学报》，1991 年 4 月。

卜卫：《关于儿童电视需要的研究》，第二届全国新闻心理学研讨会论文，1996 年 5 月。

卜卫：《传播学方法论引论》，《国际新闻界》，1996 年 4 月。

冯忠良：《结构——定向教学的理论与实践》，北京师范大学出版社，1992 年。

黄合水、彭聃龄：《电视新闻质量评价系统》，《社会心理研究》，1992 年第 3 期。

郭镇之：《传播学、受众研究、接受分析》，《新闻心理学论文集》，北京广播学院出版社，1996 年。

韩向前：《传播心理学》，南京出版社，1989 年。

彭聃龄等：《认知心理学》，黑龙江教育出版社，1990 年。

彭聃龄、黄合水、黄方明：《电视新闻收视效果的研究》，《中国广播电视学刊》，1989 年第 2 期。

全国十三所高等院校《社会心理学》编写组编：《社会心理学》，南开大学出版社，1990 年。

斯文·温德尔、丹尼斯·麦奎尔著，祝建华、武伟译：《大众传播模式论》，上海译文出版社，1987 年。

罗瑞、德弗勒，王嵩音译：《传播研究里程碑》，远流出版公司，1993年。

梅尔文·德弗勒、桑德拉·鲍尔—洛基奇著，杜力平译：《大众传播学诸论》，新华出版社，1990年。

威尔伯·施拉姆、威廉·波特著，陈亮、周立方、李启译：《传播学概论》，新华出版社，1984年。

吴翠珍：《儿童之电视释意基模初探》，台湾《新闻学研究》，第48期。

翁秀琪：《大众传播理论与实证》，台湾三民书局，1992年。

翁秀琪：《阅听人研究的新趋势——收讯分析的理论与方法》，台湾《新闻学研究》，第47期。

翁秀琪：《我国妇女运动的媒介真实和“社会真实”》，台湾《新闻学研究》，第48期。

沃纳丁·赛弗林、小詹姆斯 .W. 坦卡特著，陈韵昭译：《传播学的起源、研究与应用》，福建人民出版社，1985年。

须文蔚、陈世敏：《传播学发展现况》，台湾《新闻学研究》，第53期。

张必隐：《阅读心理学》，北京师范大学出版社，1992年。

张令振、彭聃龄：《学前儿童电视注意选择性研究的理论与方法》，《应用心理学》，第5卷第1期。

S.T. 菲斯克、S.E. 泰勒著，张庆林、陈兴强、蒋虹、谢华均等译：《社会认知——人怎样认识自己和他人》，贵州人民出版社，1993年。

钟蔚文：《认知与传播研究》，台湾《新闻学研究》，第41期。

钟蔚文：《从媒介真实到主观真实》，台湾正中书局，1992年。

周晓虹：《现代社会心理学史》，中国人民大学出版社，1993年。

朱智贤主编：《心理学大词典》，北京师范大学出版社，1989

年。

Ann.N. C. , W. Russell Neuman: Interpreting Visual Versus Au – dio Messages in Television News. Journal of Communication 44 (4), 1993.

Bandura , A. : Social foundations of thought and action: A social cognitivetheory. Englewood Cliffs , NJ: Prentice – Hall , 1986.

Bandura, A.: "Social Cognitive Theory of Mass Communication" Media Effects: Advances in Theory and Research. Ed. Jennings Bryant , DolfZillmann. Lawrence Erlbaum Associates , Publishers , 1994.

Carmen , L. : " Television Discourse and Schema Theory: Toward a Cognitive Model of Information Processing" . Commnication Education 34.April 1985.

David W. stewart & Scott Ward.: "Media Effects on Advertising" , Media Effects : Advances in Theory and Research. Ed. Jennings Bryant , DolfZillmann. Lawrence Erlbaum Associates, Publishers , 1994.

Elizabeth , P. L. : " Measuring Chidren' s Cognitive Processing of television" . Measuring Psychologcal Responses To Media Messages. Ed. Annie lang. L.awrence Erlbaum Associates , Publishers, 1994.

Greenberg, B. S. : " Minorities and the Mass Media: 1970s to 1990s" . Media Effects : Advances in Theory and Research. Ed. Jennings Bryant , DolfZillmann. Lawrence Erlbaum Associates , Publishers , 1994.

Cunter, B. : " The Question of Media Violence" . Media Effects: Advances in Theory and Research. Ed.

Jennings Bryant , Dolf Zillmann. Lawrence Erlbaum Associates , Publishers , 1994.

Harris, R.J.: A Cognitive Psychology of Mass Communication.Hillsdale, NJ : Erlbaum , 1994.

Harris , R. J. : A Cognitive Psychology of Mass Communication. Hillsdale , NJ : Erlbaum . 1994.

Herbert , J , Gans : " Reopening the Black Box: Toward a Limited Effects Theory" . Journal of Communication 43 (4) , 1993.

Joanne Cantor , "Fright reactions to Mass Media" . Media effects: advances in theory and research. Ed. Jennings Bryant , DolfZillmann. Lawrence Erlbaum Associates , Publishers , 1993.

Joanne Cantor : "Children ' s Fear Responses to Mass Media: Testing Some Piagetian Predictions " . Journal of Communication, Spring 1984.

John , C. B. : Social Psychology. L.ittle, Brown & Company , 1986. Livingstone , S. M. : " The Rise and Fall of Audience Research : An Old Story With a New Ending" . Journal of Communication 43 (4), 1993.

Petty & Priester ; " Mass Media Attitude Change : Implications of the Elaboration Likelihood Model of Persuasion" . Media effects : advances in theory and research. Ed. Jennings Bryant, Dolf Zillmann. Lawrence Erlbaum Associates , Publishers , 1994.

Seth Geiger, santa Barbara, John Newhagen: "Revealing the Black Box: Information Proccessing and Media Effects" .Journal of Communication 43 (4), 1993.

Seth Geiger , Santa Barbara , John Newhagen : "Revealing the Black Box : Information Processing and Media Effects" .

Petty & Priester : " Mass Media Attitude Change : Implications of the Elaboration Likelihood Model of Persuasion" . Media effects: advances in theory and research. Ed. Jennings Bryant , Dolf Zillmann. Lawrence Erlbaum Associates , Publishers , 1994.

Seth Geiger, Santa Barbara, John Newhagen: "Revealing the Black Box: Information Processing and MediaEffects . Journal of Communication 43 (4) , 1993.

摘自《新闻与传播研究》1996年第三期。

附录 2

关于儿童媒介需要的研究
——以电视、书籍、电子游戏机为例

卜　卫

一、问题的提出

20 世纪 80 年代以来，我国已产生了数百篇关于大众传播对儿童影响的论文、文章，其中多数是在“大众媒介给了儿童什么，儿童就变成什么”的假定之上来讨论大众媒介影响问题的。但其研究结论并不能解释一个最重要的事实，即电视、报纸、电影、书籍等大众媒介中的积极内容为什么没有使所有儿童都变成社会所期望的那样，消极内容为什么没有使所有儿童都产生反社会的价值观念和行为。这里实际上缺少一个儿童媒介需求的研究角度，缺少对儿童“用媒介作什么”的讨论。

1959 年，传播学研究者卡茨（Elihu Katz）提出了“使用与满足”的研究角度。与“媒介给了人们什么”不同，“使用与满足”理论旨在回答“人们用媒介作什么”的问题。其研究中心在于为达到个人的满足和实现需求，受众如何使用媒介。结果发现：不同的生活环境造成了人对媒介的不同需要，人对媒介的需要不同，使用就不同，进而导致不同的效果。①虽然在 70—80 年代，“使用与满足”理论模式由于过分个性化而受到了理论界的批评，②但它终究从一个新的角度，发现并论证了许多关于受众需要与其媒介行为的结论，使人们认识到：不同的媒介行为可能

导致不同的效果，而受众的媒介行为在很大程度上可以由个人的需求来解释。

60年代施拉姆的儿童和电视研究指出，对儿童来说，媒介传播的影响因人而异。而这个“人”，是在一定社会、家庭环境下成长的，具有一定社会需要的个体。[3]因此，我们有必要研究儿童为什么使用媒介，即从儿童需要的角度审视其媒介接触行为。

本文将以电视、书籍、电子游戏机三种媒介为例，集中探讨三个问题：1. 儿童为什么需要媒介？或者说儿童都有哪些媒介需要？2. 儿童的个人差异、社会差异与儿童媒介需要的关系如何？3. 儿童的媒介需要与其媒介接触关系如何？

二、关于儿童媒介需要的文献探讨

40年来，在大众传播领域，已经产生了许多关于儿童媒介需要及其满足的研究，主要集中在电视、电子游戏机和MTV等媒介上。

（一）关于儿童媒介需要的研究

最早的成果来自对电视的研究。1958—1960年，美国传播学家施拉姆根据对北美地区5991个学生、1958个家长和数百个教师的实验研究，提出，儿童看电视是为了满足自身存在的三种需要。第一是娱乐需要（entertainment）。儿童常常需要超脱现实生活中的问题情境，在幻想世界中与电视英雄共享成功的欢乐。第二是信息需要（information）。在成长的过程中，儿童需要大量的关于社会学习的信息，以确定自己在社会中的角色及其相应的行为。第三是实用需要（social reality）。如，电视会增加儿童谈话资料，成为儿童生活中的一种交往资源。对儿童来说，最重要的是娱乐需要，其次是信息需要。施拉姆以古典艺术理论解释了儿童对电视需要，认为：第一文化单元的存在是因为它对于那个文化的每个成员都是有用的。艺术可以满足人类情感方面的需要和认知方面的需要。作为一种艺术产品，电视对儿童也是有用处的，因为电视既能满足儿童快乐、放松、逃避现实等情感方面的需要，也能满足儿童社会学习等认知方面的需要。儿童出于某种“需要”才看电视。因此，施拉姆提出了儿童是电视“使用者”（users），而不是被动接受者的思想。[④]

在总结前人研究的基础上，格林伯格（Greenberg）发明了儿童的“需要清单”（needlist），将儿童的电视需要依强度归为：习惯（as a habit）、消磨时间（to pass time）、寻求伙伴（for companionship）、寻求刺激（for stimulation or arousal）、社会学习（to learn about things）、放松（for relaxation）、忘记（to forget）和了解自我（to learn about oneself）等。[⑤]“需要清单”更为具体地将娱乐需要发展为忘记、放松、唤起、寻求伙伴等，将信息需要发展为了解自我和社会学习等。继格林伯格的研究之后，其他儿童与电视研究也较成功地运用“需要清单”测试并证实了儿童的电视需要。[⑥]

至80年代，经过修订，研究者使用“需要清单”测试了儿童对电子游戏机和 MTV 的需要。当然，所得出的结论有所不同。例如，一项电子游戏机需要研究指出，儿童接触电子游戏机的需要中分为五类：朋友替代、社会学习、交往、消磨时间和逃避现实。其中，交往需要和逃避现实需要对孩子最重要。[⑦]另一项 MTV 需要的研究则指出，经过因子分析，18 种需要变量被划分为四类需要：信息/社会学习需要、消磨时间需要、逃避现实/情绪需要和社会交往需要。其中，MTV 最能满足儿童的消磨时间的需要，其次是交往需要和逃避现实需要。在 MTV 的使用中，儿童的社会学习需求量少，也最不重要。[⑧]

可见，儿童对媒介有多种需要，并且对每种媒介的需要有所不同。

（二）关于儿童的个人差异、社会差异与其媒介需要的研究

儿童性别、年龄、家庭关系或伙伴关系不同，是否会有不同的媒介需要呢？自60年代以来，有大量的研究证明了儿童的性别、年龄、民族、家庭的社会经济地位、宗教信仰、家庭沟通形态、在学校的成就、在学校活动中的地位等个人和社会差异，与儿童电视接触频度、接触时间和内容偏好等有关[9]，但却没有相同数量的研究来证明儿童的个人差异、社会差异与其媒介需要有关，只有个别早期研究有所提及。

例如，施拉姆的研究曾指出，具有较高社会经济地位的儿童，多数对电视有“真实寻求”（real seeking）的期望；具有较低社会经济地位的儿童，则怀有“幻想寻求”（fantasy seeking）的期望。[10]一些学者还发现，有“电视瘾”的儿童多是在现实生活中不太成功的儿童，对电视，他们有较强烈的逃避失败的现实生活需要。美国学者麦克白（Maccoby）为此提出了“逃避”的三种模式：自欺模式——儿童以看电视为由，试图忘记现实生活中的问题或烦恼；“英雄”认同模式——儿童以扮演电视角色为由，痛快淋漓地表现出成长中的肢体冲突、性别冲突或脱序行为；梦想实现模式——儿童以认同电视角色或故事情节的方式，在白日梦中自我陶醉。[11]虽然这类研究较少，但我们看到，研究者期望证明不同的儿童，有不同的媒介需要。

（三）关于儿童媒介需要与其媒介接触的研究

目前，就笔者掌握的资料，还未发现儿童电视需要与其媒介接触的专门研究。但在游戏机研究领域中，研究者们发现，具有较强烈的交往需要和逃避现实需要的青少年，一般都大量接触电子游戏机。格瑞（Gary）曾用问卷调查方式研究了244名10—14岁的儿童，结果发现：电子游戏机五类需要均与电子游戏机接触指数显著相关。其中，交往需要和逃避现实的需要越强烈，电子游戏机接触指数越高。[12]Gary解释说，当儿童需要同伴时或需要逃避现实时，“电子游戏机为他们提供了一种机会，使他们放弃了他们在现实生活中被动的角色，而成为电子游戏中所扮演的成员”。[13]可以说，至少在电子游戏机媒介方面，儿童的媒介需要与其接触量有关。

（四）关于文献探讨的小结

第一，以往的研究表明：儿童有多种电视需要和电子游戏机需要。但是，我国儿童是否也有这类需要，并且使用“需要清单”能否发现儿童的阅读需要，需要新的研究材料来证明。

第二，上述研究未能充分解释儿童媒介需要与其个人差异、社会差异的关系，但为数不多的研究已提出了证明这种关系的思路以及表现个人差异和社会差异的主要变量。

第三，电子游戏机需要研究指出了儿童的游戏机需要与其接触量显著相关。电视、书籍等其他媒介需要与其接触量、接触内容的关系却未能得到充分证明。

因此，本研究将探讨如下问题：第一，在儿童“需要清单”研究的基础上，测试我国儿童的电视需要、阅读需要和电子游戏机需要；第二，根据以往研究的结果，探讨我国儿童的个人差异、社会差异与其媒介需要的关系；第三，探讨我国儿童的电视需要、阅读需要、电子游戏机需要与其媒介接触的关系。

三、研究设计

（一）理论探讨和假设

心理学认为，需要是个体和社会的客观需求在人脑中的反映，是个人心理活动与行为的基本动力。需要总是指向某些对象，没有对象的需要是不存在的，并且需要总是伴随着满足需要的对象的不断扩大而增加。[14]从心理学这一基本概念出发，我们认为，第一，在儿童成长过程中，儿童自然存在着机体成长活动的要求和社会适应的要求；第二，这些要求如果指向现实生活中的某些对象，就形成了对这些对象的需要，需要是客观现实的反映；第三，在需要的刺激下，人形成动机，进而导致行为。需要也是引发儿童某种行为的动力。

那么，当媒介作为现实生活中的“对象”时，第一，由于儿童机体成长活动的要求不同，面临的生活环境或客观现实不同，他们的媒介需要就不同。这些媒介需要经常以“缺乏感”体验着，以愿望的形式表现出来。第二，由于媒介需要不同，他们的媒介行为就不同。通过不同的媒介接触，满足某种心理需求，当然也有可能导致其他需求的无意满足。总之，不同的儿童可能有不同的媒介需要，而不同的媒介需要会产生不同的媒介接触行为。

传播学使用与满足模式可以解释媒介需要及其满足。其基本逻辑是：“（1）具有社会和心理根源的（2）需求，引起（3）期望，（4）即大众媒介和其他信源（的期望），它导致（5）媒介披露的不同形式（或从事其他活动），结果是（6）需求的满足，和（7）其他或许大都是无意的结果。”[15]

在上述文献探讨的基础上，本研究提出第一条基本假设：儿童对媒介有娱乐、逃避现实、情绪刺激、社会学习、交往等需要。

在上述理论分析的基础上，本研究提出第二条和第三条基本假设：即不同的儿童有不同的媒介需要；不同的媒介需要导致儿童的不同的媒介接触行为。

我们将上述三条基本假设衍化为10种可操作的研究假设。具体分析如下：

假设一：关于我国儿童的媒介需要。一方面，由于媒介特性不同，儿童对各种媒介的需要可能是不同的。比如，电子游戏的材料是由幻想世界里的故事冲突组成的，使用电子游戏机就很难满足社会学习和认识自我的需要，而电视、书籍有反映现实生活的内容，就比电子游戏能满足这类需要。又如，电视、电子游戏以活动画面和声音吸引着儿童，比书籍更能满足儿童的情绪刺激的需要。而书籍则很难满足儿童情绪刺激的需要，相反，它可能使儿童变得更安静。另一方面，当不同媒介的内容相同时，儿童对各种媒介的需要可能又是相同的。比如，电视和书籍中的纪实性材料都可以满足儿童的社会学习需要，儿童戏剧类材料都可以满足他们逃避现实和娱乐的需要等。所以，儿童对这三种媒介的需要，既有相同的部分，也有不同的部分。所以，儿童媒介需要的假设为：

假设一之一：对电视媒介，儿童主要有放松/逃避现实、情绪刺激、交往诉求和现实性等需要。

假设一之二：对书籍媒介，儿童主要有逃避现实、现实性、快乐诉求和安静诉求等需要。

假设一之三：对电子游戏机媒介，儿童有放松/逃避现实和情绪刺激等需要。

假设二：不同的儿童有不同的媒介需要。如上所述，儿童机体成长活动的要求和所需要适应的环境不同，导致了儿童的不同需求。对此，我们概括为儿童的个体差异和社会差异。由于本研究是一个较初步的探索，所以只关注最基本的差异。我们将性别、年龄作为个体差异，将家庭关系、在班级中的地位、在校道德表现作为儿童的社会差异。家庭、班级和学校环境可以概括儿童的主要生活环境。家庭关系是测量父母之间的关系和父母与子女之间的关系是否和睦；班级地位指儿童在学校班级里的地位如何；在校道德表现代表着社会对某个儿童称许程度。学校道德表现好的孩子受到的称许较多，表现不好的孩子受到的批评较多，他们需要适应的环境是不同的。所以，假设二具体为：

假设二之一：不同性别的儿童，有不同的媒介需要。

假设二之二：不同年龄的儿童，有不同的媒介需要。

假设二之三：不同家庭关系的儿童，有不同的媒介需要。

假设二之四：不同班级地位的儿童，有不同的媒介需要。

假设二之五：不同在校道德表现的儿童，有不同的媒介需要。

假设三：不同的媒介需要，导致不同的媒介接触行为。对接触行为，传播学研究一般从两个方面来测量，即媒介接触量（接触频度和时间）和媒介内容偏好。所以，假设三具体为：

假设三之一：不同的媒介需要，有不同的媒介接触量。

假设三之二：不同的媒介需要，有不同的媒介内容偏好。

（二）指标和需要量表设计

本研究采用问卷调查的方法来检验假设。

调查问卷主要包括三组指标。

1. 个体差异和社会差异指标。个体差异指标包括性别和年龄两个变量。社会差异指标有三组：(1) 家庭关系量表（李克量表）[16]；(2) 班级地位量表[17]；(3) 学校道德表现量表[18]。

2. 媒介接触指标。包括媒介接触频度、时间和内容偏好三组变量。

3. 媒介需要指标。由于格林伯格在儿童与媒介研究中发展了较成熟的媒介需要量表，并被其他研究者采用，因此本研究在此量表的基础上，根据中国城市儿童的实际情况，设计了 15 种媒介选择的情境，即：需要放松；需要同伴；需要了解新闻；需要刺激兴奋；没什么事情可做；需要社会学习；需要忘记烦恼；需要娱乐；需要认识自己；需要恐怖刺激；需要摆脱生活压力；需要幽默；需要摆脱孤独；需要平静；需要了解怎样解决自己的问题。我们列出了 9 种媒介，请儿童回答当他处在某一种情境下，哪一种媒介是最好的（限选一项），以此来测量每种媒介在何种情境下（即何种需要下）被选择。

媒介需要指标有两点需要说明：第一，由于设计了某种需要，儿童才有选择这种需要的可能，因此，我们特别慎重地选择需要指标。需要指标主要来自文献分析、调查经验、个案访谈和观察。第二，在问卷上，我们列出了 9 种媒介，但在实际分析中，我们只选择了 3 种：电视、书籍和电子游戏机。这是因为：(1) 研究内容容量所限；(2) 近年来社会比较关注这 3 种媒介；

(3) 3 种媒介对儿童是较重要的，选择率较高的。

问卷中还有其他辅助性指标。

（三）样本设计

本研究采用多阶段抽样法抽取样本，共抽取 16 个城市中 112 所学校的 3360 名小学三年级至初中三年级学生。[19]

问卷调查于 1992 年 9 月至 10 月进行，回收有效问卷 3337 份。

（四）统计设计

1. 采用因子分析手段检验我国城市儿童对 3 种媒介的需要。在因子分析前，首先将低选择率（未达到 10%）的需要删除。当因子分析的结果包含假设中的需要类型时，则媒介需要的假设成立。

2. 采用相关分析检验儿童个体差异和社会差异与媒介需要的关系，以及媒介接触频度、时间和内容偏好与媒介需要的关系。

四、假设检验

◆假设一：关于儿童的媒介需要。

我们设计了 15 种需要情境，请儿童回答当他们处于某种情境时，是否会选择电视（共有 9 种媒介供他选择），然后对儿童的选择进行因子分析。[20]

假设一之一：儿童使用电视媒介，主要基于逃避现实、情绪刺激、社会学习、交往等需要。

频数分析表明，15 种需要中，有两种需要的选择率未超过 10%，即平静需要和了解如何解决自己问题的需要，说明电视较少可能满足儿童的这两种需要。我们对其他 13 种需要作了因子分析。

因子分析（有效程度为 48%）表明，如果取载荷值 .3 以上，则儿童的电视需要可以分为5类，如下：

F1（14.6%）：放松（.77463），摆脱生活压力（.56644），忘记烦恼（.31236）。

F2（8.9%）：恐怖刺激（.71156），兴奋刺激（.66939），娱乐（.39684）。

F3（8.6%）：摆脱孤独（.72003），伙伴需要（.67504），忘记烦恼（.32331）。

F4（8.2%）：新闻（.75326），幽默（.63093），娱乐（.34965）。

F5（7.8%）：社会学习（.71294），认识自我（.63377）。

我们看到，F1上载荷值最高的变量是放松。摆脱生活压力和忘记烦恼是同一性质，即逃避现实生活。因此，我们命名F1为放松与逃避现实因子。F2三个变量均与刺激情绪有关，命名为情绪刺激因子。F3和F5非常明确，分别命名为交往诉求因子和现实性因子。

F4较难命名。表面上看，新闻与娱乐、幽默无关，但分析儿童接触新闻的动机可以看出，儿童的新闻接触与娱乐有关。这次调查表明，近50%的儿童喜欢看电视新闻。儿童访谈说明，儿童喜欢看的新闻多是新奇性较强的、变动较大的事件，比如，他们近几年关心的新闻事件是海湾战争、东欧剧变、台湾军事演习等。他们看新闻不纯是为了获得信息（因为他们还难以理解新闻的意义），而主要是为了满足对世界变化的好奇心，是“看热闹”。在这点上，新闻与娱乐、幽默是相关的，是为了追求快乐，因此，我们将F4命名为诉求因子。

上述分析说明，儿童看电视主要是为了满足放松与逃避现实的需要、情绪刺激的需要、交往需要、快乐需要和学习现实生活的需要。其中，逃避现实和学习现实的需要是矛盾的。逃避现实意味着儿童对幻想世界的向往，而现实性又意味着儿童对现实世界的向往。施拉姆的研究指出，儿童依靠电视往返于两个不同的世界。一方面，儿童需要超越现实的幻想世界，幻想世界的特殊规则能成就伟大的英雄，也能成就儿童自己。另一方面，儿童也需要了解现实世界的规则，以成功地适应社会。[21]

我们看到，除了假设中的放松/逃避现实、情绪刺激、交往需要、社会学习（现实性）等需要，儿童的电视需要还包括快乐诉求。假设一之一基本得到证明。

假设一之二：儿童使用书籍媒介，主要基于逃避现实、现实性、快乐诉求和安静诉求等需要。

对书籍媒介，需求选择率未超过 10% 的有：新闻、恐怖刺激、兴奋刺激和娱乐。这说明书籍较少能满足儿童的这些需要。

因子分析（有效程度为 49.1%）表明，儿童的 11 种书籍需要可以分为 4 类：

F1（19.7%）：摆脱孤独（.72078），伙伴需要（.65981），忘记烦恼（60007），摆脱压力（.46326）。

F2（10.6%）：幽默（.68077），放松（.61506），摆脱生活压力（.44171），消磨时间（.40050）。

F3（9.6%）：解决自身问题（.76954），认识自我（.64708），社会学习（.33834）。

F4（9.3%）：平静（.60460），消磨时间（.48133）。

Fl 中，4 个变量有 3 个变量都具有逃避现实的性质，而伙伴需要也因“孤独”所致，需要伙伴也可理解为是为了“摆脱孤独”，因此，命名 F1 为逃避现实需要。

F3 较明确，为现实性需要。

F2 的主要变量为“幽默”、“放松”、“摆脱生活压力”，是追求快乐倾向的；F4 中，平静需要的载荷值为最高，是倾向于安静需要的。但 F2 和 F4 因子中均出现了消磨时间变量，且载荷值均高于 .4。它说明有的孩子的消磨时间的需要是以追求快乐为主的，有的则倾向于情绪上的平静。在这两个因子命名时，我们可不考虑消磨时间，而以载荷值较高的变量命名。那么，F2

为快乐诉求因子，F4 为平静诉求因子。

因此，假设一之二得到证明。与电视的现实性需要相比，书籍的现实性需要还包括解决自身问题的需要。

假设一之三：儿童使用电子游戏机媒介，是基于放松逃避现实和情绪刺激等需要。

频数分析说明，儿童对电子游戏机不存在新闻需要、社会学习的需要、自我认识的需要、恐怖刺激的需要、幽默的需要、平静诉求和了解怎样解决自己问题的需要，对这些需要的选择率均未超过 10%。所以，我们只对 8 种需要作因子分析。

因子分析（有效程度为 43.2%）表明，儿童的 8 种电子游戏机需要可以分为两类：

F1（30.4%）：放松（.63769）、消磨时间（.63656）、伙伴寻求（.59708）、摆脱生活压力（.56681）、摆脱孤独（.54866）和忘记烦恼（.54163）。

F2（12.8%）：兴奋刺激（.88577）和娱乐（.59458）。

不难看出，电子游戏机的需要较好命名。F1 为放松与逃避现实因子，F2 为情绪刺激因子。假设一之三得到证明。

三种媒介的需要列表如下：

表 1　儿童对三种媒介的需要

媒介	儿童的媒介需要
电视	放松/逃避现实、情绪刺激、交往诉求、现实性、快乐诉求
书籍	逃避现实、现实性、快乐诉求、平静诉求
游戏机	放松/逃避现实、情绪刺激

◆假设二，关于儿童的个体差异、社会差异与其媒介需要。

假设二之一：不同性别的儿童，有不同的媒介需要。

统计说明：在电视需要方面，女孩比男孩更喜欢依赖电视满足情绪刺激的需要（R = .1086，P = .000）；在书籍需要方面，女孩比男孩更喜欢依赖阅读来满足逃避现实的需要（R = .0659，

P= .000）和安静的需要（R= .0740，P= .000）；但在电子游戏机需要方面，男孩比女孩更喜欢依赖电子游戏机来满足放松/逃避现实的需要（R= .2882，P= .000）和情绪刺激的需要（R = .2061，P= .000）。比较而言，女孩依靠电视、男孩依靠电子游戏机来满足情绪刺激的需要；女孩依靠阅读、男孩依靠电子游戏机来满足逃避现实的需要，在这两点上性别差异显著。

假设二之二：不同的儿童，有不同的媒介需要。

年龄与媒介需要的关系如表 2：

表 2　年龄与媒介需要的相关分析

电视		书籍		游戏机	
因子	相关系数	因子	相关系数	因子	相关系
放松/逃避现实	－.1319 (.000)	逃避现实	.0630 (.001)	放松/逃避现实	－.0999 (.000)
情绪刺激	－.0924 (.000)	快乐诉求	－.0652 (.000)	情绪刺激	.0715 (.000)
交往诉求	不相关	现实性	.1195 (.000)		
快乐诉求	.0626 (.001)	平静诉求	.0594 (.000)		
现实性	不相关				

表 2 显示：1. 随着儿童年龄的增大，电视不再是儿童满足放松/逃避现实和情绪刺激等需要的媒介，而是更多地被用于满足快乐需要。2. 随着儿童年龄的增大，儿童书籍较少被用来满足快乐需要，而被用于满足逃避现实、现实性和平静诉求。3. 随着年龄的增大，游戏机减少了满足放松/逃避现实需要的功用，增强了满足情绪需要的功用。我们发现：就逃避需要而言，随年龄增长，电视、游戏机逐渐为书籍所代替；就情绪刺激需要而言，电视逐渐被游戏机所代替；就快乐需要而言，书籍逐渐为电视所代替。儿童年龄越大，越能较好地使用媒介。

假设二之三：不同家庭关系的儿童，有不同的媒介需要。

相关分析表明，家庭关系与儿童使用电视和阅读关系不大，但与使用电子游戏机的需要显著相关。儿童家庭关系越不好，越依赖电子游戏机满足放松/逃避需要（R＝－.0906，P＝.000）。

假设二之四：不同班级地位的儿童，有不同的媒介需要。

儿童的班级地位与电视需要相关不大，但与书籍、电子游戏机需要有显著相关。其中，与书籍的需要为显著正相关，与电子游戏机的需要为显著负相关。表3说明，班级地位较高的孩子，喜欢依靠书籍来满足逃避现实、快乐和安静的需要；而班级地位较低的孩子，喜欢依靠电子游戏机来满足逃现实和情绪刺激的需要。

表3　儿童的班级地位与其媒介需要的相关关系

书籍			电子游戏机	
逃避现实	快乐	安静	逃避现实	情绪刺激
.0613(.001)	.0580(.002)	.0762(.000)	－.1572(.000)	－.0662(.000)

假设二之五：在校道德表现不同的儿童，有不同的媒介需要。儿童在校道德表现与其媒介需要的相关关系如表4：

表4　儿童在校道德表现与其媒介需要的相关分析

电视		书籍		游戏机	
因子	相关系数	因子	相关系数	因子	相关系数
放松/逃避现实	不相关	逃避现实	.0613 (.001)	放松/逃避现实	－.1572 (.000)
情绪刺激	.0521 (.005)	快乐诉求	.0580 (.002)	情绪刺激	－.0662 (.000)
交往诉求	不相关	现实性	不相关		
快乐诉求	.0588 (.002)	平静诉求	.0762 (.000)		
现实性	不相关				

非常清楚，在校道德表现较好的孩子喜欢使用电视和书籍来满足自己的有关需要，而不喜欢使用电子游戏机。相反，道德表现较不好的孩子则喜欢使用电子游戏机来满足放松/逃避现实和情绪刺激的需要。

总之，无论是个体差异还是社会差异，都与部分媒介需要显著相关。所以我们认为，假设二部分成立。研究发现，在个体差异中，年龄是最重要的影响因素，因为年龄高低与 11 种媒介需要的 9 种显著相关。在社会差异中，在校道德表现是最重要的影响因素，它与 7 种媒介需要相关。

◆假设三：关于儿童的媒介需要与其媒介接触行为。

假设三之一：具有不同媒介需要的儿童，有不同的媒介接触量。

我们用媒介指数来表示媒介接触量，其计算方法为：媒介接触频度×媒介接触时间。统计表明：

1）电视的放松/逃避现实需要与电视接触量显著相关（R＝.0812，P＝.000）。它表明，放松/逃避现实需要可能造成电视的高接触。

2）书籍的快乐诉求与书籍的接触量有关，即儿童追求快乐的需要与书籍的接触量显著相关（R＝.1126，P＝.000）。

3）电子游戏机的两种需要均与其接触量显著相关：放松/逃避现实需要（R＝.4178，P＝.000）；情绪刺激需要（R＝.1265，P＝.000）。即有这两种需要均能引起儿童对电子游戏机的高接触。尤其是逃避现实需要，其相关系数高达 0.4178。

假设三之二：具有不同媒介需要的儿童，有不同的媒介内容偏好。

我们用因子分析将 19 种电视内容分为四类：纪实类；儿童戏剧类；成人戏剧类；刺激性戏剧类。将 14 种书籍内容也分为四类：纪实类；刺激性纪实类；儿童戏剧类和成人戏剧类。[22]统计表明：

（1）电视　具有放松/逃避现实需要的儿童偏好儿童戏剧类内容（R = .1118，P = .000），而不偏好纪实类内容（R = -.0877，P = .000）和成人戏剧类内容（R = -.0661，P = .001）；具有情绪刺激需要的儿童偏好儿童戏剧类内容（R = .0749，P = .000）。反过来说，偏好电视儿童戏剧类内容的孩子主要是为了满足他们放松/逃避和情绪刺激的需要。

（2）书籍　具有逃避现实需要的儿童偏好纪实类内容（R = .0603，P = .001），不偏好儿童戏剧类内容（R = -.0553，P = .002）。这似乎有矛盾，想逃避现实的孩子为什么偏好现实内容而不偏好儿童戏剧类内容呢？可能的解释之一是，对喜欢阅读的孩子来说，想逃避现实是想逃离他自己生活的现实，而不是由纪实类内容构成的现实。纪实类构成的内容如科普读物、社会知识读物、专业书籍等与他自己的生活无关，所以也可以达到逃避现实的目的。而儿童戏剧类内容表现的是与儿童有关的生活。充满爱意、幽默和快乐、有美好结局的童话或其他儿童故事时时提醒着儿童，他们的生活缺少了什么。所以，一些有逃避需要的儿童本能地逃避儿童戏剧类内容。至于电视的逃避需要为什么要由儿童戏剧类来满足，可以从电视内容或书籍内容的区别来解释。电视的儿童戏剧类内容多是反映幻想世界的动画片，比书籍中的儿童戏剧类容易满足逃避的需要。

相关分析还说明，具有现实性需要的儿童偏好刺激性纪实类内容（R = .0678，P = .000），具有平静诉求需要的儿童不偏好刺激性娱乐内容（R = .0572，P = .000）。

我们看到，假设三的部分相关关系达到了所要求的显著度，因此，假设三得到部分证实。

五、主要结论及其解释

结论一：儿童有多种媒介需要，并且对每种媒介的需要有所不同。儿童使用电视是为了满足放松/逃避现实、情绪刺激、交往诉求、快乐诉求和现实性的需要；阅读是为了满足逃避现实、快乐诉求、现实性和平静诉求的需要；使用电子游戏机则是为了满足放松/逃避现实和情绪刺激的需要。其中，就电视而言，本研究的放松需要、逃避需要、情绪刺激需要、交往诉求需要、现实性需要与格林伯格的放松、忘记、寻求刺激、寻求伙伴、社会学习、了解自我等需要大致相同。唯一不同的是未发现“习惯”需要，原因是因为我们的失误未测试“习惯”。就电子游戏机而言，本研究同意前面的朋友替代、交往需求、逃避现实的结论，但不同意“社会学习”的结论。在本研究中，只有 1.1% 的孩子在有社会学习需要的时候选择电子游戏机，绝大部分孩子选择游戏机是为了满足放松/逃避现实和情绪刺激的需要。当然，这也可能与游戏的种类有关。一般来说，多数游戏如角色扮演、冒险、射击、体育等游戏易于满足儿童放松/逃避和情绪刺激的需要，有些游戏如战略模拟游戏，可以满足儿童的社会学习需要。如果两个研究的结论不同，可能是不同的游戏内容引起的。我国在 1992—1993 年间，战略模拟游戏并未普及，所以游戏机接触与儿童的社会学习没有相关。至于阅读需要，我们还未发现同类研究，只提出来与电视需要、电子游戏机需要进行比较。

结论二：儿童的个体差异、社会差异与部分媒介需要显著相关：(1) 女孩依靠电视、男孩依靠电子游戏机来满足情绪刺激的需要；女孩依靠阅读、男孩依靠电子游戏机来满足逃避现实的需要，在这两点上性别差异显著。年龄是影响儿童媒介需要的最重要的因素。随着儿童年龄的增大，儿童越来越不依靠电子媒介来满足逃避现实、情绪刺激等需要。(2) 在社会差异方面，一个总的倾向是：儿童的家庭关系越不好，班级地位越低及在校道德表现越不好，则越依赖电子游戏机来满足逃避现实的需要。如上所述，假设二只得到部分证实。其原因可能是：对某些媒介需要，个体差异或社会差异本来就没有显著的影响。比如：性别与媒介的现实性需要、年龄与交往诉求需要、家庭关系与电视娱乐需要等。也就是说，无论性别如何、年龄如何、家庭关系如何等，这些媒介需要都是相同的。本研究的贡献在于发现了哪些差异因素与哪些媒介需要是有关的，或是无关的。但为什么有关或无关，还需要进一步的研究来解释。

结论三：儿童的媒介需要与其部分媒介接触显著相关：(1)就接触量而言，儿童的电视放松/逃避现实需要与其高接触显著相关；儿童书籍的快乐诉求与其高接触相关；电子游戏机的放松/逃避需要和情绪刺激均可能引起其高接触。(2)就媒介内容而言，儿童多依靠电视儿童戏剧类内容来满足放松/逃避现实、情绪刺激等需要。书籍中的纪实类内容主要用于满足儿童的逃避现实的需要。同结论二一样，儿童媒介需要与部分媒介的接触是否相关也需要进一步的研究来解释。

本研究从儿童需要的角度审视其媒介接触发现：具有各种差异的儿童，对媒介接触有不同的期望，进而产生了相应的媒介接触行为。所以，问题并不在于媒介给了儿童什么，而在于儿童的需要决定了他们用媒介作什么。

六、研究的进一步扩展

目前，国内还未产生同类研究，因此，本研究只是一个初步的尝试，研究者期待在本研究下列方面得到进一步扩展：

1. 用于测量儿童的“需要清单”主要建立在施拉姆、格林伯格研究的基础上。对中国儿童来说，是否还有“媒介需要”未被列出，或许进一步的定性研究才能得出更确定的结论。

2. 本研究只列举和比较了电视、书籍、电子游戏机3种媒介需要。在实际生活中，儿童使用多种媒介，如报纸、杂志、卡通、录音带、计算机等。这些媒介需要未得到研究和解释。

3. 研究发现，儿童的媒介需要及其满足可能与媒介的特性有关，但这点未得到充分说明。

4. 不难看出，每种媒介都可满足儿童的逃避现实的需要，那么，这 3 种媒介是否有相互的功能替代的作用，或者在何种情况下具有功能替代的作用，这是本研究未能解决的问题。

5. 本研究采用的个人差异指标和社会差异指标较简单。比如，个人差异指标还可包括智力水平和人格等，社会差异还可包括家庭管教类型、父母文化程度、社会经济地位和同龄群体关系等。

6. 假设二和假设三得到部分证实。未得到证实的结果也需要理论解释。

7. 由于条件所限，本研究的理论模式还不是一个完整的传播过程，即未能进一步讨论需求的满足与传播效果或影响的关系。

8. 本研究认为，大量的个案分析将有利于推进儿童媒介需要的研究。

（作者单位：中国社会科学院新闻研究所）

参考文献

① 参见丹尼斯·麦奎尔、斯文·温德尔著，祝建华等译：《大众传播模式论》，上海译文出版社，1987 年；沃尔丁·赛弗林、小詹姆斯·W·坦卡特著，陈韵昭译：《传播学的起源、研究和应用》，福建人民出版社，1985 年。

② Alan M. Rubin："Media Uses and Effects: A Uses – and – Gratifications Perspective"，Media Effects Advances in Theory and Research ，Lawrence Erlbaum Associates，Publishers，1994 Hillsdale ，NewJersey，Hove ，UK.

③ W. Shramm，J. Lyle & W. B. Parker ：Television in the Lives of Our Children ，Stanford ，California ，1961.

④ W. Shramm，J. Lyle & W. B. Parker："What a Child Uses Television For." Television in the Lives of Our Children ，Stanford ，California ，1961.

⑤ Greenberg , Bradley : " Gratifications of Television Viewing and Their Correlates for British Children" . In Jav blumler and Elihu Katz (Eds) The Uses of Mass Communications, Beverly Hills, Cal. : Xage, 1974.

⑥ 同⑤。

⑦ Gary W. Selnow : "Playing Videogames: The Electronic Friend." Journal of communication, Spring 1984.

⑧ Se－Wen Snn and James Lull: " The Adolescent Audience for Music Videos and Why They Watch." Journal of communication , Winter 1986.

⑨ 这类研究主要有① W.Shramm, J. Lyle & W. B. Park er : Television in the Lives of Our Chidren. Stanford, California , 1961. ② Hilde T. Himmelweit, A. N. Oppenheim & Pamela Vinces " Television and the Child－an Empirical Study of the Effect of Television on the Young .Oxford University Press , London New York Tokyo, 1958. ③Leslie J. Farncis & Sharry M. Gibson: "The Influence of Age , Sex , Social Class and Religion On Television Viewing Time and Programme Preferences Among 11 － 15 Years Old" , Jounal of Educational Television, Vol. 1993. ④ Jerome L. Singer, Dorothy G. Singer, and Wanda S. Rapaczynske : " Family Patterns and Television Viewings Predictors of Chidren's Beliefs and Aggression" , Journal of Communication, Spring 1984. ⑤Brown, J. D. , Childers, K. W. , Bauman, K. E. Koch, G. G: "The Influence of New Media and Family Ftructure on Young Adolescents' Television and Radio Use" , Communication Research , 17 , 1990. ⑥Comstock, G. , Chaffee, S. , Katzman, N. , McCombs , M. , & Roberts , D. : Television and Human Behavior, New York , Columbia University Press, 1978.⑦郭贞：《认同形成、家庭沟通形态以及青少年媒介使用：

一个整合模式》。台湾《新闻学研究》第 48 集，1994 年。

⑩ W.Shramm, J.Lyle &W.B.Parker: Television in the Lives of Our Children, Stanford, California, 1961.

⑪ Maccoby, E.E: "why do children watch television", Public Opinion Quarterly, 15, 1954.

⑫ Gary W.Selnow: "Playing Videogames: The Electronic Friend", Journal of Communication, Spring 1984.

⑬ 同⑫。

⑭ 朱智贤主编：《心理学大词典》，北京师范大学出版社，1989 年。

⑮ 同①，《大众传播模式论》。

⑯ 家庭关系量表由 5 个变量组成：我爸爸和妈妈之间关系和睦；我爸爸很喜欢我；我妈妈很喜欢我；我爸爸很理解我；我妈妈很理解我，得分越高，家庭关系越好。

⑰ 考虑到中小学生的社会关系主要表现在班级活动中，我们设计了班级地位量表（李克量表），包括 5 个变量：我在我们班很愉快；我喜欢我的班主任；在班里我是个受人欢迎的人；在班里我是个重要的人；老师认为我是个好学生，得分越高，班级地位越高。

⑱ 根据我国中小学生道德教育纲要及有关研究文献，我们设计了含有 35 个变量的李克等加量表，以测量中小学生学校表现情况。量表包括良好的生活习惯、积极的学习态度和行为、积极的体育锻炼、积极的知识和艺术的追求、正直、独立性、关心集体和他人等内容，得分越高，学校表现越好。

⑲ 详细抽样方案及评估、样本结构详见卜卫：《关于我国城市儿童媒介接触与道德发展的研究报告》，《新闻与传播研究》1994 年第 1 期，50—51 页。样本构成情况如下：男学生占被调查儿童总数的 47.2%，女学生占 52.8%；8 岁或 8 岁以下的学生占被调查学生总数的 1%，9 岁占 9.2%，10 岁占 13.9%，11

岁占 15.7%，12 岁占 15.2%，13 岁占 11.1%，14 岁占 13.4%，15 岁占 12.7%，16 岁或 16 岁以上占 7.2%。

⑳ 媒介需要量表由 15 种需要组成，在每种需要下限选一种媒介（共 9 种媒介），因此，当我们对电视选择作因子分析时，设电视选择为 1，其他 8 种选择为 0。书籍、电子游戏机的因子分析依次类推。

㉑ W.Shramm，J.Lyle &W.B.Parker：Tetevision in the Lives of Our Children，Stanford，California，1961.

㉒ 利用因子分折将儿童的媒介内容偏好分为纪实类、刺激性戏剧类、儿童戏剧类和成人戏剧类。其划分分析方法详见卜卫著：《进入“地球村”——中国儿童和大众传播》，四川少年儿童出版社，1994 年 7 月，73—83 页。

摘自《新闻与传播研究》1996 年第三期。

图书在版编目(CIP)数据

大众传播心理学/刘京林著.--北京:中国传媒大学出版社,2005.1
(2023.1重印)
ISBN 978-7-81085-146-6

Ⅰ.大… Ⅱ.①刘… Ⅲ.传播学:心理学—高等学校—教材
Ⅳ.G206

中国版本图书馆CIP数据核字(2005)第016148号

大众传播心理学

DAZHONG CHUANBO XINLIXUE

著　　者 刘京林
责任编辑 韩旺辰　阳金洲
封面设计 阿　东
责任印制 李志鹏

出版发行 中国传媒大学出版社
社　　址 北京市朝阳区定福庄东街1号　**邮　　编** 100024
电　　话 86-10-65450528　65450532　**传　　真** 65779405
网　　址 http://cucp.cuc.edu.cn
经　　销 全国新华书店

印　　刷 三河市东方印刷有限公司
开　　本 850mm×1168mm　1/32
印　　张 9.5
字　　数 256千字
版　　次 2005年3月第2版
印　　次 2023年1月第13次印刷

书　　号 ISBN 978-7-81085-146-6/G·146　**定　　价** 22.80元

本社法律顾问:北京嘉润律师事务所　郭建平